3ESO

W0324778

FÍSICA I QUÍMICA

Per activar la teva llicència digital, segueix aquests passos:

1. Entra a **www.construim.cruilladigital.cat**
2. Registra-t'hi.
3. Introdueix el codi que hi ha a l'interior de la coberta.

Aquesta llicència només s'ha d'activar una única vegada.

cruïlla

Com és aquest llibre?

PRESENTACIÓ DE LA UNITAT

- **Text introductori** que presenta els aspectes més importants de la unitat amb activitats destinades a recordar el que saps.
- **Fotografies** que il·lustren els **continguts principals** que aprendràs al llarg de la unitat.
- Relació de les **competències bàsiques** específiques que es treballen de manera evident al llarg de la unitat.

DESENVOLUPAMENT DE LA UNITAT

- Pàgines estructurades en **epígrafs** i **subepígrafs**.
- Activitats orientades a **descobrir els continguts** i a treballar les **competències bàsiques**.
- **Activitats** que ajuden a desenvolupar els continguts, a vegades vinculades a pàgines web.
- **Imatges** que complementen els continguts, amb activitats al peu.
- **Activitats interactives** autocorregibles al final de cada epígraf (remissió al web).
- **Activitat de síntesi** al final de cada epígraf que en resumeix el contingut al web.
- **Vocabulari** per organitzar els continguts treballats a cada epígraf (remissió al web).

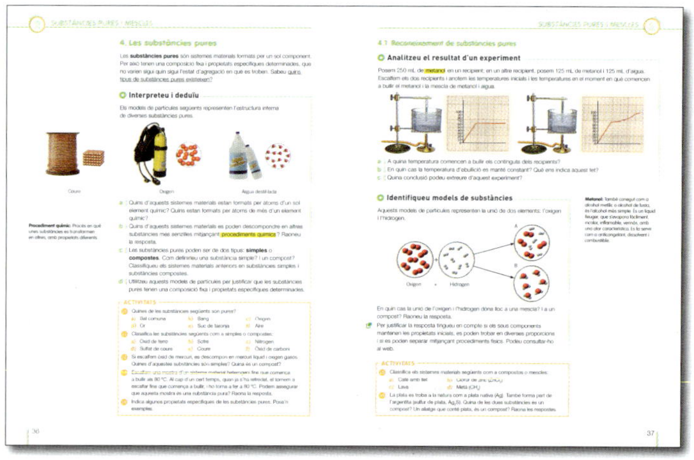

PER ESTUDIAR

- **Bloc teòric amb activitats** que recull els continguts fonamentals de la unitat.
- **Preguntes per repassar** l'essencial de la unitat (remissió al web).
- **Mapa conceptual interactiu** de la unitat (remissió al web).

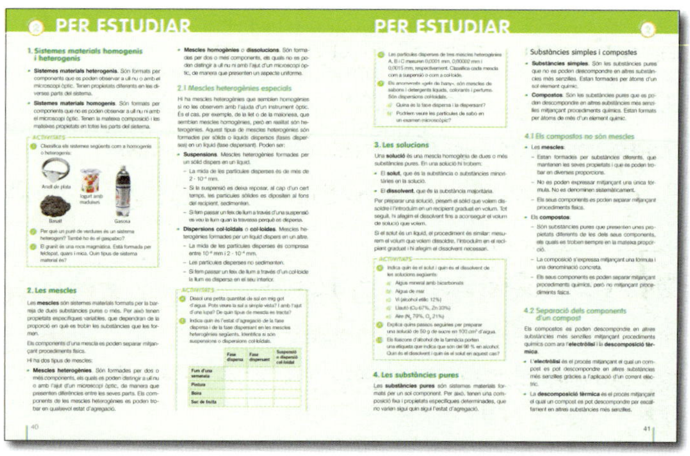

FEM CIÈNCIA

- Proposta pautada amb **procediments de treball** propis de les ciències de la naturalesa.

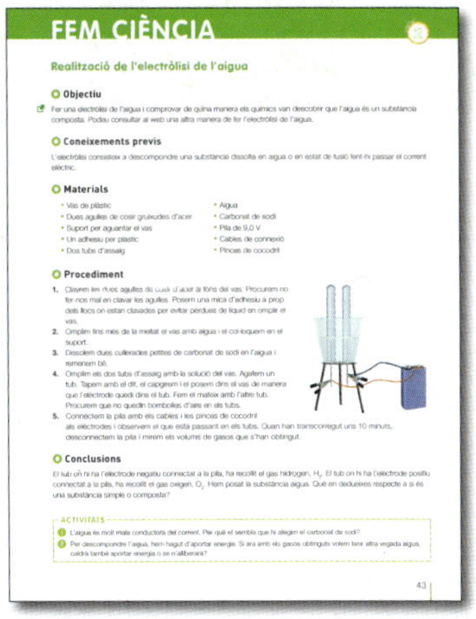
FEM CIÈNCIA
Realització de l'electròlisi de l'aigua

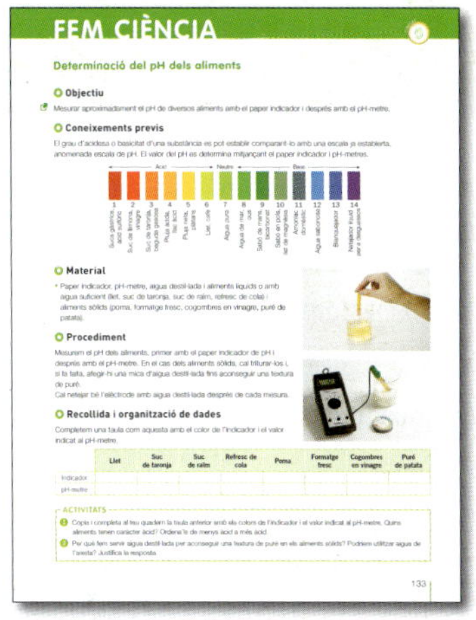
FEM CIÈNCIA
Determinació del pH dels aliments

ACTIVITAT FINAL

- Activitat que aproxima els continguts de la unitat a **situacions actuals i relacionades amb la vida quotidiana**.
- **Autoavaluació** de la unitat (remissió al web).

REVISTA DE CIÈNCIA

- Textos de divulgació científica sobre temes d'actualitat que permeten desenvolupar un treball de **comprensió lectora i reflexió**.

ACTIVITAT FINAL
La importància de la sal

REVISTA DE CIÈNCIA
BEGUDES I BOSSES QUE S'ESCALFEN I QUE ES REFREDEN SOLES

L'ENTORN PERSONAL D'APRENENTATGE DEL PROJECTE

El pictograma et remet a l'Entorn personal d'aprenentatge del projecte Construïm.

Al web hi trobaràs un conjunt de materials de suport que et seran necessaris per consolidar els coneixements, reforçar-los i ampliar-los.

- Continguts en versió digital.
- Una àmplia proposta de recursos multimèdia.
- Una selecció de pàgines web per a la consulta i ampliació dels continguts.
- Activitats de síntesi.
- Activitats interactives i avaluacions.
- Mapes conceptuals interactius.

Per accedir a l'Entorn només has d'activar la teva llicència digital.

ÍNDEX

UNITAT 1

ELS SISTEMES MATERIALS

Tot allò que ens envolta és matèria.

- Però, com la podem definir?
- Quins tipus de propietats presenta?
- Com podem diferenciar un tipus de matèria d'un altre?

Estem acostumats a definir els objectes, els materials, d'acord amb el que observem sobre la seva forma, la seva utilitat, les seves propietats...

- Però, com t'imagines que és la matèria per dins?

L'aigua es presenta a la natura en els tres estats d'agregació de la matèria.

- Recordes quins són aquests estats?

La matèria canvia d'estat . Al nostre planeta aquests canvis són molt evidents en el cicle de l'aigua.

- Recordes quins canvis d'estat s'hi produeixen? Per què s'hi produeixen?

Foto: Els tres estats de la matèria en un mateix escenari: aigua sòlida, aigua líquida i aigua que s'evapora per formar els núvols.

EN AQUESTA UNITAT APRENDRÀS...

1 Les propietats dels sistemes materials que ens permeten diferenciar-los.

2 Els estats en què es presenta la matèria.

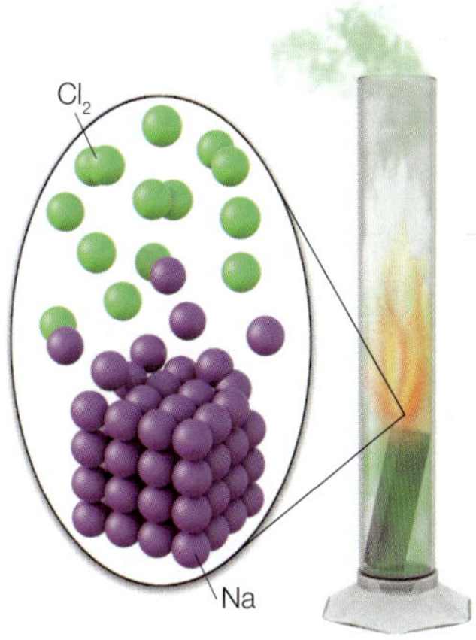

3 Les propietats dels estats de la matèria tenint en compte com és per dins.

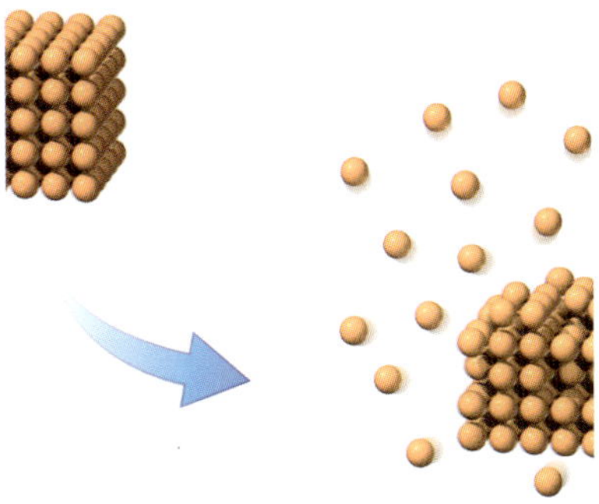

4 Els canvis d'estat que pot experimentar la matèria.

5 Com influeixen la temperatura i la pressió en els canvis d'estat.

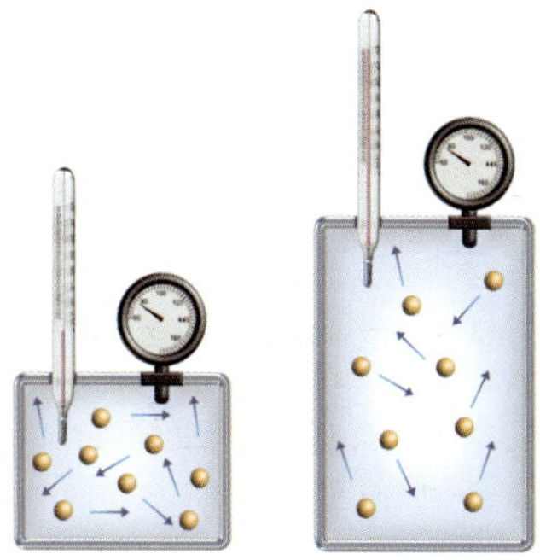

6 Les relacions entre la pressió, el volum i la temperatura d'una quantitat determinada d'un gas.

I SERÀS CAPAÇ DE...

- Elaborar gràfiques a partir de resultats d'experiències científiques.
- Interpretar, analitzar i treure conclusions a partir d'informacions presentades en taules i gràfiques.
- Deduir i formular lleis o models que descriuen processos que es poden explicar des de la ciència.
- Aplicar i reconèixer en situacions de la vida quotidiana els continguts científics apresos.

1. Propietats dels sistemes materials

Tots els cossos estan formats per matèria i cada cos o porció de l'univers que s'aïlla per estudiar-la s'anomena **sistema material**.

Coneixeu les propietats dels sistemes materials que ens permeten diferenciar-los?

1.1 Propietats generals. La massa i el volum

Les **propietats generals** d'un sistema material no ens permeten diferenciar el tipus de substàncies que el constitueixen.

Observeu i raoneu

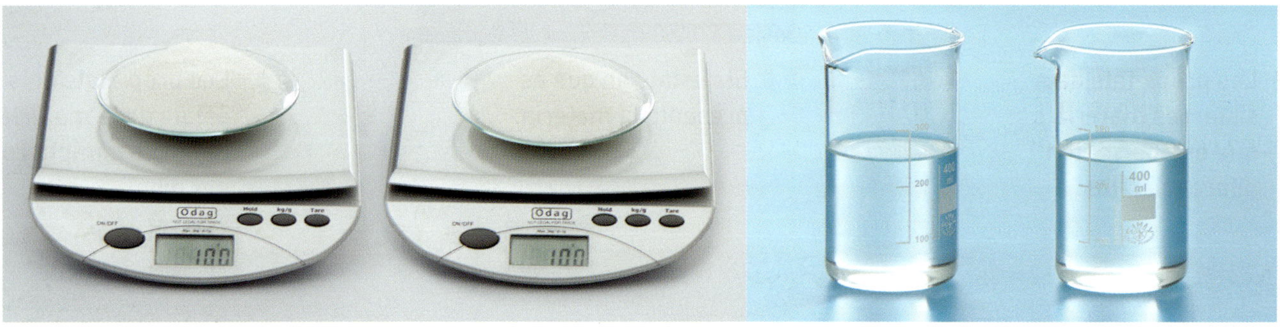

a | Amb la informació que ens aporten les balances o les provetes podríeu diferenciar la sal del sucre o l'aigua de l'alcohol? Quina propietat dels sistemes materials diríeu que registren les balances? I les provetes?

b | Considereu que aquestes propietats són propietats generals de les substàncies que constitueixen els sistemes materials? Raoneu la resposta.

ACTIVITATS

1. Busca la definició dels termes *massa* i *volum*. Indica les unitats d'aquestes magnituds o propietats dels sistemes materials en el sistema internacional.
2. Aquesta imatge mostra una manera de determinar el volum d'una pedra.

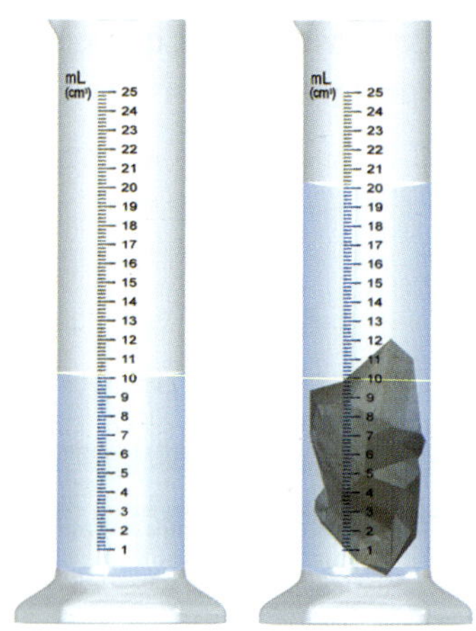

   a) Et sembla que es tracta d'un mètode directe o indirecte? Raona la resposta.
   b) Quin és el volum que assoleix l'aigua en cada proveta?
   c) Quin és el volum de la pedra? Descriu el procediment que cal seguir per determinar aquest volum.
   d) Podem considerar aquesta pedra com un sistema material? Per què?
   e) Diries que aquest procediment es pot aplicar per determinar el volum de qualsevol sistema material? En cas afirmatiu, explica el perquè; en cas negatiu, proposa un exemple en què aquest mètode no sigui aplicable.
3. Descriu dos mètodes per determinar el volum d'una bala de vidre.

Matèria: És tot allò que té massa i ocupa un lloc a l'espai.

Substància: És un tipus de matèria particular.

Sistema internacional: Sistema internacional d'unitats que es va crear per unificar els valors de les dades experimentals a tot el món. La seva abreviació és SI.

1.2 Propietats específiques. La densitat

Les **propietats específiques** d'un sistema material depenen de les substàncies que el constitueixen, és a dir, de la seva composició. El color, la conductivitat elèctrica o la densitat són propietats específiques.

Calculeu i raoneu

Hem mesurat la massa de 50 cm^3 d'aigua i de 50 cm^3 d'oli vegetal i hem anotat els resultats en aquesta taula.

AIGUA			OLI VEGETAL		
Massa	Volum	Massa/Volum	Massa	Volum	Massa/Volum
50,0 g	50,0 cm^3	1,00 g/cm^3	46,0 g	50,0 cm^3	0,92 g/cm^3

Hem repetit l'experiència per a altres volums. Calculeu la relació entre la massa i el volum en cada cas i anoteu els resultats en una taula com aquesta:

AIGUA			OLI VEGETAL		
Massa	Volum	Massa/Volum	Massa	Volum	Massa/Volum
75,0 g	75,0 cm^3	1 g/cm^3 ✓	69,0 g	75 cm^3	0.92 g/cm^3 ✓
100,0 g	100,0 cm^3	1 g/cm^3 ✓	92,0 g	100 cm^3	0.92 g/cm^3 ✓

a | Què indiquen els valors que s'obtenen en la relació entre la massa i el volum?

b | Si comparem els dos sistemes materials, com són els valors de la relació entre la massa i el volum?

c | Esbrineu com s'anomena aquesta relació i completeu al vostre quadern la definició següent:
La ____________ (*d*) d'una substància és la ____________ (*m*) que correspon a una unitat de ____________ (*V*) d'aquesta substància.

d | Escriviu l'expressió matemàtica que permet calcular la densitat d'una substància.

e | La densitat és una propietat general o específica de la matèria? Raoneu la resposta.

Els metalls, com ara l'**or** i la **plata**, tenen densitats diferents.

Què pesa més, 1 cm^3 de plata o 1 cm^3 d'or?

ACTIVITATS

4. La densitat s'expressa sovint en g/cm^3 o en kg/L. Però, quina és la unitat de densitat en el sistema internacional?

5. Completa la taula següent:

Substància	Massa	Volum	Densitat (kg/m^3)
Aigua	300 g	300 cm^3	
Llet		125 cm^3	1.030
Suro	10 g		250
Ferro	0,158 kg	20 cm^3	

Activitats interactives
Activitat de síntesi

2. Els estats de la matèria

Els sistemes materials es poden presentar en tres estats d'agregació o estats físics. Sabeu quins són els estats en què es presenta la matèria?

Observeu i deduïu

Les imatges següents mostren exemples de sistemes materials en diferents estats d'agregació:

SÒLIDS	LÍQUIDS	GASOS

Propietat macroscòpica: Propietat dels sistemes materials que s'aprecia a ull nu, com ara el volum, la massa, la duresa, la temperatura...

Expandir: Estendre.

Fluir: Córrer un líquid o un gas.

Elaboreu una taula amb les propietats macroscòpiques que deduïu que presenten els sistemes materials en els diferents estats d'agregació. Tingueu en compte per a cada estat:

- Volum: constant o variable.
- Forma: fixa o no fixa.
- Es pot comprimir: sí o no.
- S'expandeix: sí o no.
- Flueix: sí o no.

ACTIVITATS

6. A la Terra l'aigua es troba en els tres estats d'agregació possibles. Saps indicar-ne alguns exemples?

7. Amb l'ajut d'una calculadora, completa la taula determinant el volum que ocupa un quilogram d'aigua en els diferents estats i a la temperatura indicada.

	Gel (0 °C)	Aigua líquida (4 °C)	Vapor d'aigua (100 °C)
Massa (kg)	1.000	1.000	1.000
Volum (m^3)			
Densitat (kg/m^3)	917	1.000	958

a) En quin estat l'aigua ocupa més volum?

b) L'aigua és un cas especial en què la densitat més elevada es troba a la temperatura de 4 °C. De fet, però, com penses que varia la seva densitat en funció de la temperatura?

c) En general, en quin estat físic una substància té la densitat més alta?

8. Posem en una paella una quantitat determinada d'oli. Escalfem la paella i observem que el volum d'oli augmenta. Com és possible aquest fet, si no hem afegit més oli a la paella?

Activitats interactives

Activitat de síntesi

3. La teoria cineticomolecular

Les propietats específiques dels sistemes materials canvien segons l'estat d'agregació en què es troben. Sabeu que la teoria cineticomolecular explica les propietats dels estats de la matèria tenint en compte com és per dins?

Model: És la manera com imaginem la matèria per dins i que ens ajuda a entendre el que observem.

Interpreteu i deduïu

Aquests models representen les partícules que formen la matèria en cadascun dels seus tres estats d'agregació.

SÒLIDS	LÍQUIDS	GASOS

a | Ordeneu de manera decreixent els estats de la matèria atenent a la proximitat de les partícules.

b | En quin estat les partícules tenen petits moviments de vibració sense perdre la seva posició?

c | En quin estat les partícules tenen petits moviments de vibració i poden lliscar les unes sobre les altres?

d | En quin estat les partícules tenen un moviment de vibració màxim?

e | En quin estat físic les forces que uneixen les partícules són més grans? I en quin estat són més petites?

f | Observant les tres imatges, què diríeu que és el que hi ha entre les partícules que formen la matèria independentment del seu estat d'agregació? Diríeu que la matèria és contínua o discontínua?

g | Quins factors té en compte la teoria cineticomolecular per explicar les propietats dels diferents estats físics de la matèria? Podeu consultar-ho al web.

ACTIVITATS

9. Com expliques que sigui relativament fàcil comprimir l'aire contingut en una xeringa? Seria igual de fàcil si hi posèssim aigua? Per què?
10. En un recipient amb aigua bullint, quins estats de la matèria podem observar? En quin d'aquests estats són més fortes les unions entre les partícules que constitueixen l'aigua?
11. Per què ens arriba l'olor de l'ambientador d'una botiga independentment del punt on ens trobem?
12. Tenim aigua en estat líquid en un recipient tapat i la fem bullir. En quin dels dos estats (líquid o gasós) et sembla que l'aigua exercirà més pressió sobre el recipient? Raona la resposta d'acord amb la teoria cineticomolecular.
13. Per què els gasos presenten una densitat més baixa que els sòlids?

Interpreteu els resultats d'un experiment

Tenim dos gots amb aigua a diferent temperatura, l'un amb aigua de la nevera i l'altre amb aigua tèbia, en els quals s'han deixat caure, simultàniament i amb l'ajut d'un comptagotes, dues gotes de tinta. Al cap d'una estona i sense haver remenat, els gots presenten aquests aspectes.

a | Quin és el got que conté l'aigua a més temperatura? I el que conté l'aigua a menys temperatura? Justifiqueu la resposta.

b | En quin got la tinta es difon més ràpidament?

c | Expliqueu la diferència en la velocitat amb què es difon la tinta en l'aigua en cada cas a partir del moviment de les partícules de l'aigua continguda en cada got.

d | Quina relació us sembla que hi ha entre la temperatura de l'aigua dels gots i el moviment de les seves partícules?

e | Seguint el mateix procediment, com aconseguiríem que la tinta es difongués més ràpidament en un altre got d'aigua? Com seria la temperatura de l'aigua en aquest got comparada amb la dels anteriors?

Difondre: Escampar, estendre en totes direccions.

Les **infusions** es preparen normalment amb aigua bullint o molt calenta.

Com podem justificar aquest fet a partir de la teoria cineticomolecular?

ACTIVITATS

14. Quan bullim pèsols en una olla i obrim més el gas, et sembla que els pèsols es mouran més de pressa o més a poc a poc? Aquest fet, està relacionat amb la teoria cineticomolecular? Raona la resposta.

15. Al terra d'una terrassa on s'ha celebrat una festa infantil hi ha quedat un globus. Observa que a la matinada es desinfla una mica, i que cap al migdia i a primeres hores de la tarda s'infla de nou, per tornar-se a desinflar al llarg de la nit. Com expliques aquests fets?

16. L'aigua bull a 100 °C i l'alcohol a 78 °C. En quina de les substàncies la força d'atracció entre les partícules és més petita?

17. Cerca informació sobre el que es coneix com a *zero absolut de temperatura* i contesta les preguntes següents. Pots consultar-ho al web.
    a) En quina escala de temperatures acostuma a expressar-se?
    b) A quants graus Celsius equival?
    c) Quina relació s'estableix entre la teoria cineticomolecular i el zero absolut?
    d) Quina temperatura en kelvins indica el termòmetre següent?

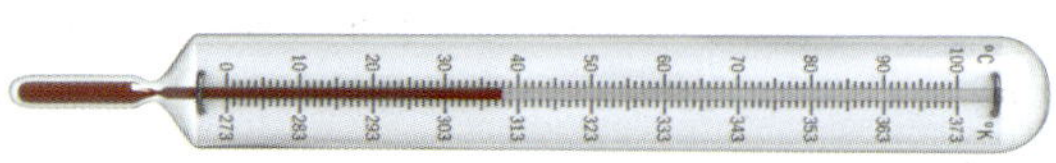

4. Els canvis d'estat

En funció de la temperatura i/o la pressió, els sistemes materials poden variar d'estat d'agregació. Però, sabeu quins són els canvis d'estat que pot experimentar la matèria?

Interpreteu i deduïu

L'esquema següent presenta els **canvis d'estat de la matèria**.

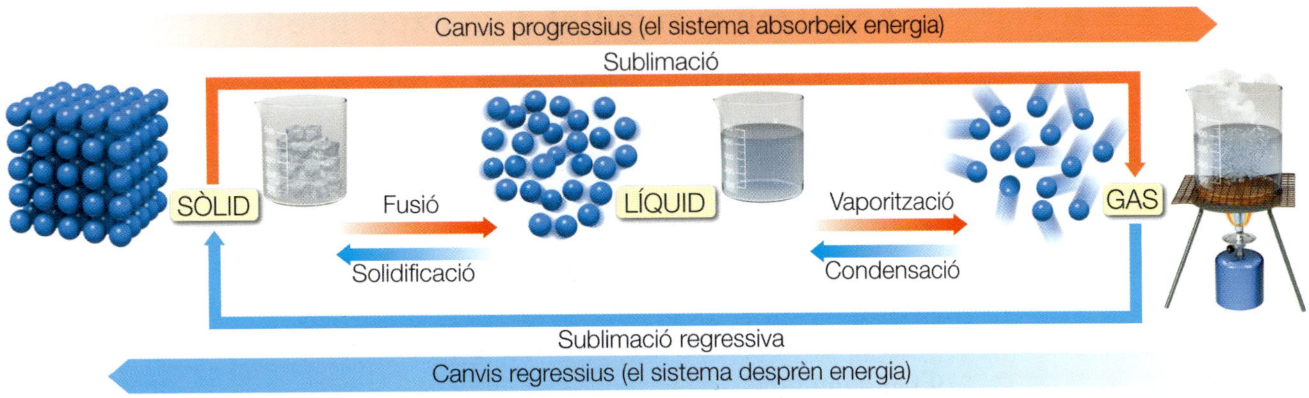

a | Tal com mostra l'esquema, els canvis d'estat es classifiquen en **progressius** i **regressius**. Quin diríeu que és el criteri fonamental d'aquesta classificació?

b | Quins són els canvis d'estat en què cal que proporcionem energia (calor) al sistema? Quins són els que tenen lloc quan prenem energia del sistema?

c | El canvi d'estat de la vaporització es pot produir de dues maneres: per **ebullició** i per **evaporació**. En tots dos casos, l'aigua en estat líquid passa a l'estat gasós. En què es diferencien els dos processos? Poseu un exemple de cadascun d'aquests processos.

ACTIVITATS

18 Indica el canvi d'estat que es produeix en els processos següents:

a) Uns glaçons es desfan en una beguda.

b) Cobrim una pizza de formatge i la posem al forn.

c) L'aigua d'una olla on courem macarrons bull.

d) Els ambientadors que posem als armaris de la roba desprenen olor.

e) Fiquem al congelador un gelat que acabem de preparar.

f) Al matí les plantes queden cobertes per la rosada.

19 A les salines, s'obté sal comuna a partir de l'aigua del mar o d'una font salada. Els diversos procediments utilitzats depenen de la durada i la intensitat de la insolació. Quin canvi d'estat permet obtenir la sal?

20 Fes una descripció del cicle de l'aigua, indicant en cada procés el tipus de canvi d'estat que es produeix.

21 Anomenem F_A, F_B i F_C les forces de cohesió que mantenen unides les partícules de tres sòlids, A, B i C. El valor d'aquestes forces segueix l'ordre següent $F_A < F_B < F_C$. Ordena les temperatures de fusió d'aquests sòlids. Raona la resposta.

Activitats interactives

Activitat de síntesi

5. Interpretació cinètica dels canvis d'estat

Els sistemes materials a una determinada pressió i temperatura presenten un estat d'agregació determinat. Sabeu com influeixen la temperatura i la pressió en els canvis d'estat?

5.1 Els canvis d'estat i la temperatura. L'energia del canvi

Analitzeu el resultat d'un experiment

Posem gel picat en un recipient, l'escalfem i anotem la temperatura que indica el termòmetre cada dos minuts.

Temps (min)	0	2	4	6	...	18	20	22	24	26
Temperatura (°C)	–18	0	0	12,5	...	87,5	100	100	100	120

Representem gràficament la variació de la temperatura respecte del temps. La gràfica que obtenim s'anomena **diagrama de canvi d'estat** o **corba d'escalfament**.

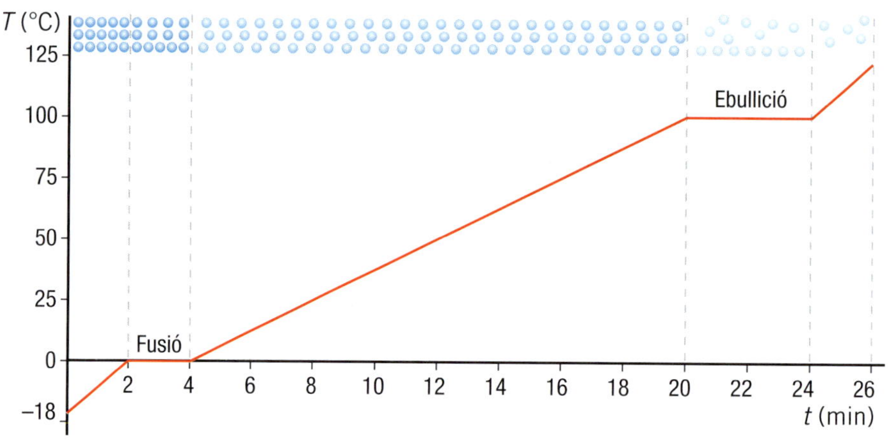

a | Durant els dos primers minuts, quin augment de temperatura experimenta el gel? Quin és l'estat d'agregació de l'aigua durant aquests dos minuts?

b | A quina temperatura el gel comença a fondre's? Durant quant de temps la temperatura de la mescla d'aigua i gel es manté a 0 °C? En què us sembla que s'ha emprat la calor subministrada al sistema durant aquest període de temps?

c | En quin minut el gel s'ha fos totalment? Què succeeix a partir d'aquest moment fins que l'aigua comença a bullir?

d | A quina temperatura l'aigua comença a bullir? Mentre l'aigua bull, a quina temperatura es manté? En què penseu que s'ha emprat la calor subministrada al sistema durant aquest període de temps?

e | Què ocorre amb la temperatura mentre es produeix un canvi d'estat? Quina explicació podeu donar a aquest fet?

f | Descriviu els canvis d'estat que experimenta l'aigua a partir de la teoria cineticomolecular. Utilitzeu els models de partícules que s'han representat. Podeu consultar-ho al web.

Interpreteu i raoneu

L'energia absorbida o alliberada mentre dura un canvi d'estat s'anomena **calor latent de canvi d'estat**.

Substància	Aigua	Alcohol (etanol)	Mercuri	Ferro
Calor latent de fusió (kJ/kg)	334,4	104,8	11,73	293
Calor latent d'ebullició (kJ/kg)	2.257	880,3	285	6.300

a | Ordeneu les substàncies de manera creixent atenent a l'energia necessària per dur a terme el canvi d'estat de sòlid a líquid.

b | Feu el mateix per al canvi d'estat de líquid a gas.

c | La unitat de calor latent en el SI és el **joule/kg** (**J/kg**). Què significa que la calor latent de fusió de l'aigua és de 334,4 kJ/kg? I que la calor latent d'ebullició és de 2.257 kJ/kg?

Joule: Unitat de treball o energia del sistema internacional.

ACTIVITATS

22 Observa aquestes gràfiques i contesta les preguntes següents:

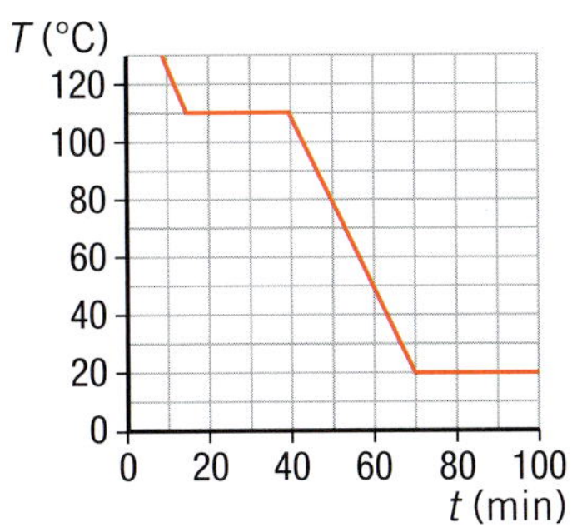

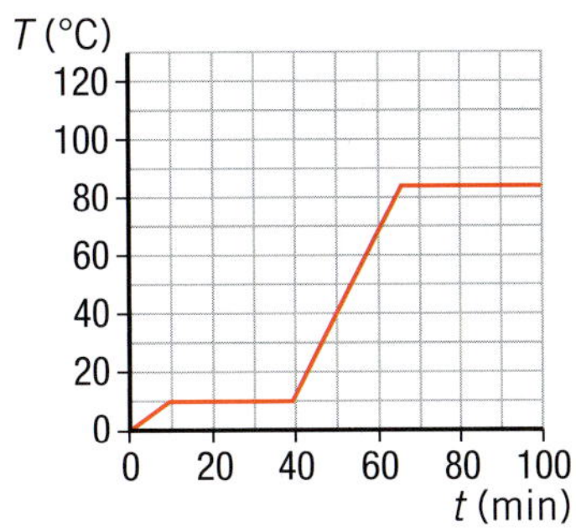

a) Quins canvis d'estat representa cada diagrama? Assenyala'ls en cada gràfic.

b) Indica, en cada cas, les temperatures de fusió i d'ebullició.

c) Assenyala, en cada tram, l'estat o estats en què es troba la substància.

23 A partir de les dades de temperatures de fusió i ebullició de les diferents substàncies, indica l'estat d'agregació de cadascuna a les diferents temperatures.

Substància	T. fusió (°C)	T. ebullició (°C)	–60°	–20°	30°
Oxigen	–219	–183			
Sal comuna	801	1.413			
Amoníac	–78	–34			
Coure	1.083	2.310			

24 Per què ens costa més fer bullir 1 kg d'aigua que fondre 1 kg de gel?

25 Els líquids volàtils (que s'evaporen fàcilment) necessiten calor per vaporitzar-se. Si no n'hi ha una aportació externa, la calor es pren del cos en contacte. Explica per què notem sensació de fred si ens mullem les mans amb alcohol i les deixem assecar.

26 Si envoltem el dipòsit d'un termòmetre amb un cotó impregnat d'alcohol, la temperatura disminueix. Com podries explicar aquest fet?

5.2 La pressió i els canvis d'estat

Les temperatures de canvi d'estat són característiques de cada substància. Però aquestes temperatures es poden modificar si varia la pressió a la qual es veu sotmès el sistema material.

Compreneu el text

A les olles de pressió les verdures, els llegums, etc., es couen més ràpidament que a les olles convencionals. Per aquest motiu en castellà s'anomenen olles *exprés*. En aquestes olles l'aigua que hi posem està sotmesa a una pressió més elevada que l'atmosfèrica a nivell del mar (1 atm). Això provoca que l'aigua bulli a temperatures més elevades, de l'ordre dels 120 °C. Tingueu en compte que a l'interior de les bones olles de pressió, l'aigua no bull, només augmenta la temperatura per sobre dels 100 °C.

D'altra banda, sabem que a mesura que pugem una muntanya, la pressió atmosfèrica disminueix, de manera que l'aigua bull a temperatures inferiors a 100 °C. Com a dada curiosa, al cim de l'Everest, la temperatura d'ebullició de l'aigua és aproximadament de 65 °C.

a | A partir d'aquest text, completeu l'afirmació següent perquè sigui correcta: La temperatura d'ebullició de l'aigua és de 100 °C ___________

b | Com influeix la pressió en la temperatura d'ebullició de l'aigua?

ACTIVITATS

27 Al cim d'una muntanya molt alta ens costa molt cuinar qualsevol tipus d'aliment amb aigua calenta. Pots explicar per què passa això?

28 Les bombones de butà contenen aquesta substància en estat líquid. Com és que quan l'utilitzem per cuinar, per exemple, surt en estat gasós?

29 Completa els teus coneixements sobre els canvis d'estat i la influència de la temperatura i de la pressió a partir de la teoria cineticomolecular.

- a) Quan escalfem un sòlid, com canvia el moviment de les seves partícules? Què passa amb les forces de cohesió?
- b) En arribar al canvi d'estat (fusió), si la temperatura es manté constant, en què s'inverteix l'energia que se subministra al sistema?
- c) Un cop tot el sistema és líquid, si continuem escalfant, com es modifica el moviment de les partícules? Quines tenen més facilitat per passar a estat gasós?
- d) Podem concloure que la temperatura d'un sistema material és la propietat macroscòpica que ret compte del moviment o estat d'agitació de les partícules que el formen? Per què?
- e) En el cas del butà, si comprimim el gas a temperatura ambient, què passa amb la distància entre les partícules? És possible convertir-lo en un líquid? La teva resposta està d'acord amb la que has donat a l'activitat anterior?

Activitats interactives
Activitat de síntesi

6. Les lleis dels gasos

Al començament de la unitat hem repassat les propietats generals dels sistemes materials (la massa i el volum); també hem vist que la temperatura i la pressió influeixen en els canvis d'estat dels sistemes materials. Sabeu, però, com es relacionen la pressió, el volum i la temperatura d'una quantitat determinada d'un gas? Aquestes relacions es coneixen com les **lleis dels gasos**.

Experimenteu i deduïu

Abans de fer un passeig amb bicicleta, sempre comprovem l'estat dels pneumàtics, i si notem poca pressió o els trobem desinflats, hi afegim aire amb una manxa.

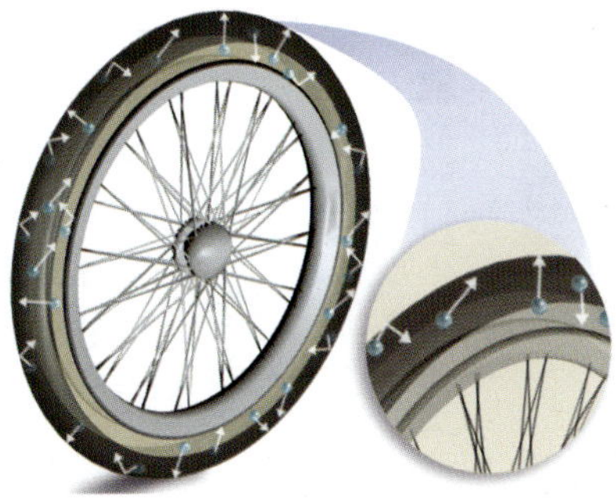

a | L'aire que hi ha a l'interior del pneumàtic fa pressió sobre les seves parets. Com notem l'efecte d'aquesta pressió?

b | Tenint en compte el moviment de les partícules en l'estat gasós, què diríeu que fan les partícules a la superfície interior del pneumàtic?

c | Com justifiqueu l'acció d'afegir aire amb la manxa als pneumàtics quan els trobem desinflats a partir de la teoria cineticomolecular?

d | Completeu la frase següent:
La __pressió__ d'un gas és una propietat macroscòpica que ret compte del nombre més gran o més petit de ________ de les partícules amb la __superfície__ del pneumàtic.

ACTIVITATS

30 En un recipient hi hem introduït un gas qualsevol. A continuació hi afegim una quantitat determinada d'aire. Què passarà amb la pressió a l'interior del recipient, augmentarà o disminuirà? Per què?

31 Com podem explicar amb la teoria cineticomolecular que els gasos es poden comprimir?

32 Busca informació sobre les unitats de pressió més utilitzades, l'atmosfera (atm), el pascal (Pa) i el bar, i les equivalències entre les unes i les altres. Després completa la taula següent:

Pascal (Pa)	Atmosfera (atm)	Bar
	2,0 atm	
900 hPa		
		1.018 mbar

6.1 La Llei de Boyle-Mariotte

Els científics R. Boyle i E. Mariotte van confirmar experimentalment com canviaven la pressió i el volum d'una massa determinada de gas a temperatura constant.

Observeu i deduïu

Disposem d'un recipient tancat que conté una massa determinada d'un gas. Sense modificar-ne la temperatura, afegim uns pesos sobre la tapa del recipient. Podeu consultar l'experiment al web.

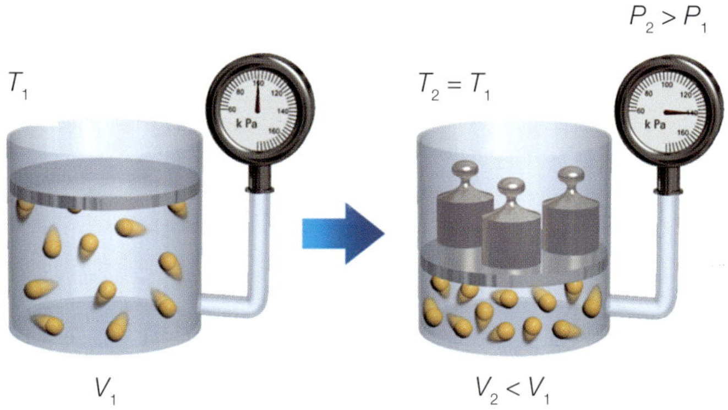

a | En afegir els pesos sobre la tapa mòbil del recipient que conté el gas, què passa amb el volum, augmenta o disminueix?

b | Fixeu-vos ara amb les partícules. Diríeu que el nombre de xocs entre les partícules i les parets del recipient augmentarà o disminuirà? Per tant, què passarà amb la pressió? Verifiqueu aquesta deducció amb la lectura dels manòmetres.

c | Per a una temperatura constant, diríeu que la relació entre la pressió i el volum d'un gas és directament o inversament proporcional?

Manòmetre: Instrument que mesura la pressió dels fluids (gasos i líquids), especialment dels gasos.

Elaboreu un gràfic i concloeu

A una temperatura determinada, mesurem la pressió (*P*) d'un gas tancat en un recipient quan en variem el volum (*V*) mitjançant el desplaçament d'un èmbol. Anotem en aquesta taula les dades de les variacions de la pressió quan canvia el volum:

V **(L)**	2	4	6	8	10
P **(atm)**	6	3	2	1,5	1,2
P* · *V **(atm · L)**					

a | Completeu la taula.

b | Representeu en una gràfica els valors de la pressió (eix vertical) i el volum (eix horitzontal). A partir de la gràfica, quin tipus de proporcionalitat deduïu que hi ha entre el volum i la pressió?

c | Ara, completeu aquesta frase, que correspon a l'enunciat de la **llei de Boyle-Mariotte**:

A temperatura _______, el volum i la pressió d'un gas són __________ proporcionals. Aquest fet el podem expressar així:

P* · *V = __________

ACTIVITATS

33. Un recipient de 9 L conté heli a una pressió de 3 atm. Quina pressió exercirà sobre les parets si, sense variar la temperatura, comprimim el gas perquè ocupi 6 L? I si dupliquem la pressió inicial, quin volum ocuparà?

6.2 La Llei de Gay-Lussac

El químic J.L. Gay-Lussac va relacionar els canvis de pressió i de temperatura que experimenta una quantitat concreta de gas mantenint constant el volum.

Per mesurar correctament la pressió dels pneumàtics d'un cotxe es recomana fer-ho quan les rodes encara estan fredes, és a dir, quan el cotxe ha circulat el mínim possible abans de fer la mesura.

Què us sembla que justifica aquesta recomanació?

Observeu i deduïu

Disposem d'un recipient tancat que conté un volum determinat d'un gas. Escalfem el recipient de manera que modifiquem la temperatura del gas. Podeu consultar l'experiment al web.

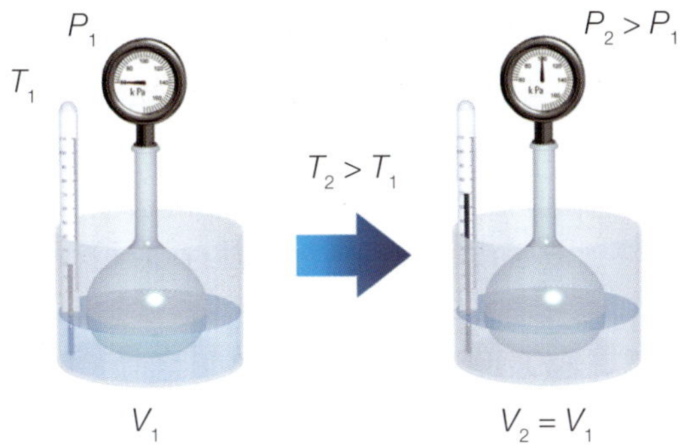

a | En augmentar la temperatura del gas, què passa amb el moviment de les seves partícules?

b | Diríeu que el nombre de xocs entre les partícules i les parets del recipient augmentarà o disminuirà? Per tant, què passarà amb la pressió? Verifiqueu aquesta deducció amb la lectura dels manòmetres.

c | Per a un volum constant, us sembla que la relació entre la pressió i la temperatura d'un gas és directament o inversament proporcional?

Elaboreu un gràfic i concloeu

Disposem d'un volum determinat d'un gas tancat en un recipient. Mesurem la pressió del gas quan en modifiquem la temperatura (la temperatura s'ha d'expressar en kelvin, K). Anotem en aquesta taula les dades de les variacions de la pressió quan canvia la temperatura:

Kelvin: Unitat de temperatura del sistema internacional.

T (K)	250	300	350	400	450	500
P (atm)	0,5	0,6	0,7	0,8	0,9	1,0
$\frac{P}{T}$ **(atm/K)**						

a | Completeu la taula i representeu en una gràfica els valors de la pressió (eix vertical) i la temperatura (eix horitzontal). A partir de la gràfica, quin tipus de proporcionalitat deduïu que hi ha entre la temperatura i la pressió?

b | Ara, completeu aquesta frase, que correspon a l'enunciat de la **llei de Gay-Lussac:**

A volum ________, la pressió i la temperatura d'un gas són ________ proporcionals. Aquest fet el podem expressar així: $\frac{P}{T}$ = ________

ACTIVITATS

34 La temperatura inicial d'un gas és de 240 K, i l'escalfem fins a 400 K mantenint el seu volum constant. Si la pressió inicial era de 0,3 atm, quina pressió final haurem mesurat? I si l'escalfem només fins a 300 K?

6.3 La Llei de Charles

El científic J.A. Charles va estudiar els canvis de volum d'una quantitat determinada de gas quan la seva temperatura es modificava i en canvi la pressió es mantenia constant.

Observeu i deduïu

Disposem d'un recipient tancat que conté un volum determinat d'un gas. Sense variar-ne la pressió, escalfem el recipient de manera que modifiquem la temperatura del gas. Podeu consultar l'experiment al web.

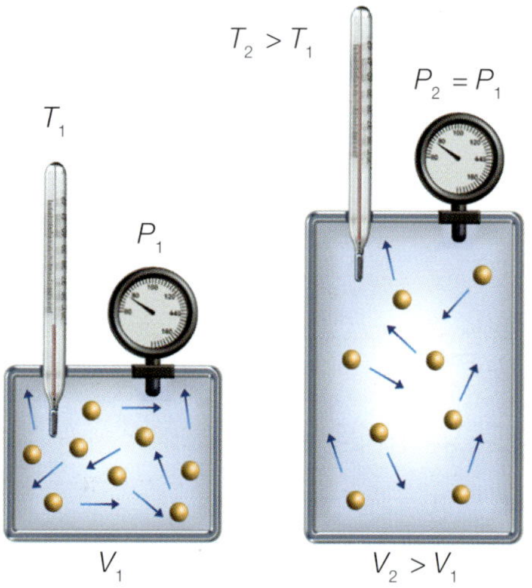

a | Si no mantinguéssim constant la pressió, en augmentar la temperatura del gas, què passaria amb la velocitat i el moviment de les seves partícules? Diríeu que el nombre de xocs entre les partícules i les parets del recipient augmentaria o disminuiria? Per tant, què hauria de passar amb la pressió?

b | Ara bé, si mantenim la pressió constant, què passa amb el volum? Contrasteu la vostra deducció amb el que observeu a la imatge.

c | Per a una pressió constant, diríeu que la relació entre el valor de la temperatura i el volum d'un gas és directament o inversament proporcional?

Elaboreu un gràfic i concloeu

A una pressió determinada, mesurem les variacions de volum que experimenta un gas quan en modifiquem la temperatura. Anotem en aquesta taula les dades de les variacions del volum en funció de la temperatura:

T **(K)**	240	280	320	360	400	440
V **(L)**	6	7	8	9	10	11
$\frac{V}{T}$ **(L/K)**						

a | Completeu la taula.

b | Representeu en una gràfica els valors del volum (eix vertical) i la temperatura (eix horitzontal). A partir de la gràfica, quin tipus de proporcionalitat deduïu que hi ha entre el volum i la temperatura?

c | Ara, completeu aquesta frase, que correspon a l'enunciat de la **llei de Charles:**

A pressió ________, la temperatura i el volum d'un gas són ____________ proporcionals. Aquest fet el podem expressar així: $\frac{V}{T}$ = ____________

ACTIVITATS

35 Un recipient amb 6 L d'un gas està a una temperatura de 300 K. Quin volum ocuparà aquest gas a 500 K si no varia la pressió?

Activitats interactives
Activitat de síntesi

1. Propietats dels sistemes materials

Tots els cossos estan formats per matèria. Des d'un punt de vista físic, s'anomenen **sistemes materials** i es caracteritzen pel fet que tenen unes determinades propietats, que es poden classificar en propietats generals i propietats específiques.

1.1 Propietats generals. La massa i el volum

Les propietats generals d'un sistema material no depenen de la substància o substàncies que el constitueixen, ni del seu estat d'agregació, ni de la forma; per tant, no ens permeten diferenciar uns sistemes materials d'uns altres.

- La **massa** és la quantitat de matèria que posseeix un sistema material. La unitat de massa en el SI és el **quilogram (kg)**. Per mesurar la massa s'utilitza la balança. En l'actualitat les balances són electròniques o digitals.
- El **volum** és l'espai que ocupa un sistema material. La unitat de volum en el SI és el **metre cúbic (m^3)**, que equival a 1.000 L. Per mesurar els volums de líquids es fan servir recipients de vidre graduats. El volum que ocupa un gas és el volum del recipient que el conté.

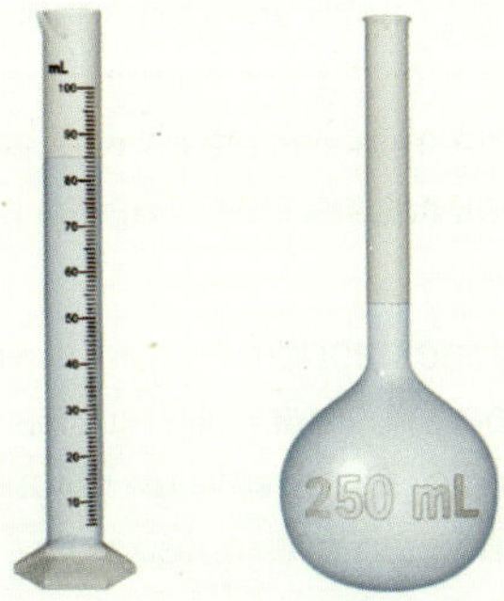

El volum d'un **líquid** es pot mesurar directament amb provetes i matrassos.

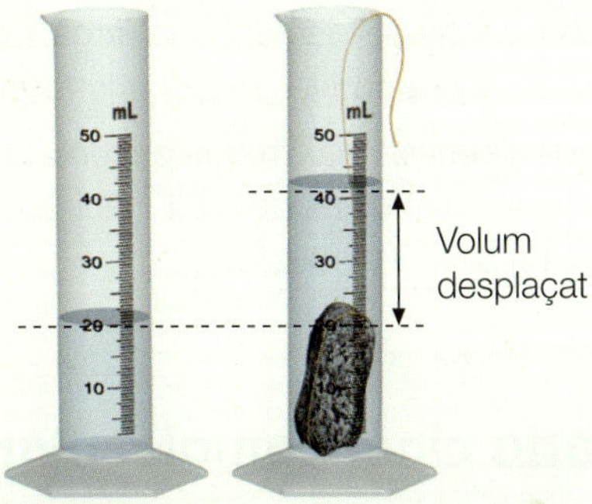

El volum d'un **sòlid de forma irregular** es pot mesurar de manera indirecta a partir del volum que desplaça en submergir-lo en un líquid.

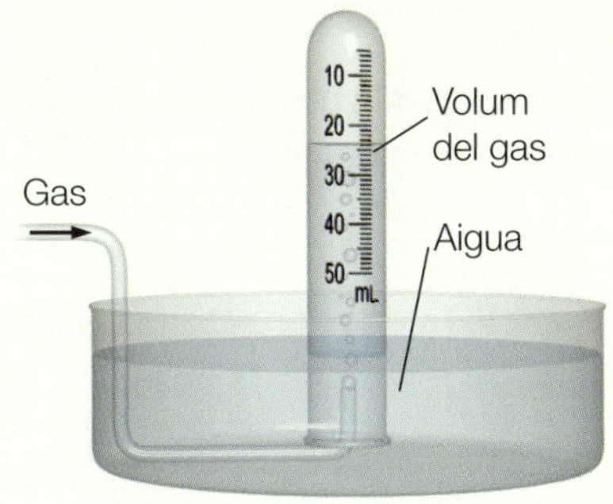

El volum d'un **gas** es pot calcular com el volum d'un líquid desplaçat pel gas.

1.2 Propietats específiques. La densitat

Les **propietats específiques** d'un sistema material depenen de la substància que el constitueix, és a dir, de la seva composició. La densitat, el color o la conductivitat elèctrica són propietats específiques.

La **densitat** (***d***) d'una substància és la massa (*m*) que correspon a una unitat de volum (*V*) d'aquella substància.

$$d = \frac{m}{V}$$

Sovint s'expressa en g/cm^3, però la unitat del SI és el **kg/m^3**.

La densitat d'una substància ens proporciona el grau de concentració de la seva massa en relació amb l'espai que ocupa. Quan diem que l'or és més «pesant» que el ferro, estem dient, de fet, que és més dens.

Densitat d'algunes substàncies (kg/m^3)	
Aire	1,29
Diòxid de carboni	1,98
Poliuretà	40
Porexpan	50
Gasolina	680
Alcohol (etanol)	780
Aigua	1.000
Alumini	2.700
Ferro	7.874
Plom	11.340
Mercuri	13.600

ACTIVITATS

1 Expressa les mesures de massa i de volum següents en unitats del SI.

a) 0,24 t b) 45 cg

c) $2,45 \cdot 10^7$ g d) 23 L

e) 452 cm^3 f) 29 hm^3

2 Expressa les mesures següents en les unitats indicades.

a) 0,07 t en kg b) $7 \cdot 10^5$ g en kg

c) 5.500 cm^3 en L d) 2 kL en dm^3

e) $6 \cdot 10^7$ mL en m^3 f) 50 dm^3 en mL

3 Tenim tres provetes amb 20 mL d'aigua i introduïm en cadascuna d'elles una pedra diferent. Els nivells dels tres tubs pugen, respectivament, fins a 35,5 mL, 42 mL i 48 mL. Quin és el volum de cada pedra?

4 Un cub compacte de metall de 20 cm d'aresta té una massa de 90,72 kg. De quin metall està fet? Consulta la taula de densitats de la pàgina anterior.

5 Els metalls tenen densitats diferents. Un metre cúbic d'or pesa molt més que el mateix volum de ferro.

a) Quantes vegades més pesa un quilogram d'or que un quilogram de ferro?

b) Quantes vegades més pesa 1 m^3 d'or que 1 m^3 de ferro?

6 Proposa un mètode per mesurar el volum d'un cos irregular. Explica com ho faries.

7 Expressa les densitats següents en unitats del SI i indica quina correspon al material més dens.

a) 0,23 g/dm^3 b) 2,3 kg/m^3 c) 23 kg/L

8 La densitat del iode sòlid és de 4,93 g/cm^3. Expressa aquesta dada en:

a) Unitats del SI b) hg/m^3

9 Calcula el volum que ocupa un bloc d'or de 560 g de massa. Quina dada et fa falta per poder calcular aquest volum? Cerca-la i resol el problema.

10 Disposem d'una proveta graduada i d'una balança. Explica com podries calcular la densitat d'un líquid.

11 Un camió cisterna de 10.000 L de capacitat fa dos trajectes iguals per transportar dos líquids. En el primer trajecte transporta butà, i en el segon, metà. Sense fer càlculs, sabries dir en quin dels dos casos gastarà més combustible? Dades: densitat del butà: 2,520 kg/m^3; densitat del metà: 0,717 kg/m^3.

12 Quants litres caben en una piscina de dimensions 8 m · 20 m · 4 m. Si en lloc d'aigua s'omplís amb oli, quina seria la massa de l'oli introduït? Dada: densitat de l'oli: 920 kg/m^3.

2. Els estats de la matèria

Un sistema material pot presentar-se en tres estats d'agregació: **sòlid**, **líquid** i **gasós**. Aquestes són les propietats macroscòpiques que caracteritzen cada estat.

- Els **sòlids** tenen volum constant, forma fixa, no es poden comprimir i no flueixen.
- Els **líquids** tenen volum constant, no tenen forma fixa, són poc compressibles i flueixen.
- Els **gasos** tenen volum variable, no tenen forma fixa, es poden comprimir i flueixen.

La massa d'un sistema material sempre és constant, independentment del seu estat d'agregació. En canvi, quan un sistema experimenta un canvi d'estat, el volum i determinades propietats específiques, com la densitat, es modifiquen.

ACTIVITATS

13 Omplim una proveta amb les següents substàncies: cargols de ferro, aigua, mercuri i gasolina. Dibuixa la proveta de manera que es vegi en quin ordre quedaran les substàncies. Explica per què les has disposat així.

14 A moltes cuines podem trobar un vas graduat, dissenyat per mesurar substàncies d'ús corrent en alimentació. Observa'n un i digues per què les divisions no estan a la mateixa altura per a tots els aliments.

15 En fer la revisió mèdica un esportista mesura la seva «capacitat pulmonar», és a dir, quant aire expira havent fet prèviament una llarga inspiració. De quina manera podries mesurar la teva?

16 Inflem un globus al màxim que podem. El volum que ocupa el globus és de 3,5 L. Quina massa d'aire hi ha dins el globus?

3. La teoria cineticomolecular

La **teoria cineticomolecular** explica el comportament dels sistemes materials en els tres estats d'agregació: sòlid, líquid i gasós. Aquesta teoria ens descriu com són els sistemes materials «per dins». Aquests són els seus principis bàsics:

- La **matèria és discontínua**. Està formada per petites partícules, els àtoms i les molècules.
- Totes les **partícules estan en moviment continu**. La llibertat de moviment té relació directa amb la temperatura; per tant, en augmentar la temperatura augmenta el moviment. És a dir, un augment de temperatura es tradueix en un guany d'energia cinètica de les partícules.
- Entre les partícules que formen la matèria hi ha **forces d'atracció** que fan que es mantinguin unides entre elles. La intensitat de les forces disminueix quan augmenta la distància entre les partícules i depèn del seu estat d'agregació: és màxima en els sòlids i pràcticament nul·la en els gasos.

Les propietats dels sistemes materials, atenent a la teoria cineticomolecular, són:

- En els **sòlids** les partícules estan molt a prop les unes de les altres. Encara que l'estructura és rígida, vibren en les seves posicions.
- En els **líquids** les partícules tenen molta mobilitat i vibren més que en l'estat sòlid. L'estructura deixa de ser rígida.
- En els **gasos** les partícules estan aïllades; no hi ha cap tipus d'unió entre elles. La mobilitat i l'energia són màximes.

ACTIVITATS

17 Tria la paraula adequada en cada cas:

a) Les partícules d'un gas presenten una mobilitat *limitada / màxima*.

b) Les partícules d'un sòlid vibren més quan *el refredem / l'escalfem*.

c) Les partícules d'un *líquid / sòlid* ocupen posicions fixes.

d) Quan escalfem un líquid, la mobilitat de les seves partícules *augmenta / disminueix*.

18 Indica si són vertaderes o falses les afirmacions següents:

a) La temperatura de la matèria depèn del nombre de partícules que la integren.

b) Les partícules que formen el gas butà de la cuina no tenen cap tipus d'unió.

c) La temperatura de la matèria depèn de la velocitat de les partícules independentment de l'estat de la matèria.

d) Les partícules d'un tronc de fusta formen una estructura rígida i vibren en les seves posicions.

19 Com és la intensitat de les forces que uneixen les partícules dels materials següents? Classifica'ls en ordre decreixent segons la magnitud d'aquesta intensitat:

a) Una pedra.

b) L'aire contingut en un globus.

c) L'aigua en un got.

20 Dins d'un recipient amb aigua a 2 °C, hi introduïm un petit globus poc inflat lligat amb una corda a una pedra. A continuació, escalfem el recipient. Et sembla que el globus s'inflarà més? Raona-ho.

21 De què depèn el volum d'un gas? Raona la resposta segons la teoria cineticomolecular.

22 Per què els gasos presenten una densitat més baixa que els sòlids?

4. Els canvis d'estat

Les forces existents entre les partícules d'un sistema material poden variar en funció de la temperatura i/o la pressió. Els sistemes materials poden experimentar **canvis d'estat** com a conseqüència de la variació d'una d'aquestes magnituds o de totes dues.

Els **canvis d'estat** poden ser:

- **Canvis progressius:** tenen lloc quan proporcionem energia al sistema i en fem augmentar la temperatura.
- **Canvis regressius:** tenen lloc quan prenem energia del sistema i en fem disminuir la temperatura.

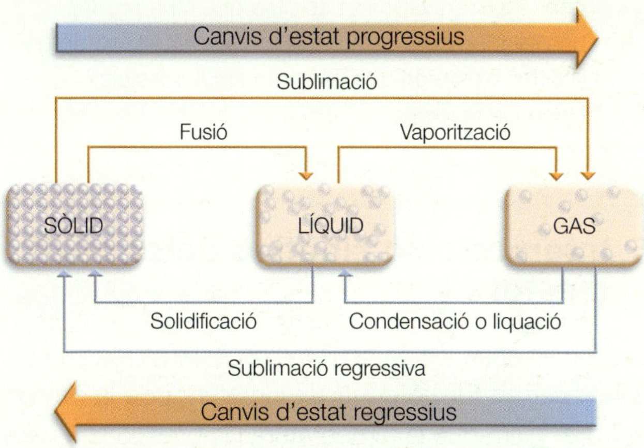

La **vaporització** es pot assolir de dues maneres:

- **Evaporació:** es produeix a qualsevol temperatura, a la superfície lliure del líquid i té lloc lentament.

- **Ebullició:** es produeix a una temperatura determinada, en tota la massa del líquid i té lloc ràpidament.

ACTIVITATS

23 Explica els canvis d'estat que es produeixen en els fenòmens següents:

a) El metà o «gas natural» es troba en jaciments en estat gasós, però per transportar-lo es fa en forma líquida.

b) Els dies molt freds, l'aigua de pluja es congela.

c) El terra s'eixuga al cap d'una estona d'haver-lo fregat.

24 Indica si les afirmacions següents són vertaderes o falses. Corregeix les falses al teu quadern:

a) La vaporització és un canvi d'estat regressiu.

b) Els canvis d'estat progressius són: fusió, vaporització i sublimació.

c) La pressió atmosfèrica no influeix en la temperatura de fusió i ebullició dels materials.

d) L'or es fon a 1.064 °C, mentre que se solidifica a 900 °C.

25 Posem el mateix volum d'aigua en un got i en un plat pla gran. En quin cas s'evaporarà abans tota l'aigua? Per què?

26 Si tapem una olla amb aigua bullent, per què apareixen unes petites gotes d'aigua a la part inferior de la tapa? Quin canvi d'estat té lloc? Raona la resposta.

27 S'evapora un volum de 80 m^3 d'aigua de mar que conté 35 g de sal per cada litre d'aigua. Quina quantitat de sal obtindrem? I si s'evaporen 1.200 m^3 de la mateixa aigua?

28 Quan estenem la roba perquè s'eixugui, l'aigua es converteix en vapor. Et sembla que s'ha produït una evaporació o una ebullició? Quin és l'avantatge d'estendre-la tan airejada com sigui possible? Raona la resposta.

5. Interpretació cinètica dels canvis d'estat

Les forces entre les partícules d'un sistema material poden variar en funció de la temperatura i de la pressió. Per això diem que la temperatura i la pressió són variables d'estat, ja que defineixen l'estat concret en què es troba un sistema material.

A partir de la teoria cineticomolecular podem explicar els efectes d'aquestes variables d'estat.

5.1 Els canvis d'estat i la temperatura. L'energia del canvi

Efecte de la temperatura. A mesura que aportem calor (energia tèrmica) a un sistema material i augmenta la seva temperatura, disminueix la cohesió de les seves partícules.

En subministrar calor a un sòlid, arribarà el moment en què les seves partícules tindran prou energia per abandonar les posicions fixes de la xarxa i començar a fluir les unes sobre les altres. En aquest moment es produirà el canvi d'estat (fusió). Mentre dura el canvi d'estat la temperatura es manté constant, ja que tota l'aportació energètica s'inverteix a modificar l'estructura del sistema. Aquesta temperatura és la **temperatura** o **punt de fusió**. Un cop ha acabat el canvi d'estat, si continuem aportant energia, la temperatura tornarà a ascendir fins a arribar a la **temperatura** o **punt d'ebullició**, i es mantindrà constant fins que tot el líquid hagi passat a estat gasós. En el cas de l'aigua a pressió atmosfèrica, aquestes temperatures són de 0 °C i de 100 °C. Malgrat que l'ebullició (vaporització en tot el sistema material) no es produeix fins a arribar a la temperatura d'ebullició, en aportar calor al líquid, les partícules de la superfície adquireixen prou energia per abandonar-la i passar a estat gasós (evaporació).

Si en lloc d'aportar calor, és el sistema que en desprèn, es produeixen els canvis d'estat regressius. Entre dos canvis d'estat la temperatura disminuirà, i durant el canvi d'estat es mantindrà constant.

Definim la **calor latent** com l'energia absorbida o alliberada mentre dura el canvi d'estat. És característica de cada substància i la unitat en el SI és el J/kg (energia necessària per canviar d'estat 1 kg d'una substància determinada).

5.2 La pressió i els canvis d'estat

Efectes de la pressió. A mesura que augmentem la pressió sobre un gas o un líquid, s'afavoreix la cohesió de les seves partícules i es produeixen canvis d'estat regressius, com la condensació i la solidificació. En canvi, si la disminuïm, s'afavoreixen els canvis d'estat progressius. Les temperatures de canvi d'estat depenen de la pressió. A manera d'exemple, en una olla de pressió la temperatura d'ebullició de l'aigua és d'uns 120 °C, i en canvi, a pressions baixes (com les que hi ha al cim d'una muntanya) és inferior als 100 °C.

ACTIVITATS

29 Escalfem un líquid i anotem les lectures del termòmetre i el temps:

Temps (min)	0	4	8	12	16	18	20	24	28
Temperatura (°C)	15	30	45	60	75	82	82	82	90

a) Representa el gràfic de la temperatura (T) en funció del temps (t).

b) Quin canvi d'estat ha tingut lloc? A quina temperatura s'ha produït?

30 Interpreta la gràfica següent referent als canvis d'estat de l'aigua.

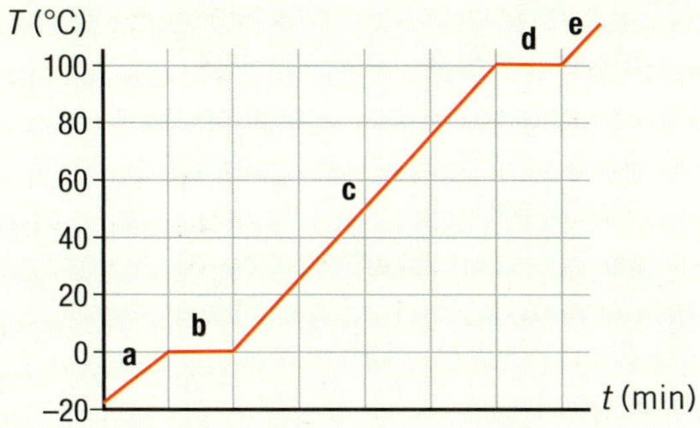

31 La gràfica següent representa els valors obtinguts de temperatura en funció del temps d'un líquid que teníem en un recipient.

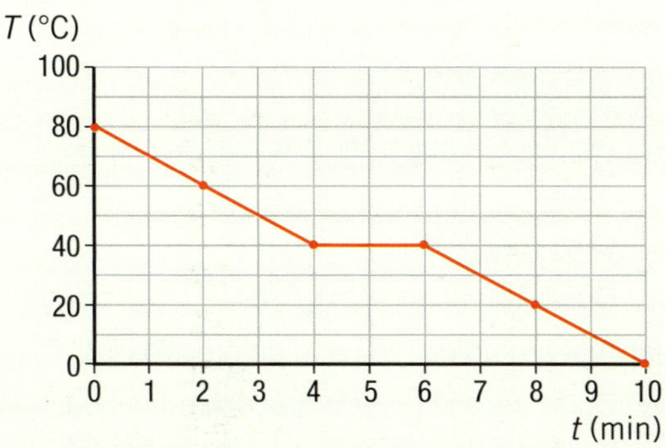

a) Estem escalfant o refredant el líquid?

b) Observes algun procés de canvi d'estat? Si és així, indica com s'anomena.

c) Es tracta d'un canvi progressiu o regressiu?

d) Identifica els diferents trams que observes en la gràfica i explica què hi passa des del punt de vista de la teoria cineticomolecular.

32 Per què quan escalfem aigua a una pressió més alta que la pressió atmosfèrica normal (per exemple, en una olla de pressió), li costa més bullir? I quan bulli, ho farà a una temperatura per sota o per sobre dels 100 °C?

6. Les lleis dels gasos

Definim la pressió que exerceix un gas contingut en un recipient com una mesura dels xocs de les partícules del gas amb la superfície interior del recipient.

Al llarg dels segles XVII i XVIII, diversos científics van demostrar que la **pressió** (***P***), el **volum** (***V***) i la **temperatura** (***T***) d'una massa fixa de gas estaven relacionats entre ells.

Els resultats d'aquestes experiències es coneixen com les **lleis dels gasos**.

Aquestes lleis es poden expressar com a relacions entre magnituds, en forma d'equacions o de fórmules matemàtiques. En l'estudi dels gasos, les tres magnituds que estudiem es mesuren en determinades unitats.

Magnitud	Unitat SI	Altres unitats	Equivalències
Volum	m^3	L = dm^3; mL = cm^3	1 m^3 = 10^3 dm^3 = = 10^6 cm^3
Pressió	Pa (Pascal)	atm (atmosfera); bar	1 atm = 1,013 bar 1 atm = 1,013 · 10^5 Pa 1 bar = 10^5 Pa
Temperatura	K (Kelvin)	°C (grau Celsius)	0 °C corresponen a 273 K

Els resultats experimentals que obtenim i la llei o equació que apliquem depenen de quina de les tres magnituds es mantingui constant durant la transformació del gas.

FINS AQUÍ

6.1 La llei de Boyle-Mariotte

D'acord amb la teoria cineticomolecular, si no es modifica la temperatura d'un gas, les seves partícules es mouen a velocitat constant.

- A mesura que **disminueix el volum** del recipient, el nombre de xocs contra les parets augmenta i, com a conseqüència, **augmenta la pressió**.
- A mesura que **augmenta el volum** del recipient, disminueixen els xocs de les partícules amb les parets i **disminueix la pressió**.

Llei de Boyle-Mariotte. A temperatura constant, el volum i la pressió d'un gas són inversament proporcionals. L'equació matemàtica que expressa aquesta proporcionalitat és: P = constant/V; però generalment s'escriu així:

$$P \cdot V = \text{constant} \Rightarrow \boldsymbol{P_1 \cdot V_1 = P_2 \cdot V_2}$$

6.2 La llei de Gay-Lussac

D'acord amb la teoria cineticomolecular, si no es modifica el volum d'un gas, la velocitat i l'energia de les partícules estan relacionades directament amb la temperatura.

- A mesura que **disminueix la temperatura** d'un gas, també ho fan la velocitat de les seves partícules i el nombre de xocs amb les parets del recipient i, per tant, **disminueix la pressió**.
- A mesura que **augmenta la temperatura** d'un gas, augmenta la velocitat de les seves partícules i el nombre de xocs amb les parets del recipient i, per tant, **augmenta la pressió**.

Llei de Gay-Lussac. A volum constant, la pressió i la temperatura d'un gas són directament proporcionals. L'equació matemàtica que expressa aquesta proporcionalitat és: $P = \text{constant} \cdot T$; però generalment s'escriu així:

$$\frac{P}{T} = \text{constant} \Rightarrow \frac{P_1}{T_1} = \frac{P_2}{T_2}$$

6.3 La llei de Charles

D'acord amb la teoria cineticomolecular, la velocitat de les partícules està relacionada directament amb la temperatura. Per tant, si volem mantenir la pressió constant, és a dir, el nombre de xocs amb les parets del recipient, haurem de modificar el volum.

- A mesura que **augmenta la temperatura**, **augmenta el volum** per mantenir constant la pressió.
- A mesura que **disminueix la temperatura**, **disminueix el volum** per mantenir constant la pressió.

Llei de Charles. A pressió constant, el volum i la temperatura són directament proporcionals. L'equació matemàtica que expressa aquesta proporcionalitat és: $V = \text{constant} \cdot T$; però generalment s'escriu així:

$$\frac{V}{T} = \text{constant} \Rightarrow \frac{V_1}{T_1} = \frac{V_2}{T_2}$$

ACTIVITATS

33. Un recipient de 8 L conté gas oxigen a una pressió de 3 atm. Quin volum ocuparà l'oxigen si, sense que varïi la temperatura, dupliquem la pressió?

34. Un recipient conté 10 L de gas nitrogen a una pressió de 0,6 atm i a una temperatura de 200 K. Quina pressió exercirà sobre les parets del recipient quan estigui a una temperatura de:

    a) 180 K b) 300 K c) 400 K

35. Obtenim diferents valors per a la pressió i la temperatura d'un líquid.

Pressió (atm)	Temperatura (°C)
1	15
2	30
3	45
4	60

   a) Representa mitjançant una gràfica els valors de la taula.
   b) Explica quin tipus de proporcionalitat segueixen aquestes dues magnituds.
   c) Quin és el valor del quocient d'aquestes magnituds? Es manté constant?
   d) Si mantenim el volum constant i tenim el líquid a 50 °C, quina pressió exercirà sobre el recipient?

36. Un gas ocupa un volum inicial de 10 L a una temperatura de 250 K. Si s'escalfa a pressió constant, indica el volum que ocuparà quan la temperatura:
   a) Es dupliqui.
   b) Es tripliqui.
   c) Augmenti 1.250 K.
   d) Quina llei has utilitzat per fer els teus càlculs?

37. Tenim 3 L d'un gas a 303 K, i elevem la temperatura fins a 329 K, sense que canviï la pressió.
   a) Argumenta quina llei utilitzaràs per fer els càlculs.
   b) Quin volum ocuparà el gas?
   c) Quina llei has utilitzat per fer els teus càlculs?

38. Tenim 4 L d'un gas a 2 atm de pressió i 18 °C:
   a) Quina seria la pressió que exerciria aquest gas en el mateix recipient, si l'escalféssim fins als 45 °C?
   b) Si la temperatura es manté constant i reduïm el volum fins als 2,5 L, quina pressió exercirà el gas sobre el recipient?
   c) Quina llei has utilitzat per fer els teus càlculs?

39. Una bombona de butà conté 4,3 m^3 de gas a una pressió d'1,5 atm. Si augmentem la pressió fins a les 3,5 atm a temperatura constant:
   a) Quin serà el volum que ocuparà el butà? Expressa'l també en litres.
   b) Necessitaríem una bombona més gran o una de més petita?
   c) Quina llei has utilitzat per fer els teus càlculs?

Comprova el que saps
Mapa conceptual

Determinació de la temperatura de fusió d'una substància

Objectiu

Determinar la temperatura de fusió d'una substància a pressió atmosfèrica.

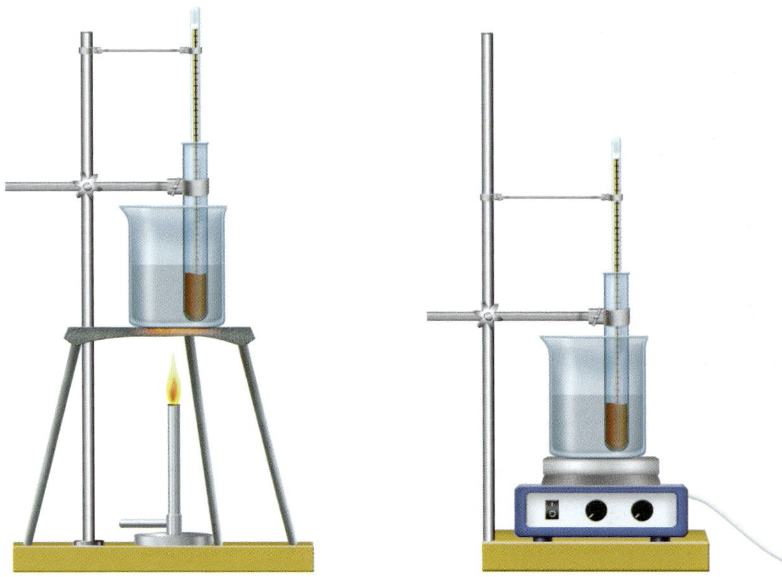

Coneixements previs

Els punts de fusió i d'ebullició són valors característics de cada substància química, que depenen de la pressió.

Material

- Vas de precipitats de 250 mL
- Termòmetre
- Tub d'assaig amb la mostra de la substància (àcid esteàric)
- Bec de Bunsen o placa elèctrica calefactora
- Suports i pinces

Procediment

1. Fes el muntatge indicat en la figura.
2. Escalfa l'aigua del vas de precipitats fins que vegis que la substància en el tub d'assaig s'ha tornat líquida. Apaga el foc o desconnecta la placa elèctrica.
3. Mentre es va refredant, pren nota cada 30 segons de la temperatura, fins que vegis que s'ha solidificat.

Recollida i organització de dades

Recull les dades amb les mesures indicades en una taula com aquesta:

Temps (min)	Temperatura (°C)	Estat d'agregació
0		
0,5		
1		
1,5		
2		
...	...	...

El bec de Bunsen s'ha d'utilitzar amb precaució i amb la supervisió del professor o professora.

No s'ha de moure el termòmetre durant la pràctica per no variar les condicions de l'experiment.

A partir de les dades de la taula, fes la gràfica que representi la temperatura en funció del temps.

ACTIVITATS

1. Assenyala a la gràfica els trams en què la substància és sòlida, és líquida i està fent el canvi d'estat. Quina és la temperatura de fusió d'aquesta substància?
2. El que has determinat és la temperatura de fusió o de solidificació? Raona la resposta.
3. Suposa que en lloc d'haver usat un tub d'assaig amb una mica d'aquest sòlid, tinguéssim un vas de precipitats tot ple amb la substància i repetíssim l'experiment. La gràfica obtinguda seria igual o diferent? Prova de fer-la.
4. Dibuixa la gràfica del que passaria si en lloc d'anar refredant el líquid, anéssim escalfant aquesta substància de 0 °C fins a 100 °C.

L'aigua del planeta

A la Laura i als seus amics els encanta fer rutes en bici els caps de setmana. Aquest matí han fet més de 40 km i en tornar al poble han decidit anar a prendre alguna cosa fresqueta per recuperar-se. La Laura ha demanat un refresc i li han portat una llauna i un got amb un parell de glaçons. En abocar el refresc al got, en pocs minuts els glaçons de gel s'han fos, però la quantitat de líquid del got no ha canviat. La Laura ha quedat sorpresa davant d'aquest fet i ha decidit plantejar els seus dubtes a la classe de ciències dilluns en tornar a l'escola:

1. Per quin motiu els glaçons es desfan quan entren en contacte amb el refresc?
2. Com és que no ha augmentat el volum de líquid un cop s'han fos els glaçons?
3. Si el volum no augmenta, per què els científics expliquen que la fusió dels gels polars, com a conseqüència del canvi climàtic, provoca un augment en el nivell de l'aigua?

Dit i fet, dilluns exposa a la seva professora de ciències aquests interrogants. La professora els proposa investigar per poder donar resposta a les tres preguntes.

D'un **iceberg** únicament en sobresurt una vuitena part del volum total.

En primer lloc repassen els estats de la matèria i els canvis d'estat, i també les variables de què depenen.

En segon lloc investiguen sobre «la dilatació anòmala de l'aigua». L'aigua en estat sòlid ocupa més volum que en estat líquid. Decideixen comprovar aquesta propietat. Per fer-ho, aboquen en una proveta 50 mL d'aigua i hi afegeixen un glaçó, què prèviament han pesat a la balança. Veuen que el volum de la proveta ha augmentat, però en fondre's el glaçó, aquest volum no ha canviat. Determinen la densitat del glaçó a partir de les mesures de la massa i el volum, i veuen que la densitat és, aproximadament, un 10% més baixa que la de l'aigua.

Per acabar la recerca, la professora els proposa que cerquin a la xarxa informació sobre els icebergs. Es queden sorpresos de trobar que aproximadament el 90% d'un iceberg està submergit a l'aigua. D'altra banda, confirmen que estudis científics recents afirmen l'ascens del nivell del mar.

Com és possible? La professora els recomana que repassin una mica de geografia sobre la situació dels gels polars. Molta de la massa del gel de Grenlàndia són icebergs i l'Antàrtida és un continent!

ACTIVITATS

1. Quin canvi d'estat de la matèria s'ha produït en l'experiència del refresc i els glaçons? Com explica la teoria cineticomolecular aquest canvi d'estat?

2. Què hauria canviat si la llauna de refresc no hagués estat a la nevera? I si l'haguessin tingut una estona prèviament al congelador?

3. A partir de les dades del text (la densitat del gel i el volum emergent dels icebergs) explica per què en fondre's els glaçons no augmenta el volum de líquid.

4. Tenen raó els científics quan afirmen que la fusió dels gels polars provoca un augment del nivell del mar amb les conseqüències catastròfiques que aquest fet implica?

Autoavaluació

REVISTA DE CIÈNCIA

La ciència a la cuina

Fa algunes dècades, el cuiner català Ferran Adrià i el seu restaurant el Bulli van revolucionar el món dels fogons. Considerat durant diversos anys el millor cuiner del món, el seu restaurant va tancar definitivament les portes l'any 2011 per obrir, tres anys més tard, com a centre d'investigació culinària.

Al Bulli, a més de cent ingredients diferents també s'hi cuinava ciència. No es tractava de coure els aliments com s'havia fet fins llavors, sinó d'inventar noves tècniques per manipular i coure els aliments i així obtenir una cuina creativa. Aires gelats de xocolata negra, pa amb tomàquet líquid, la sopa de pèsols freda-calenta, papir de sucre amb tòfona i succedani de caviar són alguns dels plats que han revolucionat la cuina d'aquest restaurant i del món.

Per seguir el camí cap a l'experimentació, no s'ha de ser solament un bon cuiner, sinó també una persona amb una curiositat innata. L'equip del Bulli el formaven cuiners, és clar, però també hi intervenien químics i fins i tot dissenyadors industrials, perquè moltes vegades s'havien d'inventar aparells per posar en pràctica les noves tècniques. Aquest és el cas

Al Bulli, a més de cent ingredients diferents també **s'hi cuinava ciència**.

Ferran Adrià mentre posa en pràctica la tècnica de l'esferificació.

de la *caviarera*, les xeringues amb les quals elaboraven el seu famós succedani de caviar o el *teppan nitro*, una espècie de planxa per cuinar amb nitrogen líquid.

L'equip del Bulli el formaven cuiners, és clar, però també hi intervenien químics i fins i tot dissenyadors industrials...

Ara bé, potser la tècnica més famosa ideada en aquest restaurant ha estat l'esferificació. Aquest procediment consisteix a submergir gotes de líquids en els quals s'ha afegit alginat (una substància que s'extreu d'unes algues) en una solució d'aigua i clorur, de manera que les gotes en suspensió mantenen la forma gràcies a una membrana que es forma durant el procés. En trencar la membrana, el contingut de la gota vessa.

Els avenços que ha dut a terme aquest cuiner al seu restaurant i a la Fundació Alícia s'han aplicat en altres àmbits; han servit per crear menús més creatius per a les persones amb al·lèrgies alimentàries, com ara els celíacs, per a les persones que són diabètiques o que tenen altres malalties en les quals la dieta és un factor important, per a les persones que als hospitals han de menjar plats triturats i fins i tot per als astronautes!

COMPRENSIÓ LECTORA I REFLEXIÓ

1. Com definiries la cuina que es feia al Bulli?
2. Explica en què consisteix l'esferificació.
3. Com valores el grau de creativitat de la cuina del Bulli? Et sembla que hi influeix el fet que l'equip humà era interdisciplinari? Justifica la resposta.
4. Enumera algunes de les aplicacions pràctiques en el camp de la nutrició que s'han derivat dels avenços de Ferran Adrià.
5. Analitza els avantatges que suposa per a la societat en general que hi hagi científics que investiguin en el camp de l'alimentació. Com influeix això en la vida quotidiana?

UNITAT 2

SUBSTÀNCIES PURES I MESCLES

En una taula parada a l'hora de dinar, trobem diversitat de substàncies: mescles heterogènies (l'amanida), dissolucions (el vi, el vinagre); substàncies pures compostes (l'aigua) i substàncies simples (el ferro dels coberts).

La matèria que ens envolta presenta diferents estats físics, propietats diverses i diferències en la seva composició. A la natura podem trobar substàncies pures i mescles.

- Saps com diferenciar les unes de les altres?

Podem descriure d'una manera simple l'aigua del mar com una mescla d'aigua i sal.

- Però un cop hem separat la sal de l'aigua, podem continuar separant els components de la sal i els de l'aigua? Amb quins mètodes?
- En què es diferencien les substàncies pures compostes de les substàncies pures simples?
- Podem continuar separant components d'una substància simple?

Foto: Aliments de la dieta mediterrània.

EN AQUESTA UNITAT APRENDRÀS...

1 Com es classifiquen els sistemes materials.

2 A classificar les mescles i identificar-ne els components.

3 Com es descriuen les solucions.

4 Com diferenciar una substància simple d'una composta.

I SERÀS CAPAÇ DE...

- Justificar el procés que se segueix en la resolució d'un problema.
- Diferenciar una suspensió d'una mescla heterogènia.
- Distingir les substàncies simples i compostes de les mescles.
- Descriure el procediment per separar els components d'una substància pura.

1. Sistemes materials homogenis i heterogenis

Els sistemes materials poden estar formats per una substància o per diverses, que poden tenir la mateixa composició o composicions diferents. Però sabeu com es classifiquen els sistemes materials?

Compareu i deduïu

a | En quins d'aquests sistemes materials podem distingir els components a ull nu? En quins no els podem distingir?

Sal comuna

Granit

Aigua

b | Les propietats de la sal dependran del lloc on n'agafem un polsim? I en el cas de l'aigua, dependran del lloc on n'agafem una gota?

c | En el cas del granit, les propietats dependran del tros que n'agafem? Raoneu la resposta.

d | Què podeu dir dels sistemes materials com ara la llet? Podeu distingir els components de la llet a ull nu? I amb l'ajut d'un microscopi òptic?

Microscopi òptic: Instrument que permet observar objectes de petites dimensions mitjançant un sistema de lents que en dóna una imatge augmentada.
Permet augments de 20 a 1.500 vegades la mostra real.

Llet

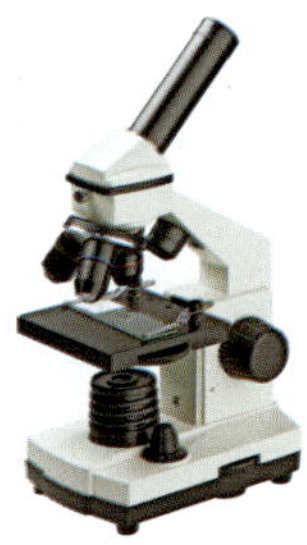

Microscopi òptic

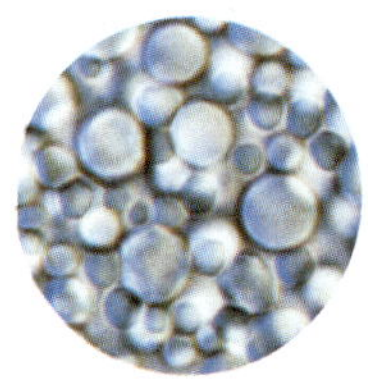

Gota de llet

e | Us sembla que totes les gotes de llet seran exactament iguals i tindran exactament els mateixos components? Raoneu la resposta.

f | Quins dos criteris hem utilitzat per comparar els sistemes materials anteriors?

g | Busqueu el significat dels termes *homogeni* i *heterogeni*. Com definiríeu els **sistemes materials heterogenis**? I els **sistemes materials homogenis**?

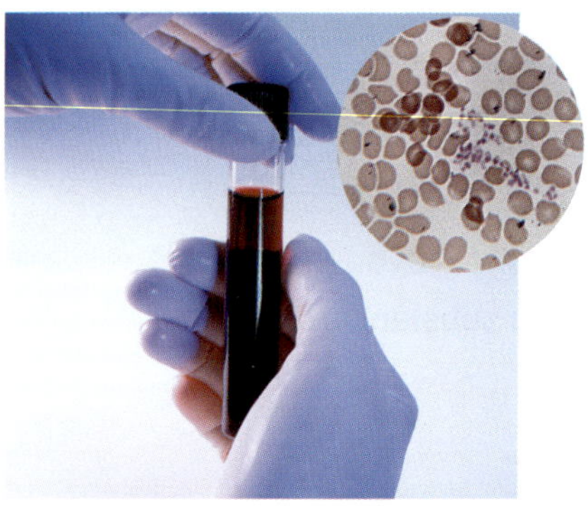

La **sang**, vista a ull nu, sembla un sistema homogeni, però al microscopi s'observa que és un sistema material heterogeni.

Sabeu quins són els components de la sang?

ACTIVITATS

1. Classifica els sistemes materials següents en homogenis i heterogenis:
   a) Ou ferrat b) Truita de patates c) Aigua oxigenada d) Glaçons d'aigua
   e) Gas butà f) Sopa de galets g) Acer h) Batut de cacau
2. El sistema que resulta de dissoldre una cullerada petita de sucre en un got amb aigua calenta, és homogeni? Per què? Ho són l'aigua i el sucre per separat?
3. D'un sistema material, n'extraiem tres mostres i mesurem la densitat de cadascuna. Si obtenim valors diferents, es tracta d'un sistema homogeni o heterogeni? Raona la resposta.

Activitats interactives
Activitat de síntesi

2. Les mescles

La majoria de les substàncies naturals, i també de les artificials, són mescles. Les **mescles** son sistemes materials formats per la barreja de dues o més substàncies. Sabeu, però, com podem classificar les mescles i identificar-ne els components?

Experimenteu

Poseu en tres gots la mateixa quantitat d'aigua. Afegiu-hi una, dues i tres culleradetes de sal, respectivament, i remeneu.

a | Com anomenaríeu el que hi ha en cada got?

b | Si tasteu el contingut dels tres gots, notareu el mateix gust? Per què?

c | Si deixeu els tres gots a temperatura ambient fins que l'aigua s'evapori, què observareu?

d | A partir de la vostra experimentació, justifiqueu l'afirmació següent: Les mescles es caracteritzen per tenir propietats específiques variables i perquè els seus components es poden separar mitjançant procediments físics.

Experimenteu

A la cuina de casa vostra feu el que s'indica i contesteu les preguntes següents:

Peleu un tomàquet madur i tritureu-lo amb una forquilla.

Barregeu una petita quantitat de vinagre en mig got d'aigua.

a | Observeu el tomàquet triturat amb una lupa. Què hi veieu? Es tracta d'una mescla **homogènia** o **heterogènia**?

b | Podeu veure el vinagre a simple vista? I amb l'ajut d'una lupa? De quin tipus de mescla es tracta?

c | Com diferenciaríeu una mescla homogènia d'una d'heterogènia? Quin altre nom reben les mescles homogènies?

Procediment físic: Procés en què no canvia la naturalesa de les substàncies que hi intervenen.

Ingerir: Introduir alguna cosa a l'estómac a través de la boca.

ACTIVITATS

4 A l'etiqueta de les aigües minerals naturals podem llegir-ne la composició química. Aconsegueix una d'aquestes etiquetes i respon les preguntes següents:

a) Quan bevem un got d'aquest tipus d'aigua, quines substàncies ingerim?

b) Per què no tenen el mateix gust totes les aigües minerals?

c) L'aigua mineral és una substància pura o una mescla? Raona la resposta.

2.1 Mescles heterogènies especials

Hi ha mescles heterogènies en què les partícules d'un dels components són molt petites i queden repartides en totes direccions a l'interior de l'altre component, de manera que si no les observem amb l'ajuda d'un instrument òptic semblen mescles homogènies.

Experimenteu i relacioneu

Barregeu aigua i terra en un vas de precipitats. Remeneu la barreja i deixeu-la reposar.

a | Després de remenar la barreja, observeu les partícules sòlides disseminades a l'interior del líquid? Quin tipus de mescla heu obtingut?

b | Si deixeu reposar la mescla, què observeu al cap d'un cert temps?

c | Torneu a remenar la mescla i filtreu-la. Queden retingudes en el filtre les partícules sòlides?

d | Les mescles d'aquest tipus s'anomenen **suspensions**. Expliqueu què és una suspensió i què la caracteritza. Esbrineu què és la **fase dispersa** i què és la **fase dispersant**.

e | Us sembla que hi ha alguna relació entre aquest tipus de mescles i la formació dels deltes dels rius? En cas afirmatiu, expliqueu-la.

Investigueu i compareu

Hi ha unes altres mescles heterogènies en què les partícules d'un dels components encara són més petites que les de les suspensions. Són les **dispersions col·loïdals** o **col·loides**.

Busqueu informació sobre les propietats d'aquest tipus de mescles i poseu-ne alguns exemples. En què s'assemblen a les suspensions i en què se'n diferencien?

ACTIVITATS

5. En l'envàs d'un xarop llegim: «Agita'l abans d'utilitzar-lo». Aquest xarop, és una substància pura o una mescla? En el cas que sigui una mescla, de quin tipus de mescla es tracta? Raona la resposta.
6. Els sucs de fruites són suspensions de la polpa de la fruita en l'aigua que conté. Indica'n la fase dispersa i la dispersant. Per què convé agitar un envàs de suc de fruita abans de consumir-ne el contingut?
7. Investiga quines són les fases disperses i les fases dispersants en els col·loides següents: la gelatina, el fum, l'escuma d'afaitar, la boira, la maionesa, la llet.

Activitats interactives
Activitat de síntesi

3. Les solucions

Les **solucions** són mescles homogènies de dues substàncies o més. Sabeu com es descriuen les solucions?

Solució aquosa: Dissolució d'una substància en aigua.

Experimenteu i deduïu

Prepareu 250 cm^3 d'una solució aquosa que contingui 40 g de sal. Per fer-ho, seguiu aquests passos:

1. Ajusteu la balança a zero i peseu els 40 g de sal.

2. Introduïu la sal al vas de precipitats.

3. Afegiu-hi aigua i remeneu fins a obtenir 250 cm^3 de dissolució.

a | Quins són els components d'aquesta solució? Quin fa de **dissolvent**? I de **solut**?

b | Quin és l'estat d'agregació del dissolvent? I el del solut?

c | Com reconeixeríeu el dissolvent i el solut d'una solució?

Investigueu

Les solucions poden estar constituïdes per substàncies en diferents estats d'agregació. La taula en mostra alguns exemples.

Dissolvent	Solut	Exemple
Sòlid	Sòlid	Aliatges com ara l'acer (ferro amb carboni i altres metalls)
	Líquid	Empastaments dentals (plata amb mercuri)
	Gas	Pumicita o pedra tosca (una pedra volcànica)
Líquid	Sòlid	Aigua amb sucre; aigua amb sal
	Líquid	Aigua amb alcohol
	Gas	Begudes carbòniques: aigua amb diòxid de carboni
Gas	Gas	L'aire

Copieu la taula al quadern i afegiu-hi una columna en què consti l'estat d'agregació de cada solució. Quina conclusió en podeu extreure?

ACTIVITATS

8 Com prepararies una dissolució aquosa de 10 g de sucre en 50 cm^3 de dissolució? I una dissolució de 20 cm^3 d'etanol en 250 cm^3 de dissolució?

9 Quan servim aigua carbònica en un got, què observem? De quin tipus de dissolució es tracta?

Activitats interactives
Activitat de síntesi

4. Les substàncies pures

Les **substàncies pures** són sistemes materials formats per un sol component. Per això tenen una composició fixa i propietats específiques determinades, que no varien sigui quin sigui l'estat d'agregació en què es troben. Sabeu quins tipus de substàncies pures existeixen?

Interpreteu i deduïu

Els models de partícules següents representen l'estructura interna de diverses substàncies pures.

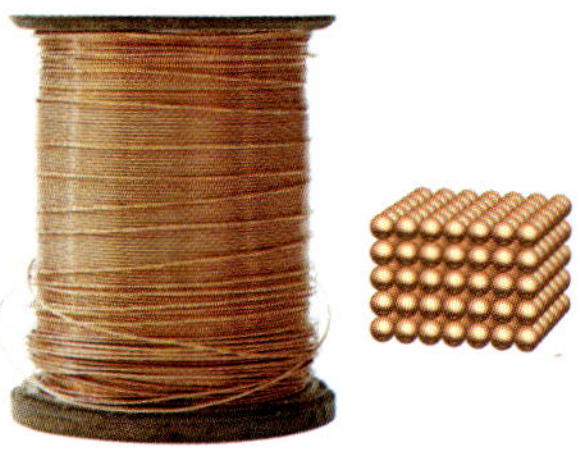

Coure

Oxigen

Aigua destil·lada

Procediment químic: Procés en què unes substàncies es transformen en altres, amb propietats diferents.

a | Quins d'aquests sistemes materials estan formats per àtoms d'un sol element químic? Quins estan formats per àtoms de més d'un element químic?

b | Quins d'aquests sistemes materials es poden descompondre en altres substàncies més senzilles mitjançant procediments químics? Raoneu la resposta.

c | Les substàncies pures poden ser de dos tipus: **simples** o **compostes**. Com definiríeu una substància simple? I un compost? Classifiqueu els sistemes materials anteriors en substàncies simples i substàncies compostes.

d | Utilitzeu aquests models de partícules per justificar que les substàncies pures tenen una composició fixa i propietats específiques determinades.

ACTIVITATS

10 Quines de les substàncies següents són pures?

a) Sal comuna b) Sang c) Oxigen
d) Or e) Suc de taronja f) Aire

11 Classifica les substàncies següents com a simples o compostes:

a) Òxid de ferro b) Sofre c) Nitrogen
d) Sulfat de coure e) Coure f) Òxid de carboni

12 Si escalfem òxid de mercuri, es descompon en mercuri líquid i oxigen gasós. Quines d'aquestes substàncies són simples? Quina és un compost?

13 Escalfem una mostra d'un sistema material heterogeni fins que comença a bullir als 80 °C. Al cap d'un cert temps, quan ja s'ha refredat, el tornem a escalfar fins que comença a bullir, i ho torna a fer a 80 °C. Podem assegurar que aquesta mostra és una substància pura? Raona la resposta.

14 Indica algunes propietats específiques de les substàncies pures. Posa'n exemples.

4.1 Reconeixement de substàncies pures

Analitzeu el resultat d'un experiment

Posem 250 mL de metanol en un recipient; en un altre recipient, posem 125 mL de metanol i 125 mL d'aigua. Escalfem els dos recipients i anotem les temperatures inicials i les temperatures en el moment en què comencen a bullir el metanol i la mescla de metanol i aigua.

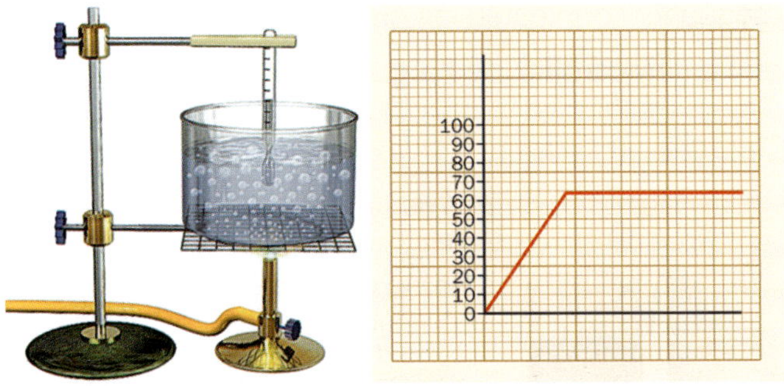

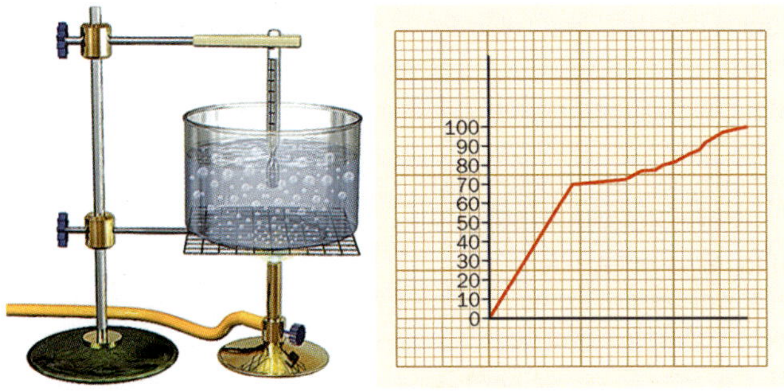

a | A quina temperatura comencen a bullir els continguts dels recipients?

b | En quin cas la temperatura d'ebullició es manté constant? Què ens indica aquest fet?

c | Quina conclusió podeu extreure d'aquest experiment?

Identifiqueu models de substàncies

Aquests models de partícules representen la unió de dos elements: l'oxigen i l'hidrogen.

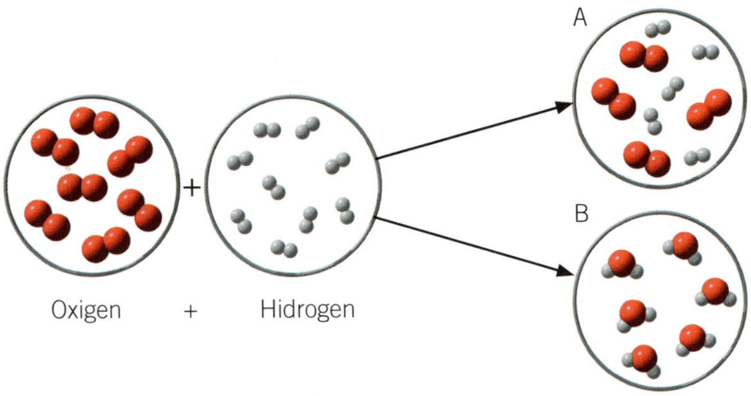

En quin cas la unió de l'oxigen i l'hidrogen dóna lloc a una mescla? I a un compost? Raoneu la resposta.

Per justificar la resposta tingueu en compte si els seus components mantenen les propietats inicials, es poden trobar en diverses proporcions i si es poden separar mitjançant procediments físics. Podeu consultar-ho al web.

Metanol: També conegut com a alcohol metílic o alcohol de fusta, és l'alcohol més simple. És un líquid lleuger, que s'evapora fàcilment, incolor, inflamable, verinós, amb una olor característica. Es fa servir com a anticongelant, dissolvent i combustible.

ACTIVITATS

15 Classifica els sistemes materials següents com a compostos o mescles:

a) Cafè amb llet b) Clorur de zinc ($ZnCl_2$)
c) Lava d) Metà (CH_4)

16 La plata es troba a la natura com a plata nativa (Ag). També forma part de l'argentita (sulfur de plata, Ag_2S). Quina de les dues substàncies és un compost? Un aliatge que conté plata, és un compost? Raona les respostes.

4.2 Separació dels components d'un compost

Els compostos es poden descompondre en altres substàncies més senzilles mitjançant procediments com ara l'**electròlisi** o la **descomposició tèrmica**.

Electròlisi: Descomposició d'una substància, fosa o dissolta, mitjançant el pas del corrent elèctric a través seu.

Elèctrode: Conductor del corrent elèctric utilitzat per fer contacte amb elements no metàl·lics com ara una solució diluïda d'aigua i sal.

Malaquita: Mineral tou i de color verdós del qual s'extreu el coure. És considerat una pedra semipreciosa per les seves aigües; generalment té ús ornamental.

Observeu i raoneu

Observeu els muntatges següents i contesteu les preguntes.

Aquest muntatge correspon a l'**electròlisi de l'aigua**.

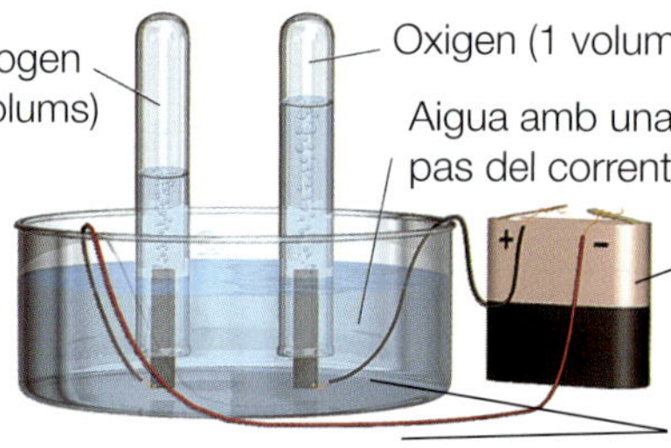

Aquest altre muntatge correspon a la **descomposició tèrmica de la malaquita**.

a | Per dur a terme tots dos processos cal una aportació d'energia. Quin tipus o forma d'energia necessita cadascun d'aquests procediments de separació dels components d'un compost?

b | Considereu que aquestes tècniques de separació apliquen procediments físics o químics? Justifiqueu la resposta.

c | Per a cadascun dels procediments anteriors indiqueu:

- El compost inicial i el seu estat d'agregació.
- Les substàncies que s'obtenen, si es tracta d'elements o compostos i l'estat d'agregació de cadascuna.

ACTIVITATS

17 En fer passar corrent elèctric pel bromur de plom fos, es descompon en brom i plom sòlid.

a) Com s'anomena el procés que hem utilitzat per descompondre el bromur de plom? Es tracta d'un procés físic o químic?

b) El bromur de plom és un compost o una mescla?

18 En escalfar el carbonat de calci, es produeix un gas (diòxid de carboni) i un residu sòlid (òxid de calci o calç viva). Explica aquest procés i compara'l amb la descomposició tèrmica de la malaquita.

4.3 Mescles, substàncies pures, simples i compostes

Una substància pot ser una mescla o una substància pura. I les substàncies pures poden ser substàncies simples o substàncies compostes. Sabeu com es diferencien unes de les altres?

Observeu i raoneu

Cadascun dels models següents representa les partícules que formen una substància.

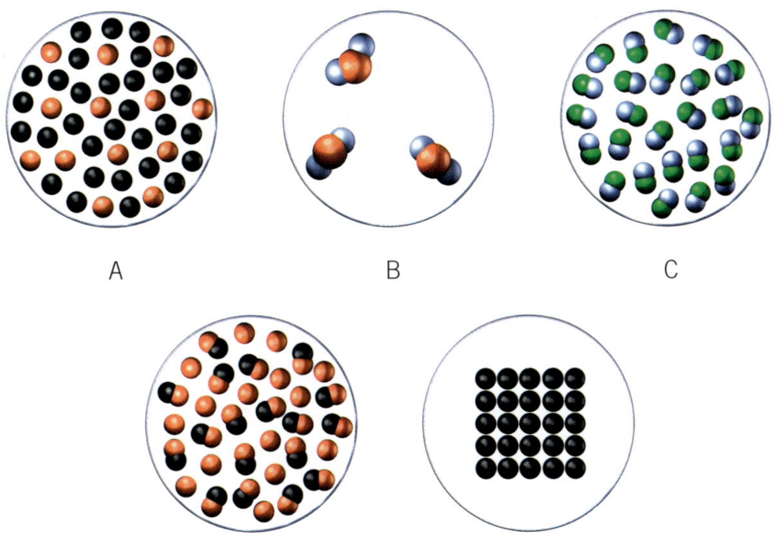

A B C D E

a | Quina diferència hi ha entre mescla i substància pura?
b | Quina és la diferència entre substància composta i substància simple?
c | Quins models representen una mescla i quins una substància pura?
d | Quins models representen una substància simple i quins un compost?
e | Quins models us sembla que representen l'estructura d'un sòlid i quins les d'un gas?

Analitzeu el resultat d'un experiment

Ens ha arribat al laboratori un líquid incolor. Per esbrinar quin tipus de substància és, primer l'escalfem i observem que bull a temperatura constant de 150 °C. A continuació muntem un aparell d'electròlisi. En passar el corrent elèctric, observem que surten bombolles de cada un dels elèctrodes. Si recollim els dos gasos, n'obtenim el mateix volum de cada un. I en analitzar-los resulten ser oxigen i hidrogen.

a | Aquest líquid és una substància pura? Com ho podeu saber?
b | Per què podem concloure, que el líquid desconegut és un compost, però no és l'aigua?

ACTIVITATS

19 Llegeix la composició d'una beguda amb gas. Aquestes begudes contenen el gas diòxid de carboni dissolt. Si eliminem el gas de la beguda, ens queda una substància pura? Què ens caldria fer per esbrinar-ho?

20 Si posem sucre en una cassola i escalfem, el sucre es fon i a poc a poc es va carbonitzant i desprenent vapor d'aigua. Explica si aquest fet ens permet afirmar que el sucre és un compost.

Activitats interactives
Activitat de síntesi

1. Sistemes materials homogenis i heterogenis

- **Sistemes materials heterogenis**. Són formats per components que es poden observar a ull nu o amb el microscopi òptic. Tenen propietats diferents en les diverses parts del sistema.
- **Sistemes materials homogenis**. Són formats per components que no es poden observar a ull nu ni amb el microscopi òptic. Tenen la mateixa composició i les mateixes propietats en totes les parts del sistema.

ACTIVITATS

1. Classifica els sistemes següents com a homogenis o heterogenis:

Anell de plata

Iogurt amb maduixes

Basalt

Gasosa

2. Per què un puré de verdures és un sistema heterogeni? També ho és el gaspatxo?
3. El granit és una roca magmàtica. Està formada per feldspat, quars i mica. Quin tipus de sistema material és?

2. Les mescles

Les **mescles** són sistemes materials formats per la barreja de dues substàncies pures o més. Per això tenen propietats específiques variables, que dependran de la proporció en què es trobin les substàncies que les formen.

Els components d'una mescla es poden separar mitjançant procediments físics.

Hi ha dos tipus de mescles:

- **Mescles heterogènies**. Són formades per dos o més components, els quals es poden distingir a ull nu o amb l'ajut d'un microscopi òptic, de manera que presenten diferències entre les seves parts. Els components de les mescles heterogènies es poden trobar en qualsevol estat d'agregació.
- **Mescles homogènies** o **dissolucions**. Són formades per dos o més components, els quals no es poden distingir a ull nu ni amb l'ajut d'un microscopi òptic, de manera que presenten un aspecte uniforme.

2.1 Mescles heterogènies especials

Hi ha mescles heterogènies que semblen homogènies si no les observem amb l'ajuda d'un instrument òptic. És el cas, per exemple, de la llet o de la maionesa, que semblen mescles homogènies, però en realitat són heterogènies. Aquest tipus de mescles heterogènies són formades per sòlids o líquids dispersos (fases disperses) en un líquid (fase dispersant). Poden ser:

- **Suspensions**. Mescles heterogènies formades per un sòlid dispers en un líquid.
  - La mida de les partícules disperses és de més de $2 \cdot 10^{-4}$ mm.
  - Si la suspensió es deixa reposar, al cap d'un cert temps, les partícules sòlides es dipositen al fons del recipient, sedimenten.
  - Si fem passar un feix de llum a través d'una suspensió es veu la llum quan la travessa perquè es dispersa.
- **Dispersions col·loïdals** o **col·loides**. Mescles heterogènies formades per un líquid dispers en un altre.
  - La mida de les partícules disperses és compresa entre 10^{-6} mm i $2 \cdot 10^{-4}$ mm.
  - Les partícules disperses no sedimenten.
  - Si fem passar un feix de llum a través d'un col·loide la llum es dispersa en el seu interior.

ACTIVITATS

4. Dissol una petita quantitat de sal en mig got d'aigua. Pots veure la sal a simple vista? I amb l'ajut d'una lupa? De quin tipus de mescla es tracta?
5. Indica quin és l'estat d'agregació de la fase dispersa i de la fase dispersant en les mescles heterogènies següents. Identifica si són suspensions o dispersions col·loïdals.

	Fase dispersa	Fase dispersant	Suspensió o dispersió col·loïdal
Fum d'una xemeneia			
Pintura			
Boira			
Suc de fruita			

6 Les partícules disperses de tres mescles heterogènies A, B i C mesuren 0,0001 mm, 0,00002 mm i 0,0015 mm, respectivament. Classifica cada mescla com a suspensió o com a col·loide.

7 Els anomenats «gels de bany«, són mescles de sabons i detergents líquids, colorants i perfums. Són dispersions col·loidals.

a) Quina és la fase dispersa i la dispersant?

b) Podríem veure les partícules de sabó en un examen microscòpic?

3. Les solucions

Una **solució** és una mescla homogènia de dues o més substàncies pures. En una solució hi trobem:

- El **solut**, que és la substància o substàncies minoritàries en la solució.
- El **dissolvent**, que és la substància majoritària.

Per preparar una solució, pesem el sòlid que volem dissoldre i l'introduïm en un recipient graduat en volum. Tot seguit, hi afegim el dissolvent fins a aconseguir el volum de solució que volem.

Si el solut és un líquid, el procediment és similar: mesurem el volum que volem dissoldre, l'introduïm en el recipient graduat i hi afegim el dissolvent necessari.

ACTIVITATS

8 Indica quin és el solut i quin és el dissolvent de les solucions següents:

a) Aigua mineral amb bicarbonats

b) Aigua de mar

c) Vi (alcohol etílic 12%)

d) Llautó (Cu 67%, Zn 33%)

e) Aire (N_2 79%, O_2 21%)

9 Explica quins passos seguiries per preparar una solució de 50 g de sucre en 100 cm^3 d'aigua.

10 Els flascons d'alcohol de la farmàcia porten una etiqueta que indica que són del 96 % en alcohol. Quin és el dissolvent i quin és el solut en aquest cas?

4. Les substàncies pures

Les **substàncies pures** són sistemes materials formats per un sol component. Per això, tenen una composició fixa i propietats específiques determinades, que no varien sigui quin sigui l'estat d'agregació.

Substàncies simples i compostes

- **Substàncies simples**. Són les substàncies pures que no es poden descompondre en altres substàncies més senzilles. Estan formades per àtoms d'un sol element químic.
- **Compostos**. Són les substàncies pures que es poden descompondre en altres substàncies més senzilles mitjançant procediments químics. Estan formats per àtoms de més d'un element químic.

4.1 Els compostos no són mescles

- Les **mescles**:
  - Estan formades per substàncies diferents, que mantenen les seves propietats i que es poden trobar en diverses proporcions.
  - No es poden expressar mitjançant una única fórmula. No es denominen sistemàticament.
  - Els seus components es poden separar mitjançant procediments físics.
- Els **compostos**:
  - Són substàncies pures que presenten unes propietats diferents de les dels seus components, els quals es troben sempre en la mateixa proporció.
  - La composició s'expressa mitjançant una fórmula i una denominació concreta.
  - Els seus components es poden separar mitjançant procediments químics, però no mitjançant procediments físics.

4.2 Separació dels components d'un compost

Els compostos es poden descompondre en altres substàncies més senzilles mitjançant procediments químics com ara l'**electròlisi** i la **descomposició tèrmica**.

- L'**electròlisi** és el procés mitjançant el qual un compost es pot descompondre en altres substàncies més senzilles gràcies a l'aplicació d'un corrent elèctric.
- La **descomposició tèrmica** és el procés mitjançant el qual un compost es pot descompondre per escalfament en altres substàncies més senzilles.

4.3 Mescles, substàncies pures, simples i compostes

Per classificar una substància qualsevol en mescla, substància pura, compost o substància simple, seguirem aquest esquema de classificació:

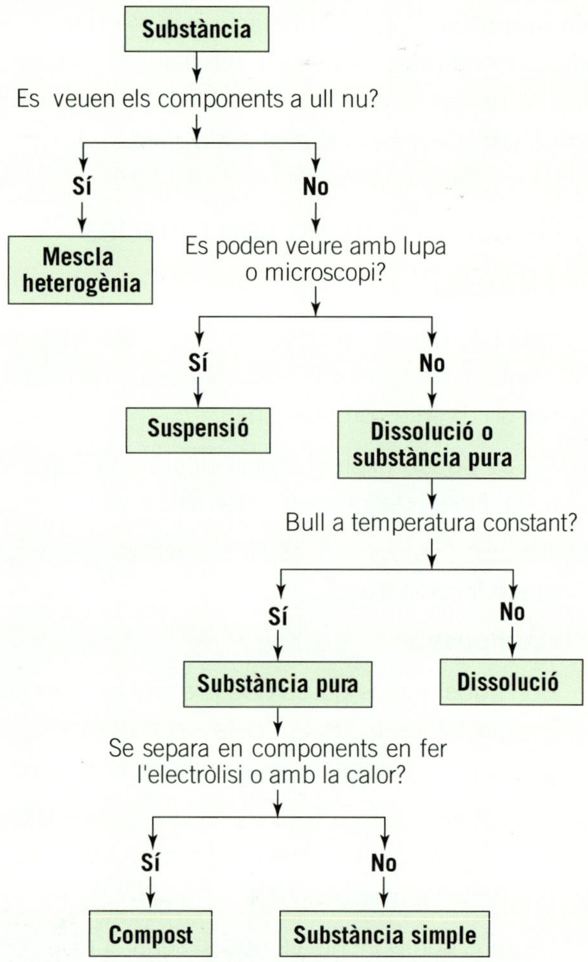

ACTIVITATS

11 Indica si les frases següents són certes o falses:

a) Les substàncies pures no es descomponen.

b) Totes les substàncies pures són compostos.

c) Totes les substàncies simples són substàncies pures.

d) Els compostos no són substàncies pures.

12 En què es diferencien les substàncies simples dels compostos?

13 En l'envàs d'un medicament en llegim la composició: paracetamol, fosfat de codeïna i àcid ascòrbic. Aquest medicament, és una mescla? I l'àcid ascòrbic, és una mescla?

14 La llet i el iogurt tenen un aspecte homogeni. Llegeix la composició d'un cartró de llet i d'un envàs de iogurt. Et sembla que aquests aliments són compostos? Raona la resposta.

15 En l'actualitat s'està investigant l'hidrogen com a mitjà per transportar energia. L'hidrogen s'obté mitjançant un procés anomenat electròlisi.

a) L'electròlisi permet obtenir substàncies simples a partir d'un compost i viceversa. Quin és el compost i quines són les substàncies simples?

b) Permet separar substàncies pures o mescles?

c) És un procés físic o químic? Raona la resposta.

d) Quin altre factor intervé en l'electròlisi?

16 Hem recollit una pedra a la muntanya, la portem al laboratori i fem les proves següents: quan l'examinem amb una lupa, observem que és tota ella igual i d'un color grisós. La pedra pesa 450 g. L'escalfem i passats uns minuts deixem que es refredi i la tornem a pesar. Ara el pes és de 330 g.

a) Com expliques que després d'escalfar-la pesi menys?

b) Raona si la pedra pot ser una substància simple o un compost

17 Digues si són certes o no les afirmacions següents:

a) Totes les partícules d'una substància pura són iguals.

b) Una manera de saber si un líquid és una suspensió és mirar si és transparent o no ho és.

c) Per fer l'electròlisi cal subministrar energia.

d) Si l'aigua d'una ampolla bull a 100 °C i la temperatura es manté constant durant l'ebullició, podem dir que és una dissolució.

18 Classifica com a mescla, dissolució, compost o substància simple els materials següents. Justifica sempre la resposta:

a) X és un material heterogeni. Si l'escalfem fortament es transforma en un gas i en un altre material homogeni Y. El material Y realitza tota mena de canvis físics de manera homogènia.

b) El líquid Q fa una olor penetrant i bull a 180 °C. La temperatura augmenta constantment mentre dura l'ebullició.

c) El sòlid Z és homogeni i fon a 110 °C, formant un líquid homogeni. L'electròlisi de Z no dóna cap nou producte.

19 L'etiqueta d'una beguda transparent amb un lleuger color taronja indica que conté aigua amb un 15% de suc de taronja, un 2% de vitamina C i un 1% de colorants. Dins l'ampolla hi ha 800 g de suc.

a) Es tracta d'una mescla homogènia o d'una suspensió? Justifica la resposta.

b) Calcula la massa de vitamina C i de colorants en els 800 g de suc.

Comprova el que saps
Mapa conceptual

Realització de l'electròlisi de l'aigua

Objectiu

Fer una electròlisi de l'aigua i comprovar de quina manera els químics van descobrir que l'aigua és una substància composta. Podeu consultar al web una altra manera de fer l'electròlisi de l'aigua.

Coneixements previs

L'electròlisi consisteix a descompondre una substància dissolta en aigua o en estat de fusió fent-hi passar el corrent elèctric.

Materials

- Vas de plàstic
- Dues agulles de cosir gruixudes d'acer
- Suport per aguantar el vas
- Un adhesiu per a plàstic
- Dos tubs d'assaig
- Aigua
- Carbonat de sodi
- Pila de 9,0 V
- Cables de connexió
- Pinces de cocodril

Procediment

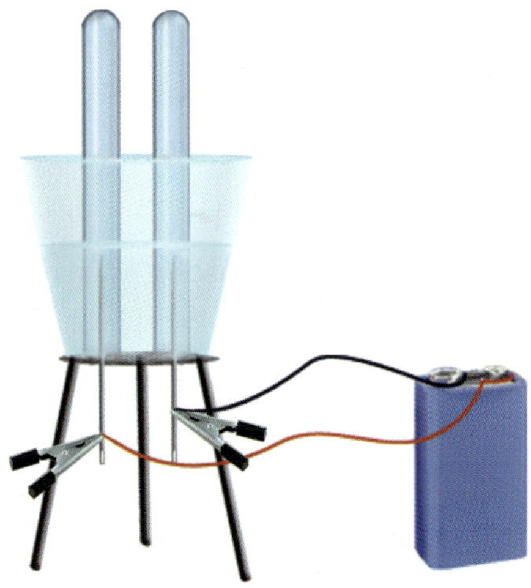

1. Clavem les dues agulles de cosir d'acer al fons del vas. Procurem no fer-nos mal en clavar les agulles. Posem una mica d'adhesiu a prop dels llocs on estan clavades per evitar pèrdues de líquid en omplir el vas.
2. Omplim fins més de la meitat el vas amb aigua i el col·loquem en el suport.
3. Dissolem dues cullerades petites de carbonat de sodi en l'aigua i remenem bé.
4. Omplim els dos tubs d'assaig amb la solució del vas. Agafem un tub. Tapem amb el dit, el capgirem i el posem dins el vas de manera que l'elèctrode quedi dins el tub. Fem el mateix amb l'altre tub. Procurem que no quedin bombolles d'aire en els tubs.
5. Connectem la pila amb els cables i les pinces de cocodril als elèctrodes i observem el que està passant en els tubs. Quan han transcorregut uns 10 minuts, desconnectem la pila i mirem els volums de gasos que s'han obtingut.

Conclusions

El tub on hi ha l'elèctrode negatiu connectat a la pila, ha recollit el gas hidrogen, H_2. El tub on hi ha l'elèctrode positiu connectat a la pila, ha recollit el gas oxigen, O_2. Hem posat la substància aigua. Què en dedueixes respecte a si és una substància simple o composta?

ACTIVITATS

1. L'aigua és molt mala conductora del corrent. Per què et sembla que hi afegim el carbonat de sodi?
2. Per descompondre l'aigua, hem hagut d'aportar energia. Si ara amb els gasos obtinguts volem tenir altra vegada aigua, caldrà també aportar energia o se n'alliberarà?

Efervescència al laboratori

Avui hem tingut una sessió pràctica al laboratori. L'objectiu era treballar les propietats generals i específiques de la matèria. Per fer-ho disposàvem de comprimits efervescents, dels que prenem si tenim una mica de mal de cap, una ampolla buida i aigua.

Primer la professora ens ha fet llegir les indicacions sobre aquest medicament que hi ha escrites en el paper que l'acompanya. Hem llegit que conté paracetamol, que la professora ens ha dit que és el «principi actiu», glucosa, àcid cítric i bicarbonat de sodi.

Hem pesat un comprimit efervescent i ens ha donat 1,5 g. Després l'hem posat en una ampolla amb aigua i hem vist que feia efervescència.

La professora ens ha dit que en posar el comprimit en aigua, hi ha una reacció química que forma un gas, que és el diòxid de carboni.

Algú ha preguntat si seria possible recollir el gas en alguna mena de recipient, per fer alguna prova. Ho hem parlat i la proposta que s'ha decidit és posar un globus lligat al coll de l'ampolla, de manera que es vagi inflant a mesura que es genera el gas.

Hem fet l'experiment i, efectivament, hem vist com el globus s'anava inflant a mesura que es formava el gas.

Arran de l'experiment, han sorgit una sèrie de preguntes: es podria saber si el comprimit era una mescla o una substància pura? Es podria saber quant gas es forma? I si un cop acabada l'efervescència, queda només aigua o queda una dissolució?

Com que no volem quedar-nos amb el dubte, ens hem proposat trobar una resposta a totes aquestes qüestions.

ACTIVITATS

1. El comprimit efervescent és una substància pura o una mescla? Explica la teva resposta.
2. Què vol dir que el paracetamol és el «principi actiu»?
3. Hem posat en una balança, una ampolla buida amb aigua i tres comprimits efervescents. La massa total és de 520,5 g. Després hem posat els comprimits dins l'aigua de l'ampolla i hem esperat que acabés l'efervescència. Quan hem tornat a pesar, la massa era de 516,3 g. Creus que això és possible? Com ho expliques?

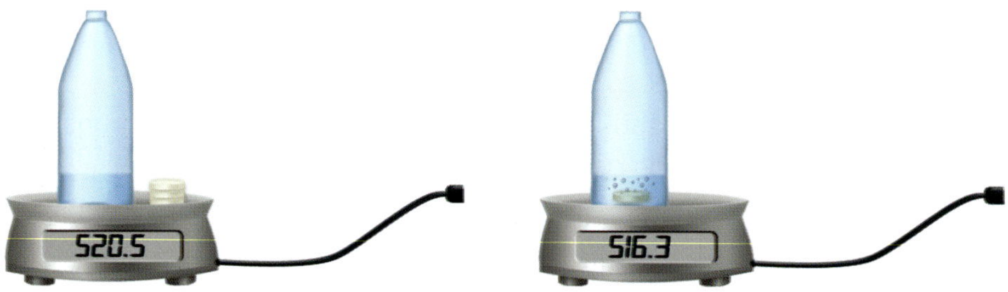

4. Quina massa de gas genera cada comprimit?
5. Repetim l'experiment amb altres tres comprimits dins l'ampolla i la tapem immediatament amb un globus. Observem que aquest es va inflant. Per què s'infla el globus?
6. El gas que fa l'efervescència podria ser que el formés el paracetamol?
7. Un cop el globus inflat, el traiem de la boca de l'ampolla i, ràpidament, el lliguem, perquè no s'escapi el gas. La pressió dins el globus és igual a la pressió atmosfèrica, més gran o més petita? Per què?
8. Com podríem saber si el que queda en el vas és una solució o només és aigua?

Autoavaluació

REVISTA DE CIÈNCIA

El petroli, una mescla molt valuosa

El petroli és una mescla de diferents hidrocarburs, és a dir, de diferents compostos formats principalment per carboni i hidrogen. Tot i que la naturalesa del petroli és particular i característica de cada jaciment, en la majoria dels casos el petroli és un fluid més o menys viscós de color fosc, gairebé negre.

El petroli, també conegut com a "or negre", és un combustible fòssil no renovable.

Hi ha constància que fa 5.000 anys, a l'Orient Mitjà, el petroli apareixia de manera natural a la superfície. Els sumeris, babilonis i assiris el feien servir com a substància per enganxar pedres i rajoles. A l'antic Egipte s'utilitzava el petroli per impregnar les benes amb les quals momificaven els morts, i a les cultures precolombines s'emprava per pintar escultures. Els perses, els romans, i també els xinesos, l'utilitzaven per il·luminar les estances, però és a partir del segle XIX quan el seu ús es va fer extensiu.

En l'actualitat, el petroli no s'utilitza directament tal com s'extreu dels jaciments, sinó que se sotmet a un procés de refinatge. Aquest procés té lloc a les refineries i permet separar els diferents hidrocarburs, i també

El petroli, també conegut com a "or negre", és un combustible fòssil no renovable.

obtenir-ne diversos productes derivats. Com que els diferents hidrocarburs que constitueixen el petroli tenen punts d'ebullició diferents, es pot fer servir aquesta propietat física per separar-los: es tracta d'aplicar-hi una destil·lació fraccionada. El cru s'escalfa i els gasos que s'evaporen es fan refredar, de manera que s'obtenen les fraccions condensades segons la temperatura d'ebullició. En aquest procés s'obtenen gasoils pesants, gasoils comuns, querosens, naftes i gasos com el butà, el propà, l'età i el metà. El residu que queda d'aquesta destil·lació és format per olis i asfalt. Generalment, aquest residu es torna a tractar mitjançant altres processos per tal d'obtenir productes de més valor afegit.

Un dels processos que s'aplica és el craqueig, que consisteix a trencar les molècules dels hidrocarburs pesants per aconseguir compostos més senzills. Amb aquest sistema s'obtenen benzines d'alta qualitat. També es pot dur a terme un procés de polimerització, amb el qual, a partir d'hidrocarburs lleugers, es formen compostos més pesants.

Del petroli se n'obtenen altres derivats, com ara fertilitzants, pesticides, herbicides, asfalts, fibres sintètiques, plàstics, detergents, lubricants i poliuretans, entre altres.

La indústria lligada al petroli és molt important i mou grans quantitats de diners. Cal que tot el procés, des de l'obtenció del petroli fins a la fabricació dels seus derivats, es dugui a terme amb la màxima seguretat per preservar el medi, atès que es tracta d'activitats potencialment contaminants.

COMPRENSIÓ LECTORA I REFLEXIÓ

1. Quins usos tenia el petroli a l'antiguitat?
2. Quina propietat física es fa servir per separar els components que constitueixen el petroli?
3. Explica en què consisteixen els processos de destil·lació fraccionada, de craqueig i de polimerització aplicats al petroli.
4. Esmenta alguns derivats del petroli. En coneixes altres als quals no es faci referència al text?
5. Justifica per què es considera que l'extracció i manipulació del petroli és una activitat altament contaminant. Posa alguns exemples dels perills que comporta per al medi la indústria del petroli.

UNITAT 3

LA COMPOSICIÓ DE LA MATÈRIA

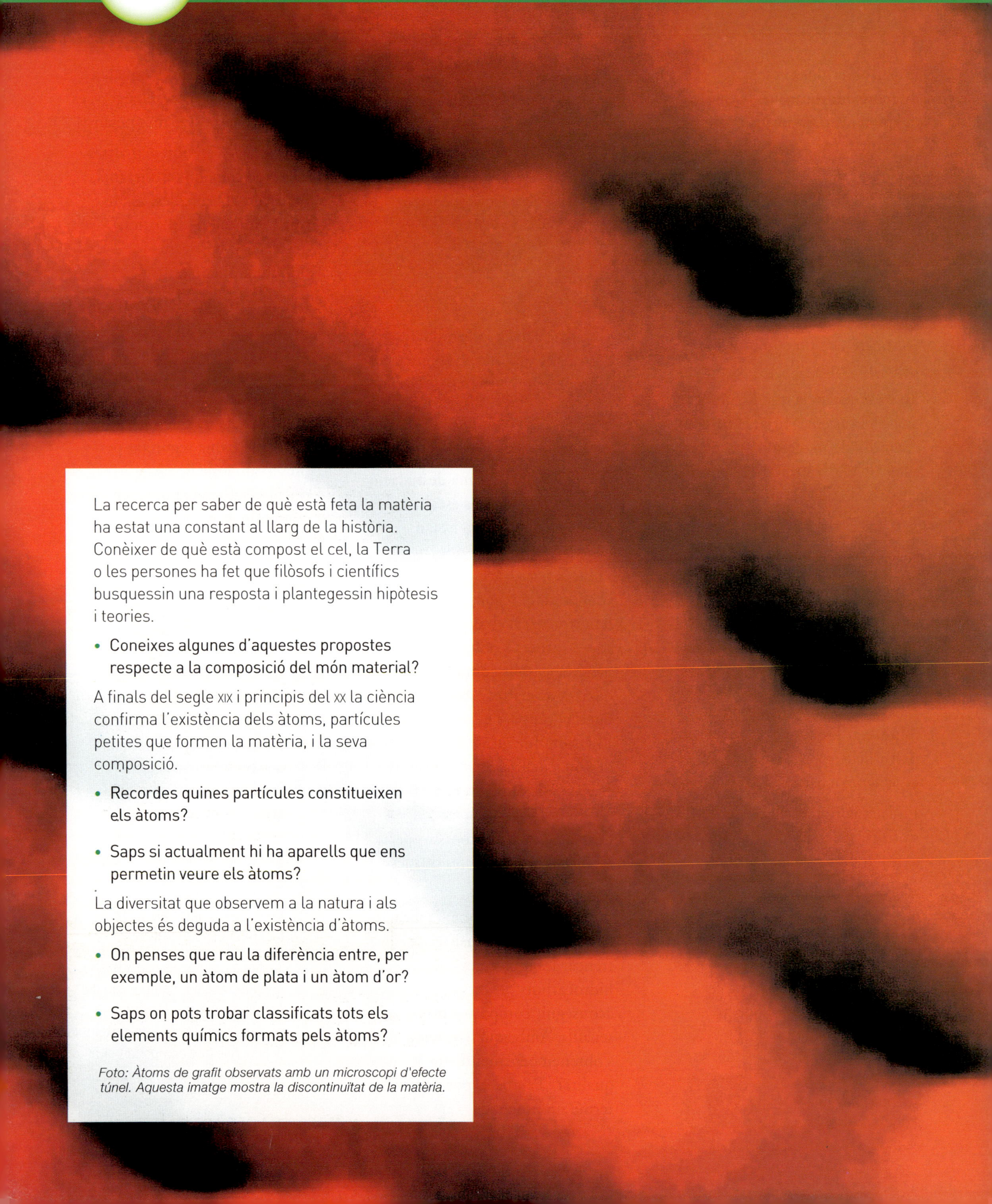

La recerca per saber de què està feta la matèria ha estat una constant al llarg de la història. Conèixer de què està compost el cel, la Terra o les persones ha fet que filòsofs i científics busquessin una resposta i plantegessin hipòtesis i teories.

- Coneixes algunes d'aquestes propostes respecte a la composició del món material?

A finals del segle XIX i principis del XX la ciència confirma l'existència dels àtoms, partícules petites que formen la matèria, i la seva composició.

- Recordes quines partícules constitueixen els àtoms?
- Saps si actualment hi ha aparells que ens permetin veure els àtoms?

La diversitat que observem a la natura i als objectes és deguda a l'existència d'àtoms.

- On penses que rau la diferència entre, per exemple, un àtom de plata i un àtom d'or?
- Saps on pots trobar classificats tots els elements químics formats pels àtoms?

Foto: Àtoms de grafit observats amb un microscopi d'efecte túnel. Aquesta imatge mostra la discontinuïtat de la matèria.

EN AQUESTA UNITAT APRENDRÀS...

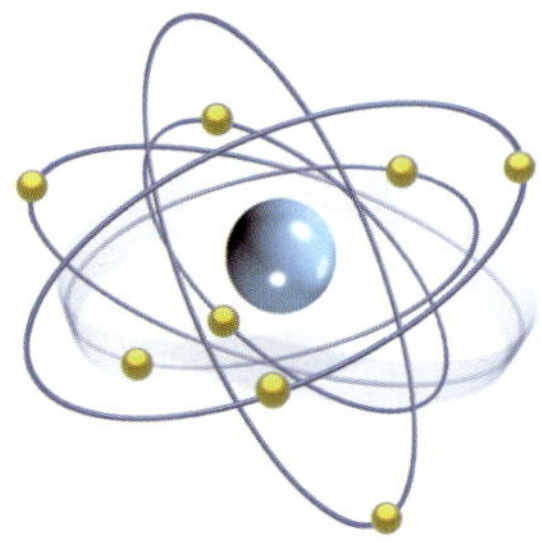

1. Que la matèria està constituïda per àtoms.

2. Com es representen els àtoms.

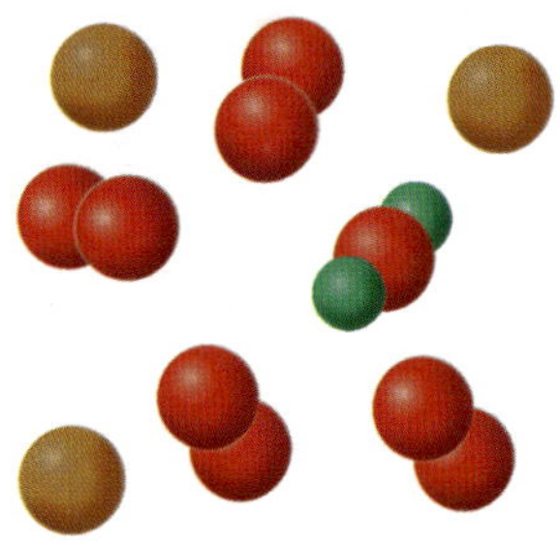

3. Que hi ha diferents tipus d'àtoms.

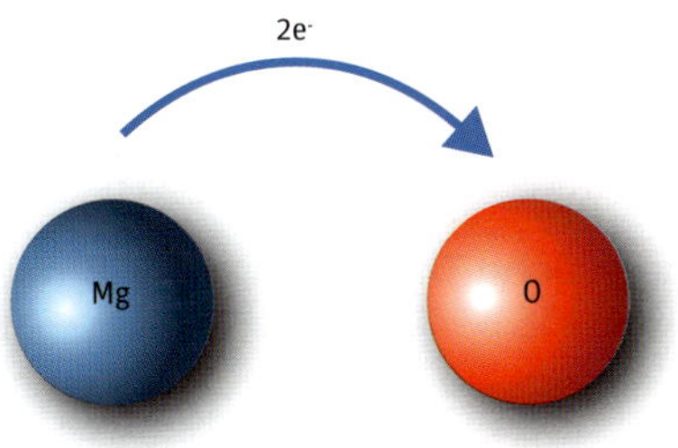

4. Que els àtoms poden perdre o guanyar electrons.

5. Com es classifiquen els elements químics a partir de les seves propietats.

23 V 50,94 Vanadi	24 Cr 52,00 Crom	25 Mn 54,94 Manganès	26 Fe 55,85 Ferro	27 Co 58,93 Cobalt	28 Ni 58,70 Níquel	29 Cu 63,55 Coure
41 Nb 92,91 Niobi	42 Mo 95,94 Molibdè	43 Tc 98,00 Tecneci	44 Ru 101,07 Ruteni	45 Rh 102,91 Rodi	46 Pd 106,42 Pal·ladi	47 Ag 107,87 Plata
73 Ta 180,95 Tàntal	74 W 183,85 Tungstè	75 Re 186,21 Reni	76 Os 190,23 Osmi	77 Ir 192,22 Iridi	78 Pt 195,09 Platí	79 Au 196,97 Or
105 Db (262) Dubni	106 Sg (266) Seaborgi	107 Bh (264) Bohri	108 Hs (277) Hassi	109 Mt (268) Meitneri	110 Ds (271) Ununnili	111 Rg (272) Unununi

6. On podem trobar recollits i ordenats tots els elements químics.

7. Quins són els elements químics bàsics en els éssers vius i a la Terra.

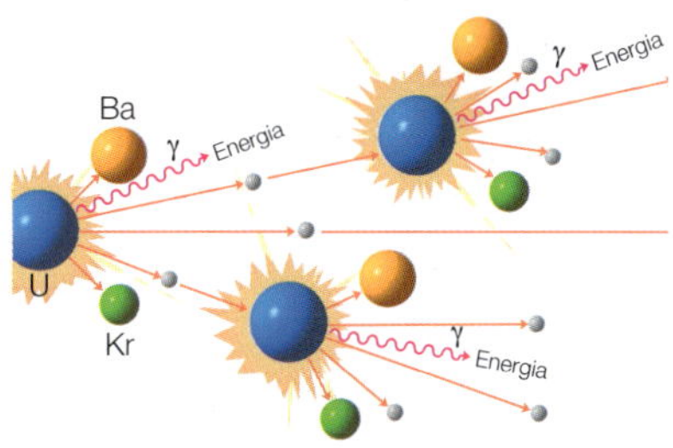

8. Què passa quan el nucli d'un àtom perd o guanya partícules.

I SERÀS CAPAÇ DE...

- Interpretar i dibuixar models atòmics proposats pels científics.
- Interpretar gràfics i taules de dades referents a l'estructura dels àtoms i als elements químics.
- Valorar la importància de les aplicacions de les substàncies radioactives i la repercussió del seu ús en els éssers vius i el medi ambient.

1. Els àtoms: models atòmics

Des de l'antiguitat les persones s'han preguntat de què està feta la matèria. Sabíeu que a l'antiga Grècia, entre els segles V i IV aC, els filòsofs Leucip i Demòcrit van suposar que la matèria estava constituïda per partícules anomenades **àtoms**?

Observeu i investigueu

Els dibuixos següents són models d'àtoms que diversos científics han proposat al llarg de la història.

John Dalton (1766-1844)

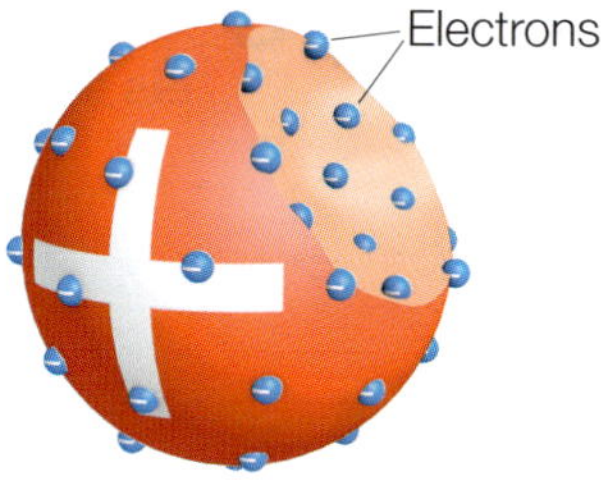

Joseph John Thomson (1856-1940)

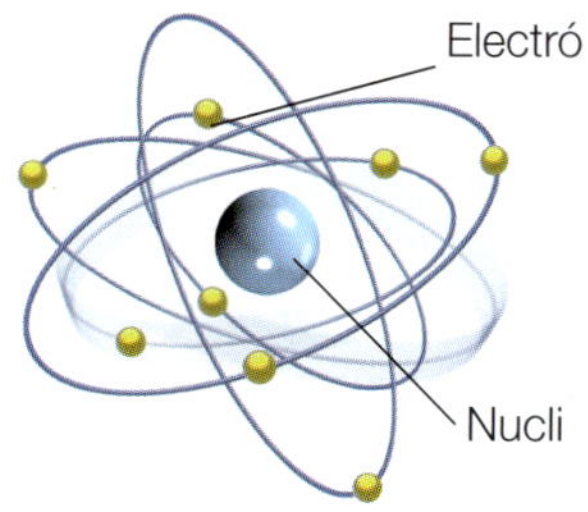

Ernest Rutherford (1871-1937)

Busqueu informació sobre aquests científics i descriviu com són els models d'àtom que proposen.

El model atòmic de Bohr

Segons **Niels Bohr** (1885-1962), l'àtom està format per un nucli amb partícules de càrrega elèctrica positiva i una escorça que envolta el nucli, amb els electrons que es mouen en capes concèntriques, les quals corresponen a valors d'energia determinats.

Observeu i relacioneu

Disposeu d'una prestatgeria i dos llibres.

a | En quants llocs diferents podeu posar un llibre a la prestatgeria?

b | El podeu posar entre el segon i el tercer prestatge? Què té a veure aquest fet amb el model atòmic de Bohr?

c | Com col·locaríeu els dos llibres a la prestatgeria igual que els electrons del model d'àtom de Bohr?

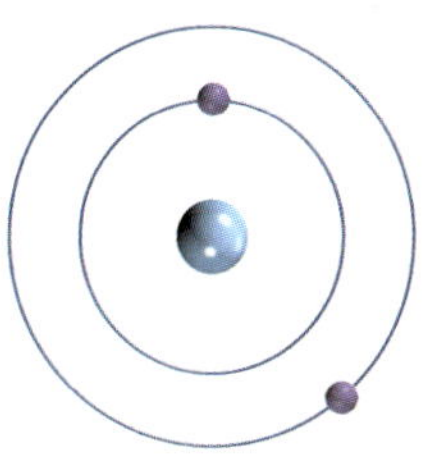

Model atòmic de Bohr.

1.1 El model atòmic actual

Els nous experiments de principis del segle xx van demostrar que el model d'àtom de Bohr calia ampliar-lo i millorar-lo, així que l'austríac **Erwin Schrödinger** (1887-1961) va proposar un model nou, que és el que s'accepta actualment.

Observeu i concloeu

La representació següent correspon a l'àtom més senzill, l'hidrogen, que només té un electró. Segons aquest model, no es pot conèixer la posició exacta d'un electró: tan sols podem esbrinar la possibilitat que un electró estigui en una regió de l'espai determinada, anomenada **orbital**.

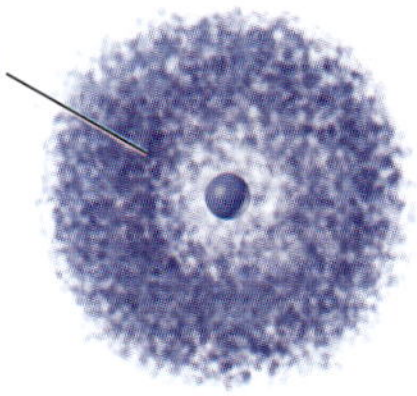

a | Com s'ha representat el nucli de l'àtom en aquest model?

b | S'ha representat d'alguna manera la localització de l'únic electró d'aquest àtom?

ACTIVITATS

1. Segons Dalton, els àtoms són esferes massisses i indivisibles. Investiga de quina manera els representava. Com representaries les substàncies CO (monòxid de carboni) i CO_2 (diòxid de carboni) amb aquest model?
2. Les experiències realitzades a partir de Thomson indiquen que l'àtom no és una bola massissa indivisible, sinó que presenta unes partícules internes. Com les va anomenar? Quina càrrega elèctrica tenen?
3. El model atòmic que va proposar Rutherford va introduir unes noves partícules. Quin nom reben aquestes partícules? Quina càrrega elèctrica tenen? En quina part de l'àtom se situen?
4. Per què el nucli, positiu, ha de ser molt més petit que l'àtom segons Rutherford?
5. Per què pensava Rutherford que la major part de l'àtom era buit?
6. Completa les frases següents que proporcionen els principis del model atòmic actual:
   - El ______ ocupa la part central de l'àtom i concentra gairebé tota la massa. Té càrrega positiva, i està format per _______ , partícules amb càrrega _________ , i _________ , partícules sense càrrega elèctrica.
   - L'_________ és la zona que envolta el nucli; està formada per _________ , que tenen càrrega elèctrica _________ .
   - L'àtom és elèctricament ______ : el nombre d'_________ de l'escorça és _________ al nombre de _________ del nucli.
   - Els _________ estan en regions de l'espai anomenades _________ .
7. Busca quina és la massa d'un protó, la d'un neutró i la d'un electró.
   a) Quines d'aquestes partícules tenen aproximadament la mateixa massa?
   b) Quina d'aquestes partícules té una massa molt més petita que les altres dues i per això la seva massa es considera negligible?
   c) Quants electrons calen per aconseguir la massa d'un protó?

Activitats interactives
Activitat de síntesi

2. Característiques dels àtoms

Ja sabem que els àtoms estan formats per protons, neutrons i electrons, però sabíeu com es representen els àtoms?

2.1 El nombre atòmic i el nombre màssic

Observeu i concloeu

Així representem **els models d'un àtom de liti i d'un àtom de carboni:**

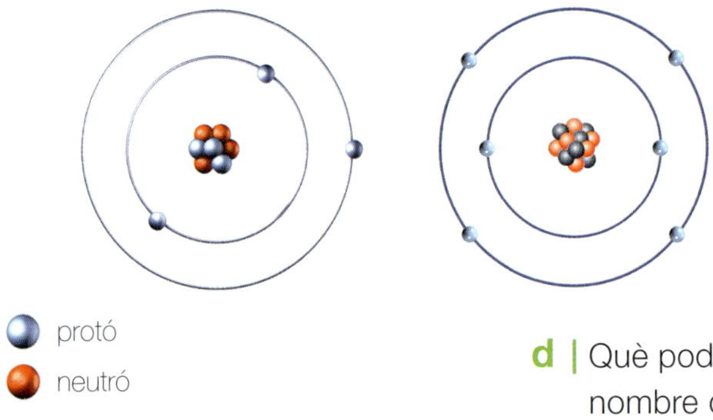

a | Quants protons té cadascun d'aquests àtoms? I electrons?

b | Què vol dir que els àtoms són elèctricament neutres?

c | Si el nombre de protons d'un àtom s'anomena **nombre atòmic**, i es representa amb la lletra ***Z***, escriu en forma d'igualtat el nombre atòmic de l'àtom de liti i de l'àtom de carboni.

d | Què podem dir del nombre atòmic d'un àtom neutre respecte del seu nombre d'electrons?

e | Si la suma del nombre de protons i de neutrons del nucli de l'àtom d'un element s'anomena **nombre màssic**, i es representa amb la lletra ***A***, quin és el nombre màssic del liti? I el del carboni? Escriviu la resposta en forma d'igualtat.

f | Si anomenem n el nombre de neutrons del nucli de l'àtom d'un element, què representa l'expressió $A = Z + n$?

Igualtat: Expressió matemàtica que indica, mitjançant el signe igual (=), l'equivalència entre dues entitats.

Observeu i contesteu

Per expressar el nombre de partícules que té un àtom en el seu nucli podem utilitzar dos nombres i el símbol de l'element. Per exemple:

$${}^{A}_{Z}\mathrm{Li}$$

a | Què ens indica la lletra A? I la lletra Z?

b | Com expressaríeu les partícules del nucli de l'àtom de liti d'aquesta manera? I en el cas de l'àtom de carboni?

c | Utilitzant la lletra X per representar un àtom qualsevol, escriviu l'expressió general que ens permet indicar el nombre de partícules que té un àtom en el seu nucli.

Completeu una taula

Quina informació ens aporta conèixer A i Z respecte de les partícules que formen els àtoms? Completeu aquesta taula i ho sabreu:

	Liti (A = ..., Z = 3)	Carboni (A = ..., Z = 6)
Nombre de...		6
Nombre d'electrons	3	
Nombre de...	$A - Z = 7 - 3 = \ldots$	$A - Z = 12 - 6 = \ldots$

2.2 La massa atòmica

Raoneu i concloeu

a | Com calcularíeu la massa de l'àtom de liti, exposat a la pàgina anterior, sabent la massa d'un protó i d'un neutró?

b | Proposeu una definició de **massa atòmica** d'un àtom.

c | Per què no hi tenim en compte la massa dels electrons?

Raoneu i calculeu

a | Els protons i els neutrons tenen aproximadament la mateixa massa: $1{,}67 \cdot 10^{-27}$ kg. Els protons i els neutrons tenen masses que pugui detectar una balança?

b | Us sembla que és pràctic expressar la massa atòmica en quilograms (unitat del SI)?

c | Per expressar la massa d'un àtom amb més comoditat s'utilitza la **unitat de massa atòmica (u),** de manera que s'assigna a cada protó i a cada neutró una massa aproximada d'1 u. Ara, digueu quina és la massa de l'àtom de beril·li (Be) següent, expressada en u.

d | Calculeu la massa d'aquest àtom de beril·li expressada en quilograms.

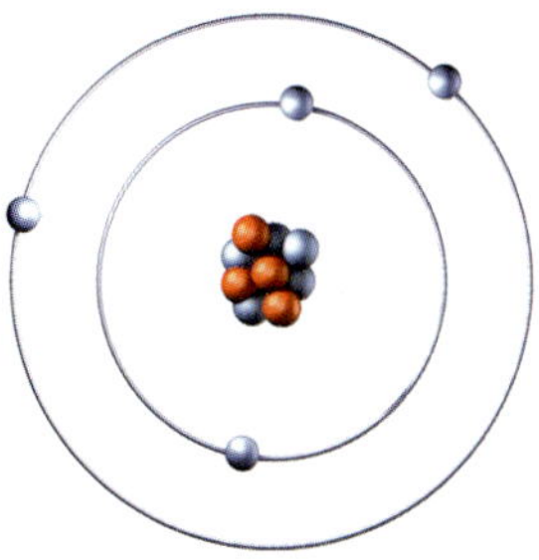

SI: Abreviació de sistema internacional d'unitats.

ACTIVITATS

8 Representa en forma dels nombres *A* i *Z* i el símbol de l'element un àtom d'oxigen (O) si sabem que té 8 protons, 9 neutrons i 8 electrons.

9 El nombre atòmic de l'àtom de clor és 17. Amb aquesta dada, quina informació podem saber d'aquest àtom?

10 Indica quina és la massa atòmica (u) de l'element bor ($^{11}_{5}B$).

a) Quines són les partícules de les quals tenim en compte la massa en aquest àtom?

b) On es concentra la major part de la massa de l'àtom?

11 Completa les frases següents:

a) Els ____________ i els electrons tenen la mateixa càrrega elèctrica, però de signe oposat.

b) Els àtoms s'identifiquen pel seu nombre de ________________ .

c) En un àtom neutre, el nombre de protons és igual al nombre d' ____________ .

12 Raona per què els àtoms $^{39}_{19}K$ i $^{39}_{18}Ar$ tenen el mateix nombre màssic i diferents símbols químics. Quina és la massa d'aquests àtoms expressada en quilograms?

Activitats interactives

Activitat de síntesi

3. Els isòtops

El que caracteritza els àtoms és el seu nombre de protons. Tots els àtoms d'un element químic tenen el mateix nombre de protons, però poden tenir un nombre de neutrons diferent. Sabíeu que hi ha diferents tipus d'àtoms d'un mateix element?

Observeu i concloeu

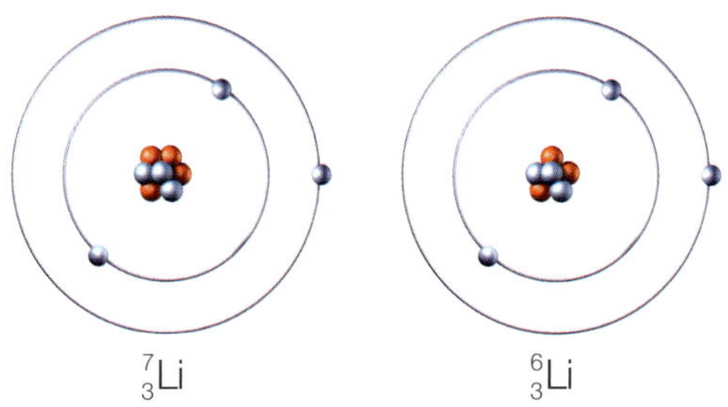

a | Aquests dos àtoms són de liti. Per què són del mateix element químic?

b | Tots dos són àtoms neutres? Per què? Què els diferencia?

c | Com és el nombre atòmic d'aquests dos àtoms? I el nombre màssic?

d | Diem que aquests àtoms de liti són **isòtops**. Com explicaríeu què són els isòtops?

3.1 Massa atòmica d'un element

La massa atòmica d'un element depèn dels isòtops que té i de l'abundància de cadascun d'ells a la natura.

Interpreteu i calculeu

La taula mostra els percentatges dels dos isòtops de l'element clor que hi ha a la natura. Quina és la massa atòmica de l'element clor?

Isòtop	Símbol	Massa atòmica (u)	Abundància a la natura (%)
Clor-35	$^{35}_{17}Cl$	35	76
Clor-37	$^{37}_{17}Cl$	37	24

a | De cada 100 àtoms de clor, quants són de clor-35 ? I de clor-37?

b | Com podem calcular la massa dels 76 àtoms de clor-35? I la massa dels 24 àtoms de clor-37, en unitats de massa atòmica?

c | La massa total dels 100 àtoms és: (35 × 76) + (37 × 24). Si la **massa atòmica d'un element** és la mitjana ponderada de les masses dels seus isòtops naturals, com calcularíeu la massa atòmica de l'element clor? Quin és aquest valor?

ACTIVITATS

13. El potassi (K) té nombre atòmic $Z = 19$ i existeix en forma de tres isòtops que tenen 20, 21 i 22 neutrons. Escriu els tres isòtops en forma dels nombres A i Z i el símbol de l'element.

14. Per què la massa atòmica d'un element expressada en unitats de massa atòmica (u) no és un nombre enter?

15. El nitrogen (N) existeix en forma de dos isòtops: $^{14}_{7}N$ i $^{15}_{7}N$. Quants protons i neutrons té cada isòtop? Si el primer és molt més abundant que el segon, la massa atòmica d'aquest element s'acostarà més a 14 o a 15? Raona la resposta.

Activitats interactives
Activitat de síntesi

4. Àtoms amb càrrega elèctrica

Els àtoms poden deixar de ser neutres, és a dir, poden passar a tenir càrrega elèctrica, positiva o negativa. Sabíeu que això passa perquè els àtoms poden perdre o guanyar electrons?

4.1 L'escorça atòmica

Els electrons de l'escorça d'un àtom es distribueixen per capes o nivells d'energia (***n***). A cada nivell hi caben un màxim de $\mathbf{2n^2}$ electrons (*n* és un nombre enter: 1, 2, 3...).

Completeu i deduïu

Completeu una taula com aquesta per a les quatre primeres capes o nivells.

Nivell (*n*)	Nre. màxim d'electrons ($2n^2$)
1	$2 \times \mathbf{1}^2 = 2 \times 1 = 2$

a | Quants electrons, com a màxim, hi haurà al nivell 2? I als nivells 3 i 4?

b | Per guanyar estabilitat, els àtoms tenen tendència a tenir vuit electrons en el seu últim nivell, excepte en el nivell 1, en què només n'hi caben dos com a màxim. Què serà més fàcil per a un àtom que té un electró en el seu últim nivell, guanyar-ne set o perdre'n un?

Analitzeu i concloeu

Aquesta taula mostra la **distribució dels electrons d'alguns elements**:

Element	Símbol	*Z*	Nre. d'electrons			Nre. d'electrons de l'últim nivell	Nombre d'electrons que pot guanyar o perdre l'àtom	Estat d'oxidació
			n = 1	*n* = 2	*n* = 3			
Heli	He	2	2	--	--	2	cap	0
Sodi	Na	11	2	8	1	1	en pot perdre un	+1
Argó	Ar	18	2	8	8	8	cap	0
Sofre	S	16	2	8	6	6	en pot guanyar dos	–2
Fluor	F	9	2	7	--	7	en pot guanyar un	–1
Magnesi	Mg	12	2	8	2	2	en pot perdre dos	+2

a | Quina relació hi ha entre el nombre d'electrons que pot guanyar o perdre un àtom per tenir l'últim nivell complet i el seu estat d'oxidació?

b | Per què el sodi tendeix a perdre un electró per tenir-ne vuit a l'últim nivell en lloc de guanyar-ne set?

c | Per què el sofre té preferència a guanyar dos electrons per tenir-ne vuit a l'últim nivell i, en canvi, és molt difícil que en perdi sis?

d | Quin signe té l'estat d'oxidació quan l'àtom perd electrons? I quan en guanya?

e | Quina o quines de les partícules que formen l'àtom són les que es poden guanyar o perdre? Quina o quines no es guanyen ni es perden?

ACTIVITATS

16 Indica la distribució dels electrons per nivells i l'estat d'oxidació dels àtoms dels elements següents: beril·li (Be, *Z* = 4); neó (Ne, *Z* = 10); fòsfor (P, *Z* = 15); bor (B, *Z* = 5); clor (Cl, *Z* = 17).

4.2 Els ions

Una de les maneres de combinar-se els àtoms de diferents elements químics per formar compostos és que un dels àtoms guanyi els electrons que l'altre perd.

Analitzeu i deduïu

Així representem la formació dels ions de liti i d'oxigen.

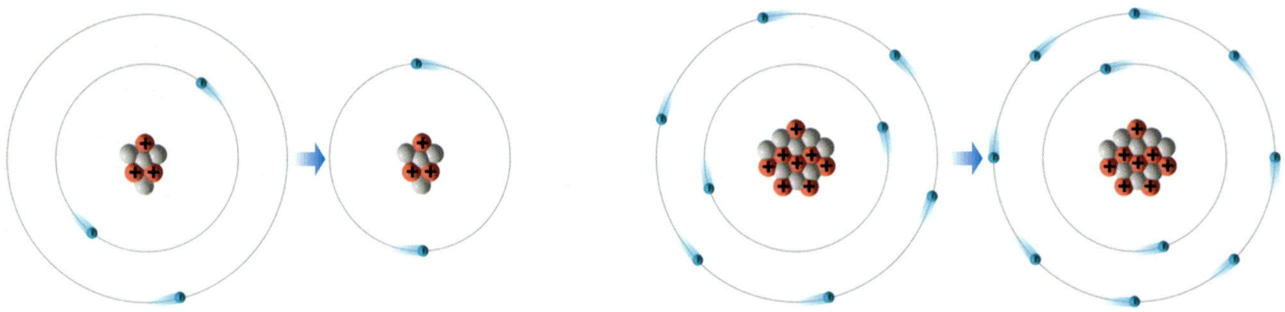

Símbol	Nre. de protons	Nre. d'electrons	Nre. de neutrons
Li	3	3	4
Li^+	3	2	4

Símbol	Nre. de protons	Nre. d'electrons	Nre. de neutrons
O	8	8	8
O^{2-}	8	10	8

a | Els àtoms de liti i d'oxigen són neutres? I els ions de liti i d'oxigen? Justifiqueu les respostes.

b | Per convertir-se en un ió de liti, l'àtom de liti ha hagut de perdre electrons o n'ha hagut de guanyar? Quants? L'ió de liti tindrà càrrega positiva o negativa?

c | Per convertir-se en un ió d'oxigen (**òxid**), l'àtom d'oxigen ha hagut de perdre electrons o n'ha hagut de guanyar? Quants? L'ió d'oxigen tindrà càrrega positiva o negativa?

d | Els àtoms amb càrrega elèctrica s'anomenen **ions**. Si els **cations** són ions amb càrrega elèctrica positiva i els **anions** són ions amb càrrega elèctrica negativa, **un** àtom ha de guanyar o perdre electrons per convertir-se en **catió**? I en **anió**? Raoneu la resposta.

e | Quina partícula subatòmica carregada guanyen o perden els àtoms per convertir-se en ions? On és aquesta partícula? Quina càrrega té?

ACTIVITATS

17 Completa la taula següent:

Nom	Símbol	*Z*	*A*	Nre. de protons	Nre. d'electrons	Nre. de neutrons	Càrrega
Catió alumini	Al^{3+}			13		14	+3
Catió potassi		19				20	
Anió sulfur	S^{2-}	16	32				
Catió calci			40		18		
Anió bromur					36	45	

Activitats interactives
Activitat de síntesi

5. La classificació dels elements químics

La distribució dels electrons per nivells determina les propietats dels elements químics. Sabeu com es classifiquen els elements químics a partir de les seves propietats?

Investigueu

El coure és un metall amb el qual es fabriquen els cables elèctrics.

L'oxigen que contenen aquestes bombones és un no-metall gasós.

El silici és un semimetall bàsic en electrònica per produir microxips.

El neó és un gas noble que s'utilitza a l'interior dels tubs d'alguns anuncis lluminosos que fan llum vermella.

D'acord amb les diferències que presenten les seves propietats, podem establir quatre tipus d'elements químics: els **metalls**, els **semimetalls**, els **no-metalls** i els **gasos nobles**.

a | Els **metalls** constitueixen el grup majoritari d'elements. Esbrineu quines són les seves propietats tenint en compte: la lluïssor, l'estat físic en què es troben a temperatura ambient, les seves propietats mecàniques, com ara si són dúctils i mal·leables, si són bons conductors de l'electricitat o no ho són, si són bons conductors de la calor o no ho són, si tenen tendència a formar anions o cations.

b | Els **no-metalls**. Esbrineu quines són les seves propietats tenint en compte: l'estat físic en què es troben a temperatura ambient, la duresa, si són bons conductors de l'electricitat o no ho són, si són bons conductors de la calor o no ho són, si tenen tendència a formar anions o cations.

c | Els **semimetalls**. Tenen propietats dels metalls i dels no-metalls. Esbrineu quines són les seves propietats tenint en compte: l'estat físic en què es troben a temperatura ambient, si tenen tendència a formar anions o cations.

d | Els **gasos nobles**. Esbrineu quines són les seves propietats tenint en compte: l'estat físic en què es troben a temperatura ambient, si tenen tendència a formar anions o cations.

Dúctil: que es pot estirar en fils molt fins sense trencar-se.

Mal·leable: que es pot estendre en làmines molt primes.

ACTIVITATS

18 Quin tipus d'elements són els que tenen tendència a formar cations? Han de perdre o guanyar electrons per formar-los? Per què?

19 Els ions següents són força estables. Indica en cada cas si són cations o anions i si l'element corresponent és un metall o un no-metall:
a) Cs^+ b) Ba^{2+} c) F^- d) Ag^+ e) Se^{2-} f) I^-

20 Per què et sembla que els gasos nobles són gasos inerts?

Activitats interactives
Activitat de síntesi

6. La taula periòdica

Actualment es coneixen 118 elements químics, dels quals 92 són naturals, però sabeu on podem trobar recollits i ordenats tots els elements químics?

6.1 Descripció de la taula periòdica

A la taula periòdica els elements químics s'agrupen segons **períodes** (fileres) i **grups** (columnes). Els elements hi estan ordenats per **ordre creixent de nombre atòmic (*Z*).** Podeu trobar més informació al web.

Observeu i deduïu

A partir de la taula periòdica de la pàgina següent, contesteu aquestes preguntes:

a | Quantes fileres té la taula periòdica? I quantes columnes?

b | Quina informació de cada element ens aporta la taula periòdica?

Observeu i concloeu

Aquesta taula mostra la **distribució dels electrons d'alguns elements**:

Element	Grup	Període	Z	Nre. d'electrons		Nre. d'electrons de l'últim nivell
				$n = 1$	$n = 2$	
Liti	**1**	2	3	2	1	1
Beril·li	**2**	2	4	2	2	2
Bor	**13**	2	5	2	3	3
Carboni	**14**	2	6	2	4	4
Nitrogen	**15**	2	7	2	5	5
Oxigen	**16**	2	8	2	6	6
Fluor	**17**	2	9	2	7	7
Neó	**18**	2	10	2	8	8

a | A quin període pertanyen tots aquests elements? Quin és l'últim nivell (*n*) que tenen ocupat? Quina relació hi ha entre el període en què se situen els elements i l'últim nivell (*n*) on tenen electrons?

b | Fixeu-vos en el grup i en el nombre d'electrons de l'últim nivell. Quina relació hi ha?

c | Indiqueu quants electrons pot perdre o pot guanyar cada un d'aquests elements per tenir l'últim nivell ple.

d | Si un àtom aconsegueix convertir-se en un ió amb l'últim nivell ple, amb quin tipus d'elements coincidirà en el nombre d'electrons de l'últim nivell?

ACTIVITATS

21. Quins són els tres primers elements del grup dos? Per què tenen tendència a formar cations?

22. Quins elements formen el tercer període? Indica els metalls i els no-metalls.

23. Per què els àtoms dels elements del grup 14 tant poden perdre com guanyar quatre electrons a l'últim nivell?

Nombre atòmic — 1
Símbol — H
Massa atòmica* — 1,00
Nom — Hidrogen

Sòlid
Líquid
Gas
Artificial

Metalls
Semimetalls
No-metalls
Gasos nobles

* Un nombre entre parèntesi indica el nombre de massa atòmica de l'isòtop conegut de vida mitjana més llarga.

Grup / Periode	1	2	3	4	5	6	7	8	9	10	11	12	13	14	15	16	17	18
1	1 H 1,00 Hidrogen																	2 He 4,00 Heli
2	3 Li 6,94 Liti	4 Be 9,01 Beril·li											5 B 10,81 Bor	6 C 12,01 Carboni	7 N 14,01 Nitrogen	8 O 16,00 Oxigen	9 F 19,00 Fluor	10 Ne 20,18 Neó
3	11 Na 22,99 Sodi	12 Mg 24,31 Magnesi											13 Al 26,98 Alumini	14 Si 28,09 Silici	15 P 30,97 Fòsfor	16 S 32,06 Sofre	17 Cl 35,45 Clor	18 Ar 39,95 Argó
4	19 K 39,10 Potassi	20 Ca 40,08 Calci	21 Sc 44,96 Escandi	22 Ti 47,90 Titani	23 V 50,94 Vanadi	24 Cr 52,00 Crom	25 Mn 54,94 Manganès	26 Fe 55,85 Ferro	27 Co 58,93 Cobalt	28 Ni 58,70 Níquel	29 Cu 63,55 Coure	30 Zn 65,38 Zinc	31 Ga 69,73 Gal·li	32 Ge 72,64 Germani	33 As 74,92 Arsènic	34 Se 78,96 Seleni	35 Br 79,90 Brom	36 Kr 83,80 Criptó
5	37 Rb 85,47 Rubidi	38 Sr 87,62 Estronci	39 Y 88,91 Itri	40 Zr 91,22 Zirconi	41 Nb 92,91 Niobi	42 Mo 95,94 Molibdè	43 Tc 98,00 Tecneci	44 Ru 101,07 Ruteni	45 Rh 102,91 Rodi	46 Pd 106,42 Pal·ladi	47 Ag 107,87 Plata	48 Cd 112,41 Cadmi	49 In 114,82 Indi	50 Sn 118,69 Estany	51 Sb 121,75 Antimoni	52 Te 127,60 Tel·luri	53 I 126,90 Iode	54 Xe 131,30 Xenó
6	55 Cs 132,90 Cesi	56 Ba 137,34 Bari	57 La 138,90 Lantani	72 Hf 178,49 Hafni	73 Ta 180,95 Tàntal	74 W 183,85 Tungstè	75 Re 186,21 Reni	76 Os 190,23 Osmi	77 Ir 192,22 Iridi	78 Pt 195,09 Platí	79 Au 196,97 Or	80 Hg 200,59 Mercuri	81 Tl 204,37 Tal·li	82 Pb 207,20 Plom	83 Bi 208,98 Bismut	84 Po (209) Poloni	85 At (210) Àstat	86 Rn (222) Radó
7	87 Fr (223) Franci	88 Ra (226) Radi	89 Ac (227) Actini	104 Rf (261) Rutherfordi	105 Db (262) Dubni	106 Sg (266) Seaborgi	107 Bh (264) Bohri	108 Hs (277) Hassi	109 Mt (268) Meitneri	110 Ds (271) Ununnili	111 Rg (272) Unununi	112 Cn (277) Copernici	113 Uut (284) Ununtri	114 Uuq (289) Ununquadi	115 Uup (288) Ununpenti	116 Uuh (293) Ununhexi	117 Uus (291) Ununsepti	118 Uuo (294) Ununocti

Lantànids 6	58 Ce 140,12 Ceri	59 Pr 140,91 Praseodimi	60 Nd 144,24 Neodimi	61 Pm (145) Prometi	62 Sm 150,40 Samari	63 Eu 151,96 Europi	64 Gd 157,25 Gadolini	65 Tb 158,92 Terbi	66 Dy 162,50 Disprosi	67 Ho 164,93 Holmi	68 Er 167,26 Erbi	69 Tm 168,93 Tuli	70 Yb 173,04 Iterbi	71 Lu 174,97 Luteci
Actínids 7	90 Th 232,04 Tori	91 Pa 231,04 Protoactini	92 U 238,03 Urani	93 Np 237,05 Neptuni	94 Pu (244) Plutoni	95 Am (243) Americi	96 Cm (247) Curi	97 Bk (247) Berkeli	98 Cf (251) Californi	99 Es (252) Einsteni	100 Fm (257) Fermi	101 Md (258) Mendelevi	102 No (259) Nobeli	103 Lr (262) Laurenci

El químic rus **Dmitri Ivànovitx Mendeléiev** va ser catedràtic de Química de la Universitat de Sant Petersburg. L'any 1871 va publicar una versió millorada de la seva taula on constaven tots els elements coneguts aleshores.

Sabeu quants elements hi va incloure?

6.2 Una mica d'història

Fins l'any 1700 tan sols es coneixien dotze elements, entre els quals hi havia l'or, la plata i el coure. El 1830 ja se n'havien identificat cinquanta-cinc. Durant la resta del segle XIX i els segles XX i XXI es van continuar descobrint elements nous; fins al 2013 se n'han descobert 118.

Investigueu

a | La primera classificació la va fer el científic suec **Jacob Berzelius** (1779-1848). En quins dos grans grups va dividir els elements?

b | El 1829, el químic alemany **Johann Döbereiner** (1780-1849) va agrupar els elements de tres en tres (en tríades). Què tenien en comú els elements de cada tríada?

c | El químic anglès **John A. R. Newlands** (1837-1898) va introduir la llei de les octaves. Què estableix aquesta llei?

d | L'alemany **Julius L. Meyer** (1830-1895) i el rus **Dmitri I. Mendeléiev** (1834-1907) van publicar, el 1870 i el 1869, unes taules de classificació dels elements que constitueixen la base de la taula periòdica actual. Mendeléiev va classificar els elements químics per ordre creixent de massa atòmica, col·locant a la mateixa columna els elements que tenien propietats semblants. Però, per què va deixar espais buits a la taula?

e | El científic anglès **Henry Moseley** (1887-1915) va ordenar els elements segons un criteri que ha estat la base de la taula periòdica que fem servir avui dia. Quin és aquest criteri?

ACTIVITATS

24 Fins als anys trenta del segle XIX els químics no s'havien plantejat classificar els elements coneguts. Per què van canviar d'idea?

25 Per què et sembla que quan van decidir classificar-los van pensar que la millor manera era fer-ho sistemàticament i segons les propietats dels elements?

26 Una de les tríades de Döbereiner és la que formen el clor, el brom i el iode. L'element del mig de la tríada és el brom. Calcula quina massa atòmica tindria si fos la mitjana de les masses dels altres dos elements. El resultat és semblant a la massa atòmica del brom?

Fes la mateixa comprovació per a les tríades següents:

a) Liti, sodi, potassi b) Calci, estronci, bari

Escriu la conclusió a què va arribar Döbereiner després d'observar aquest fet.

27 Observa l'ordenació d'elements següent. Els que tenen propietats semblants estan escrits amb el mateix color:

Liti	Beril·li	Bor	Carboni	Nitrogen	Oxigen	Fluor
Sodi	Magnesi	Alumini	Silici	Fòsfor	Sofre	Clor

a) Si assignem el número 1 al liti, quin número correspon al sodi? I si assignem el número 1 al carboni, quin número correspon al silici?

b) Per què els científics van rebutjar la llei de les octaves?

28 Un dels elements que Mendeléiev va preveure que existien és el germani (que va anomenar *eka-silici*). Com és que sabia que faltava un element al lloc del germani i no va col·locar en aquell buit l'arsènic o l'estany?

Activitats interactives

Activitat de síntesi

7. Els elements químics de la naturalesa

En la taula periòdica trobem tots els elements químics coneguts. Però no tots es distribueixen igual al nostre planeta. Sabries dir quins són els elements químics bàsics en els éssers vius i a la Terra?

Interpreteu i deduïu

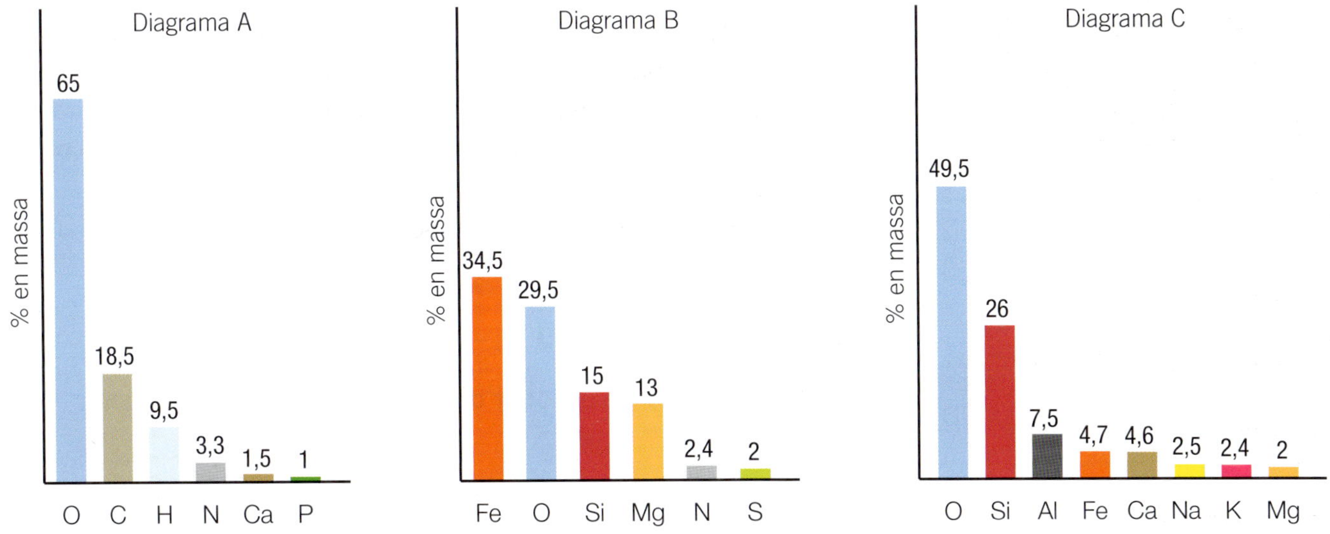

a | Cerqueu a la taula periòdica el nom dels elements que apareixen en aquests diagrames.

b | Classifiqueu tots aquests elements segons siguin metalls, no-metalls o semimetalls.

c | Cerqueu quins són els quatre elements més abundants en els éssers vius. En quin diagrama estan representats?

d | Esbrineu quins són els compostos més abundants que formen les roques i indiqueu quin diagrama representa la composició de l'escorça terrestre. Quins són els dos elements més abundants en massa a l'escorça?

e | Esbrineu quin és l'element que més abunda al nucli terrestre i indiqueu quin diagrama representa la composició de la Terra.

f | Quins són el metall i el no-metall més abundants a la Terra? I a l'escorça terrestre?

g | Dels elements químics més abundants a l'escorça terrestre i als éssers vius, n'hi ha cap de comú?

ACTIVITATS

29 Els elements químics que formen part dels éssers vius s'anomenen *bioelements*. Esbrina com es classifiquen els bioelements i esmenta'n els principals. Quins bioelements són metalls? Quins són no-metalls?

30 En 100 g d'ou (2 ous) hi ha 7 mg de ferro. El nostre cos no absorbeix tot el ferro dels ous, sinó que únicament en pot absorbir el 5%. Si les necessitats de ferro diàries d'una persona adulta són de 14 mg, respon:

a) Quina quantitat de ferro obtindria una persona si menja un ou diari?

b) Quants ous hauria de menjar per obtenir-ne tot el ferro necessari? Creus que això és possible fer-ho?

31 L'hidrogen és l'element més abundant de l'univers (73,9%). A què pot ser degut això?

32 Indica a quin diagrama fan referència les afirmacions següents:

a) Els metalls són els més nombrosos, però es troben en petites quantitats.

b) Els no-metalls són els elements fonamentals de la matèria viva.

Activitats interactives
Activitat de síntesi

Aquest és el símbol que s'utilitza per indicar la presència de radioactivitat.

Saps per què el senyal té forma de triangle?

8. La radioactivitat

Malgrat que la majoria dels nuclis dels àtoms són estables, la **radioactivitat** és l'emissió espontània de partícules del nucli atòmic de determinats elements químics, i que va acompanyada de l'emissió d'energia en forma de radiació. Però sabeu que passa quan el nucli d'un àtom perd o guanya partícules?

Investigueu i compareu

a | Sabeu què és la radioteràpia? Cerqueu informació de quan i per què s'utilitza.

b | Cerqueu informació i descriviu breument el funcionament d'una central nuclear. Com s'obté la calor necessària per passar l'aigua líquida a l'estat de vapor?

c | Què tenen en comú els processos que has descrit en els apartats anteriors?

Interpreteu i deduïu

L'esquema següent mostra el **poder de penetració de les radiacions radioactives**:

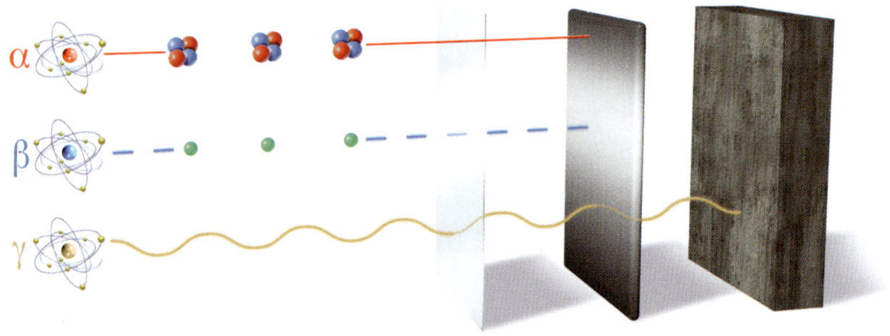

a | Quants tipus de radiacions hi ha? Com es diuen?

b | Quina és la radiació amb més poder de penetració? Quina és la radiació més perillosa per als éssers vius? Raoneu la resposta.

c | Cada vegada que s'emet una partícula alfa, què perd el nucli de l'àtom? Així, doncs, per què està formada la radiació alfa? Si la partícula alfa no té electrons, quina és la seva càrrega? Al nucli de quin element és equivalent la partícula alfa?

d | En el moment d'emetre's una partícula beta, en el nucli es transforma un neutró en un protó i un electró. Així, doncs, quan s'emet una partícula beta, què perd el nucli de l'àtom? Per què està formada la radiació beta? Quina és la seva càrrega?

e | La radiació gamma és una radiació similar a les ones de llum, formada per fotons. Quants protons té la radiació gamma? I quants neutrons? Si no té electrons, quina és la seva càrrega?

Fotó: Partícula constituent de la llum.

f | Com s'anomenen els àtoms dels elements que emeten aquestes radiacions?

g | Justifiqueu l'afirmació següent: En la radioactivitat, els àtoms d'un element es transformen en àtoms d'un altre element.

8.1 La fissió nuclear

La **fissió nuclear** consisteix en la ruptura de nuclis d'isòtops radioactius per formar altres nuclis d'àtoms més petits.

Interpreteu i deduïu

L'esquema següent mostra la **reacció de fissió de l'urani-235**.

a | Amb quina partícula es bombardeja el nucli d'urani?

b | A més d'obtenir-se tres neutrons, el nucli d'urani es divideix en dos nuclis diferents. Quins són? Els nuclis que s'obtenen són més grans o més petits que el d'urani?

c | Els neutrons que s'han obtingut, amb quins nuclis xoquen? Quines partícules i nuclis se n'obtenen?

d | Què us sembla que faran els nous neutrons obtinguts? Podríeu explicar per què aquest procés s'anomena **reacció en cadena**?

e | En aquest procés s'allibera gran quantitat d'energia, que s'aprofita a les centrals nuclears per obtenir energia elèctrica. Per què es tracta d'una reacció perillosa?

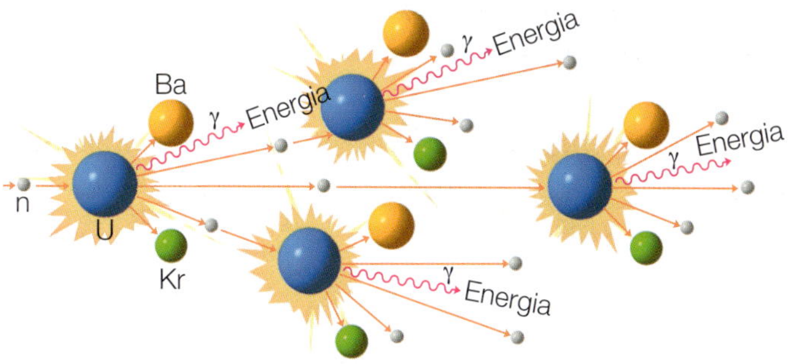

8.2 La fusió nuclear

La **fusió nuclear** és la unió de dos o més nuclis per formar nuclis d'àtoms més grans.

Interpreteu i deduïu

L'esquema següent mostra la **reacció de fusió de dos isòtops de l'hidrogen**: el deuteri i el triti.

a | Al principi de la reacció intervenen dos nuclis: el deuteri i el triti. Quants protons i quants neutrons tenen cadascun?

b | Al final de la reacció s'obté una gran quantitat d'energia, un neutró i un nucli. De quin element és el nucli obtingut? Quants protons té? I quants neutrons? És més gran o més petit que els nuclis inicials? Justifiqueu la resposta.

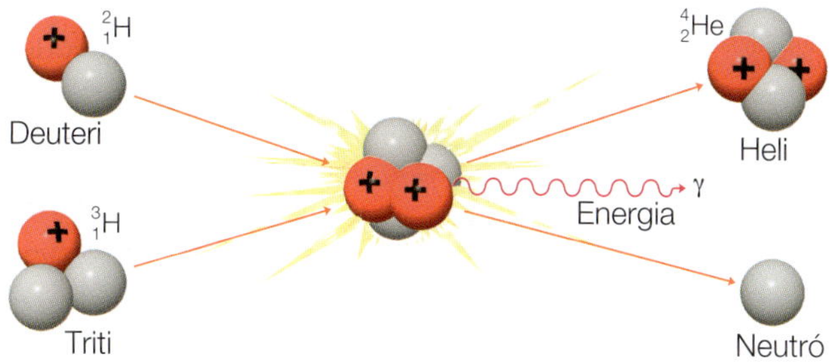

ACTIVITATS

33 Cerca informació i anomena dos isòtops que puguin emetre radiacions.

34 Copia l'esquema de la fissió nuclear al teu quadern i afegeix un pas més a la reacció en cadena representada.

35 En què es diferencia la fusió nuclear de la fissió nuclear?

36 Investiga per què avui dia és inviable l'ús de la fusió nuclear com a font d'energia.

8.3 Aplicacions dels isòtops radioactius

Els isòtops radioactius poden ocasionar danys greus als éssers vius que siguin sotmesos a dosis de radiació elevades. Però també poden produir beneficis.

Les maduixes de l'esquerra han estat tractades amb radiació per afavorir-ne la conservació.

Coneixeu altres aliments que hagin rebut el mateix tractament?

Analitzeu un text

Aquest text correspon a un fragment d'un article d'Abel Mariné Font titulat *Radiacions als aliments*, publicat al diari *El Punt Avui* l'1 d'abril de 2011. Llegiu-lo i contesteu les preguntes següents:

> «La radioactivitat no és només el resultat de certes activitats humanes, perquè a més de l'artificial, que inclou les bombes atòmiques, les centrals nuclears, la irradiació d'aliments per a la seva conservació i l'ús de certes radiacions per al diagnòstic mèdic i la recerca científica, hi ha una radioactivitat natural procedent de les radiacions còsmiques, de l'escorça terrestre, dels mateixos habitacles i de l'organisme humà.
>
> Tant en la radioactivitat natural com en l'artificial, com en tots els eventuals tòxics, els efectes són una qüestió de dosi, i també depenen del tipus de radiació i del temps d'exposició. Hi ha una àmplia varietat de radiacions: gamma, raigs X, ultraviolat, llum visible, infraroigs, microones i ones de ràdio. Són indubtables els beneficis dels raigs X en el diagnòstic mèdic. No ho són tant els dels ultraviolats per bronzejar-se, si no es fa amb molta cura. Els microones ens són útils a la cuina, i no generen cap perjudici. La irradiació d'aliments és un mètode eficaç d'estabilització i conservació, útil per evitar que les patates o les cebes emmagatzemades no es grillin, les espècies no es floreixin o altres aliments es puguin conservar a un cost raonable, i un aliment ben irradiat no és en absolut radioactiu. L'OMS (Organització Mundial de la Salut) ha promogut aquesta tècnica per posar aliments segurs a disposició de zones del món que per clima i situació econòmica no podien mantenir una xarxa de fred. La mala premsa de la radioactivitat no va permetre que això prosperés gaire.»

a | De quins tipus de radioactivitat parla el text?

b | Quines aplicacions de la radioactivitat s'hi esmenten? Què s'aconsegueix en cadascuna d'aquestes aplicacions?

c | De què depenen els efectes de la radioactivitat sobre els éssers vius?

d | Per què l'OMS ha permès i promogut la radiació d'aliments per a la seva conservació? Què us sembla que ha fet que aquesta tècnica no prosperés? Hi esteu d'acord?

Cerqueu informació

Per conèixer més aplicacions de la radioactivitat, visualitzeu el vídeo del web i contesteu les preguntes següents:

a | Quina va ser la primera aplicació de la radioactivitat?

b | Quina penseu que és l'aplicació més important dels isòtops radioactius? Justifiqueu la resposta. Segons el vostre parer, ordeneu-les de més important a menys.

c | El vídeo acaba amb aquesta frase: *It's not what it does, but what you do with it!* Comenteu-ne el significat.

8.4 Els residus radioactius

Els residus radioactius són molt perillosos, d'una banda, perquè una quantitat molt petita pot originar radiacions perjudicials per als éssers humans i, de l'altra, perquè alguns residus radioactius poden emetre aquest tipus de radiacions durant milers d'anys.

Analitzeu un text i cerqueu informació

Aquest text correspon a un fragment d'una notícia publicada al diari *El Punt Avui* el 28 de gener de 2014. Llegiu-la i contesteu les preguntes següents:

El cementiri nuclear d'El Cabril doblarà la capacitat

L'empresa estatal de residus Enresa preveu que el magatzem de residus nuclears de baixa i mitjana radiació d'El Cabril (Còrdova) tingui el doble de capacitat. [...] El magatzem d'El Cabril rep el 80% dels residus nuclears de l'Estat. Ara serà el doble, tot i que paral·lelament, l'Estat construeix el de residus d'alta radioactivitat de Villar de Cañas (Conca). Aquest projecte està encara en fase de tramitació, però aquest any es començarà a construir, segons les previsions d'Enresa. El centre rebrà els residus que va generar la planta de Vandellòs, i els que també generava Garoña, i que van ser enviats a França, pendents de retornar a l'Estat abans del 2017. [...]

a | Com es classifiquen els tipus de residus radioactius que generen les diverses aplicacions de la radioactivitat?

b | A l'Estat espanyol, quines activitats produeixen residus radioactius de baixa i mitjana activitat?

c | Cerqueu informació i completeu una taula com aquesta sobre els residus radioactius.

Denominació	Procedència	Tractament
...	...	...

d | Per què creieu que els residus generats a les plantes de Vandellòs i Garoña van ser enviats a França?

A dalt, el **magatzem de residus nuclears d'El Cabril**, Còrdova. A sota, **piscina de residus nuclears**.

Sabeu en què es diferencien els residus radioactius que emmagatzemen?

ACTIVITATS

37 Per tractar el càncer s'utilitzen els raigs gamma. Investiga per què, i com es fan servir.

38 D'on provenen els residus nuclears?

39 Per què l'emmagatzematge d'aquests residus provoca tanta controvèrsia entre la població?

40 Esbrina quant de temps continuen emetent nivells de radioactivitat perillosa per a la salut els residus radioactius.

41 Actualment s'està debatent sobre com emmagatzemar els residus radioactius. Inicialment es vessaven al mar.

a) Per què es va prohibir l'abocament d'aquests residus al mar?

b) Què és el que fan actualment les centrals nuclears amb aquests residus?

42 Per què es considera que l'energia nuclear pot ser més beneficiosa que l'energia obtinguda en les centrals tèrmiques? Es pot considerar l'energia nuclear com una energia neta?

Activitats interactives

Activitat de síntesi

1. Els àtoms: models atòmics

Segons **John Dalton** (1766-1844), la matèria està formada d'àtoms, que són esferes massisses indivisibles. Hi ha diferents classes d'àtoms, però tots els àtoms d'un mateix element químic són iguals.

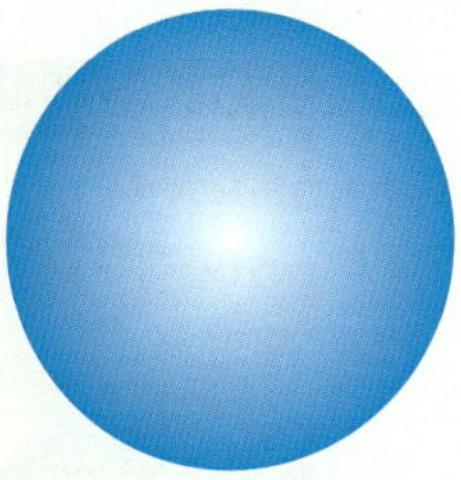

Els compostos es formen per la combinació d'àtoms d'elements diferents. En les reaccions químiques els àtoms no es modifiquen i s'intercanvien d'una substància a una altra.

Joseph J. Thomson (1856-1940) va demostrar que a l'interior dels àtoms hi ha una partícula amb càrrega elèctrica negativa, que va anomenar **electró**. A partir d'aquest descobriment va proposar un model d'àtom format per una esfera de matèria carregada positivament a l'interior de la qual hi havia inserides les partícules negatives o electrons, i això donava com a resultat un àtom elèctricament neutre.

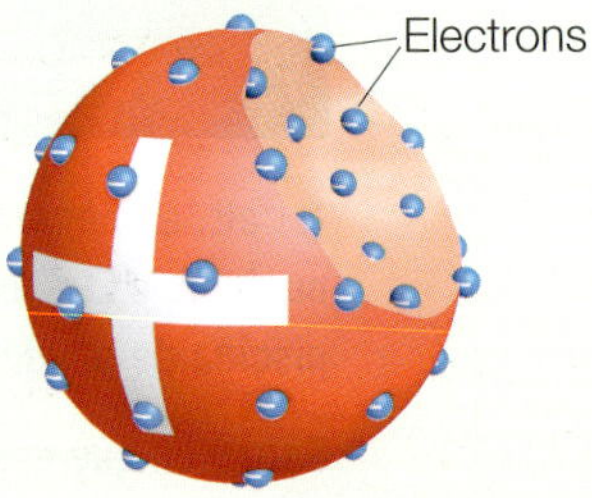

Ernest Rutherford (1871-1937) va proposar un model atòmic en què l'àtom consta d'un nucli central molt petit, carregat positivament, que concentra la major part de la massa de l'àtom, i una escorça exterior, pràcticament «buida», formada d'electrons que descriuen òrbites al voltant del nucli.

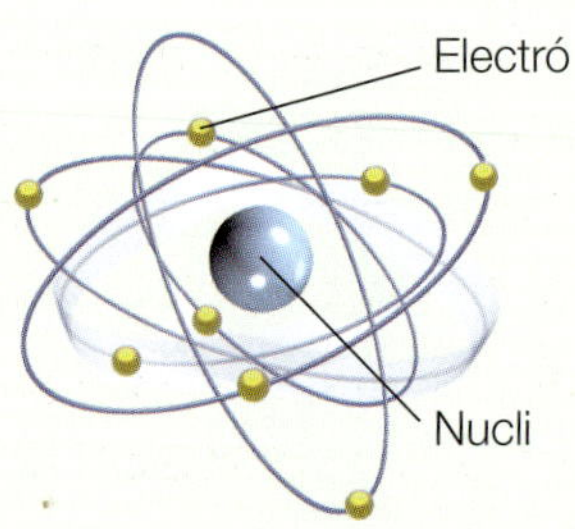

L'any 1913, el físic danès **Niels Bohr** (1885-1962), basant-se en el model de Rutherford, va proposar un model atòmic segons el qual l'àtom està format per un nucli compacte amb càrrega elèctrica positiva i una escorça que envolta el nucli, amb els electrons girant en òrbites situades en capes concèntriques, les quals corresponen a valors d'energia determinats.

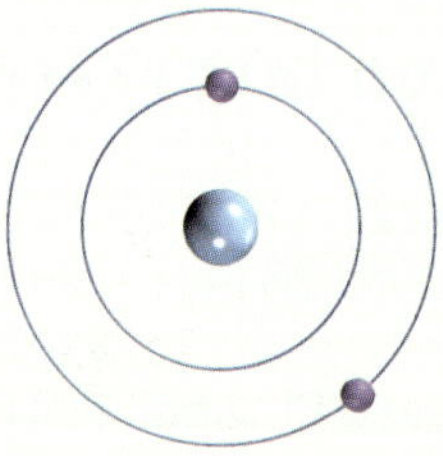

Model atòmic de Bohr

El desenvolupament de la física quàntica ens proporciona **els principis del model actual**:

- El **nucli** és molt petit respecte del volum total de l'àtom, i concentra gairebé tota la seva massa. El nucli té càrrega elèctrica positiva, i està format de **protons** (partícules amb càrrega positiva) i **neutrons** (partícules sense càrrega elèctrica).
- L'**escorça** és la zona que envolta el nucli, formada d'electrons, que tenen càrrega elèctrica negativa i una massa molt inferior a la massa del protó i del neutró.
- L'àtom és elèctricament neutre: el nombre d'electrons de l'escorça és igual al nombre de protons del nucli.

Erwin Schrödinger (1887-1961) va establir el **model atòmic actual**. Segons aquest model, no podem conèixer amb exactitud on se situa l'electró: tan sols podem esbrinar la possibilitat que un electró es trobi en una regió de l'espai determinada, anomenada **orbital**.

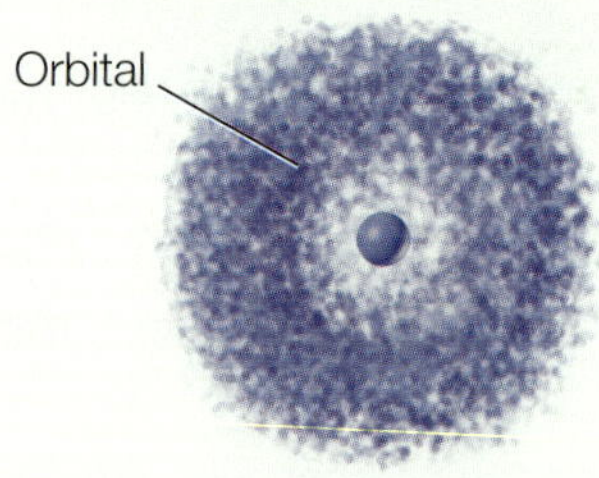

ACTIVITATS

1. Indica quin tipus de càrrega elèctrica tenen les partícules que constitueixen els àtoms.
2. En què es diferencien l'àtom de Dalton i el de Thomson? I el de Thomson i el de Rutherford? I el de Rutherford i el de Bohr? I el de Bohr i el model actual?

2. Característiques dels àtoms

2.1 El nombre atòmic i el nombre màssic

El **nombre atòmic** (**Z**) indica el nombre de protons que té l'àtom d'un element.

El **nombre màssic** (**A**) indica la suma del nombre de protons i del nombre de neutrons (n) d'un àtom:

$$A = Z + n$$

Per expressar el nombre de partícules que té un àtom en el seu nucli, podem utilitzar dos nombres i un símbol:

$${}^{A}_{Z}X \Rightarrow {}^{4}_{2}\mathrm{He}$$

Els àtoms d'un mateix element químic poden tenir un nombre màssic diferent, perquè pot variar el nombre de neutrons.

2.2 La massa atòmica

La **massa atòmica** és la massa d'un àtom. Per saber la massa d'un àtom cal sumar la massa de tots els protons, neutrons i electrons que té. La **unitat de massa atòmica (u)** és aproximadament la massa d'un protó o d'un neutró (tenen la massa molt semblant i igual a $1{,}67 \cdot 10^{-27}$ kg). Com que la massa de l'electró és unes 1.840 vegades més petita que la d'un protó, no es té en compte per calcular la massa de l'àtom.

ACTIVITATS

3 Indica el nombre de protons, de neutrons i d'electrons que tenen els àtoms següents:

a) ${}^{31}_{15}\mathrm{P}$ b) ${}^{28}_{14}\mathrm{Si}$ c) ${}^{29}_{14}\mathrm{Si}$ d) ${}^{138}_{56}\mathrm{Ba}$

4 La massa atòmica del calci (Ca) és 40,08 u. Expressa en grams la massa de:

a) 10 àtoms de calci b) un milió d'àtoms de calci

3. Els isòtops

Els **isòtops** són **àtoms** d'un mateix element químic que tenen un nombre de neutrons diferent. És a dir, tenen el mateix nombre atòmic (Z), però tenen un nombre màssic (A) diferent.

Per exemple, el clor (Cl) té dos isòtops: Cl-35 $\left({}^{35}_{17}\mathrm{Cl}\right)$ i Cl-37 $\left({}^{37}_{17}\mathrm{Cl}\right)$.

3.1 Massa atòmica d'un element químic

La **massa atòmica** d'un element químic és la massa d'un àtom d'aquest element. És la massa atòmica mitjana dels seus isòtops tenint en compte la seva abundància a la natura. Per exemple, en el cas de l'element A, que té tres isòtops, I_1, I_2 i I_3:

massa atòmica mitjana de l'element A =

$$= \frac{\text{massa } I_1 \times \% \, I_1 + \text{massa } I_2 \times \% \, I_2 + \text{massa } I_3 \times \% \, I_3}{100}$$

ACTIVITATS

5 El crom (Cr, $Z = 24$) té quatre isòtops, de nombres màssics 50, 52, 53 i 54. Dissenya i completa una taula on es pugui indicar el nombre de protons, electrons i neutrons de cada isòtop. Calcula la massa atòmica d'aquest element sabent que l'abundància relativa a la natura dels quatre isòtops és del 4%, 84%, 10% i 2%, respectivament.

4. Àtoms amb càrrega elèctrica

4.1 L'escorça atòmica

Quan s'uneixen per formar compostos, els electrons de l'escorça d'un àtom es distribueixen per **capes** o **nivells**. El nombre màxim d'electrons que hi pot haver en cada capa o nivell (**n**) és de **$2n^2$** electrons.

Per guanyar estabilitat, els àtoms tenen tendència a tenir vuit electrons en el seu últim nivell, excepte en el nivell 1, en què només n'hi caben un màxim de dos. La manera d'aconseguir-ho és guanyant o perdent electrons.

4.2 Els ions

L'àtom que guanya o perd un electró o més es converteix en un **ió**.

- Un **ió positiu** o **catió** és un àtom que ha perdut un electró o més i, per tant, adquireix càrrega positiva. Per exemple, si un àtom de liti perd un electró, es transforma en un ió positiu de liti, Li^{+}.
- Un **ió negatiu** o **anió** és un àtom que ha guanyat un electró o més i, per tant, adquireix càrrega negativa. Per exemple, si un àtom d'oxigen guanya dos electrons, es transforma en un ió negatiu d'oxigen, O^{2-}.

PER ESTUDIAR

La tendència dels àtoms d'un element químic a guanyar o perdre electrons està relacionada amb la distribució dels seus electrons a l'escorça: els àtoms neutres tenen tendència a cedir o a guanyar electrons per adoptar una estructura electrònica amb capes plenes.

ACTIVITATS

6. Si un àtom de liti perd un electró, amb quin element té en comú la distribució dels electrons?
7. Escriu l'ió que formarà un element *X* si sabem que per tenir capes electròniques completes plenes:
   a) Guanya 3 electrons
   b) Perd 2 electrons
   c) Guanya un electró
8. En quin ió es transforma un àtom d'alumini quan perd tres electrons?

5. La classificació dels elements químics

D'acord amb les diferències que presenten les seves propietats, podem establir quatre tipus d'elements:

Els **metalls**

- Constitueixen el grup majoritari dels elements.
- Tenen lluïssor metàl·lica.
- Es troben en estat sòlid a temperatura ambient, tret del mercuri (Hg), que és líquid.
- Són dúctils i mal·leables.
- Són bons conductors de la calor i l'electricitat.
- Tenen tendència a perdre electrons i formar cations (ions positius): Na^{+}, Ca^{2+}, Cu^{+}, etc.

Els **no-metalls**

- Es troben en els tres estats d'agregació a temperatura ambient, malgrat que la majoria són sòlids tous. Per exemple: el nitrogen (N), l'oxigen (O) i el fluor (F) són gasosos; el brom (Br) és líquid, i el iode (I) és sòlid.
- No són bons conductors de la calor ni de l'electricitat.
- Tenen tendència a guanyar electrons i formar anions (ions negatius): Cl^{-}, O^{2-}, N^{3-}, etc.

Els **semimetalls**

- Tenen propietats dels metalls i dels no-metalls.
- Són elements sòlids a temperatura ambient, com ara el bor (B), el silici (Si) o l'arsènic (As).
- Formen cations (ions positius) amb dificultat.
- En determinades circumstàncies poden conduir el corrent elèctric.

Els **gasos nobles**

- Es troben en estat gasós a temperatura ambient.
- En condicions normals són molt estables, és a dir, no reaccionen amb altres elements per formar compostos, ni formen ions.

ACTIVITATS

9. Relaciona les propietats següents amb el tipus d'elements corresponents: metalls, semimetalls, no-metalls o gasos nobles:
   a) No són bons conductors de l'electricitat ni de la calor.
   b) Són sòlids a temperatura ambient, excepte el mercuri.
   c) Presenten una configuració electrònica estable.
   d) Tendeixen a formar cations per assolir una configuració electrònica estable.
   e) A temperatura ambient es poden trobar en qualsevol dels tres estats d'agregació.
   f) Són sòlids a temperatura ambient.
10. El sofre i el brom tendeixen a guanyar, respectivament, dos electrons i un electró. Escriu els ions corresponents. A quin tipus d'element pertanyen?

6. La taula periòdica

6.1 Descripció de la taula periòdica

A la taula periòdica els elements químics s'agrupen segons **períodes** (fileres) i **grups** (columnes).

- Els elements que es troben en un mateix grup tenen el mateix nombre d'electrons a l'últim nivell i propietats químiques similars.
- Els elements situats al mateix període tenen en el mateix nivell o capa els electrons més allunyats del nucli.
- Els àtoms dels elements dels **grups 1**, **2** i **13** tenen tendència a convertir-se en ions positius amb càrrega +1, +2 i +3 per adoptar una configuració estable de gas noble.
- Els àtoms dels elements del **grup 14** es poden transformar en ions negatius o ions positius amb càrrega −4 o +4 per adoptar una configuració electrònica de gas noble.

- Els àtoms dels elements dels **grups 15**, **16** i **17** tenen tendència a completar la seva última capa fins a tenir vuit electrons adoptant la configuració de gas noble. En alguns casos, es transformen en ions negatius amb càrrega –3, –2 i –1.
- Els àtoms dels elements dels **grups 3 a 12** són els **metalls de transició**. Molts d'aquests metalls són els que reconeixem a la vida quotidiana, com ara el ferro (Fe) o el coure (Cu). Formen ions positius amb diferents càrregues.
- Els **gasos nobles** són els elements del **grup 18**. No tenen tendència a guanyar electrons i tampoc a perdre'n i, per tant, no es combinen amb ells mateixos ni amb altres elements per formar compostos.
- L'**hidrogen** se situa al primer període, però sense pertànyer a cap grup concret, ja que comparteix propietats amb elements de grups diferents.

6.2 Una mica d'història

La primera classificació la va fer el científic suec **J. Berzelius** (1779-1848), que va dividir els elements en dos grans grups: **metalls** i **no-metalls**.

L'any 1829, el químic alemany **J. W. Döbereiner** (1780-1849) va observar propietats químiques similars en tres elements, i els va agrupar en una **tríada**. De manera anàloga, també va establir dues tríades més.

El químic anglès **J. A. R. Newlands** (1837-1898) va establir la **llei de les octaves**: si s'ordenen els elements en ordre creixent de les seves **masses atòmiques**, després de cada set elements el vuitè té unes propietats molt semblants a les del primer.

D. I. Mendeléiev (1834-1907) va classificar els elements en ordre creixent de les seves **masses atòmiques**, col·locant a la mateixa columna els que tenien propietats semblants. Fins i tot va deixar tres «buits» a la taula, que, segons afirmava, corresponien a tres elements que es van descobrir més tard.

El científic anglès **H. Moseley** (1887-1915) va proposar ordenar els elements químics segons els valors creixents del seu **nombre atòmic** (nombre de protons). Amb aquest criteri, els elements quedaven correctament ordenats d'acord amb les seves propietats. La taula periòdica actual es basa en aquest criteri, de manera que els elements d'una mateixa columna tenen propietats semblants.

ACTIVITATS

11 Indica el nom dels elements següents i digues si són metalls, no-metalls, semimetalls o gasos nobles: Te, Cr, Xe, Se.

12 Completa la taula següent amb l'ajuda de la taula periòdica:

Element	Sofre	Argó	Mercuri	Sodi
Símbol				
Z				
Massa atòmica				
Grup				
Període				

7. Els elements químics de la naturalesa

- Els elements químics que formen part dels éssers vius s'anomenen **bioelements**. Segons la proporció en què es troben, es classifiquen en:
  - **Bioelements primaris**. Són els més abundants i constitueixen el 95% dels éssers vius. Són el C, el H, el O, el N, el P i el S.
  - **Bioelements secundaris**. Són menys abundants i constitueixen el 4,5% dels éssers vius. Són el Ca, el Na, el K, el Mg, el Cl, el Fe i el I.
  - **Oligoelements**. Tot i ser els menys abundants, constitueixen el 0,1% dels éssers vius i són imprescindibles per al bon funcionament de l'organisme. Són el F, el Mn, el Si, el Cu, el Cr...
- Els elements més abundants són: a l'escorça, el O, el Si, el Fe, el Ca, el Na, el K i el Mg; al mantell, el Fe, el Mg, i el Si; al nucli, el Fe, el Ni i el S.

ACTIVITATS

13 Amb l'ajut de la taula periòdica, classifica els elements imprescindibles per a la vida i els elements que formen la Terra en metalls, no-metalls i semimetalls. Per què penses que no hi ha cap gas noble?

8. La radioactivitat

La **radioactivitat** és el procés d'emissió de radiació que experimenten els nuclis d'alguns àtoms. Alguns elements radioactius són el radi, l'urani o el plutoni.

PER ESTUDIAR

La radioactivitat pot ser **natural**, si les radiacions es produeixen de manera espontània per substàncies presents a la natura, o **artificial**, si les radiacions es produeixen a partir d'isòtops d'elements originats artificialment.

Els elements radioactius emeten tres tipus de **radiacions**: **alfa** (α), **beta** (β) i **gamma** (γ).

- La **radiació alfa** o **raigs** α està formada per partícules positives que tenen dos protons i dos neutrons. Aquestes partícules són expulsades dels elements radioactius a gran velocitat (uns 20.000 km/s). Els raigs α són aturats per un full de paper o la roba fina.
- La **radiació beta** o **raigs** β està formada d'electrons. Aquestes partícules són expulsades a velocitats properes a la velocitat de la llum (uns 300.000 km/s). Els raigs β són aturats per làmines metàl·liques, fusta densa o roba gruixuda.
- La **radiació gamma** o **raigs** γ és una radiació sense massa ni càrrega elèctrica, similar a les ones de llum, amb més energia que els raigs X i, per tant, molt més perillosa. Els raigs γ són aturats per capes gruixudes de plom, formigó o grans masses d'aigua.

8.1 La fissió nuclear

La **fissió nuclear** consisteix en la ruptura de nuclis d'isòtops radioactius per formar altres nuclis més petits. En aquest procés s'allibera una gran quantitat d'energia (**energia nuclear**), que s'aprofita a les centrals nuclears per obtenir energia elèctrica.

8.2 La fusió nuclear

La **fusió nuclear** és la unió de dos o més nuclis per formar un nucli més gran. En aquest procés s'allibera una gran quantitat d'energia. Processos d'aquest tipus són els que es produeixen a les estrelles.

8.3 Aplicacions dels isòtops radioactius

Els isòtops radioactius poden ocasionar danys greus als éssers vius que siguin sotmesos a dosis de radiació elevades. Però també poden produir beneficis; per exemple, quan s'utilitzen en la **teràpia en el tractament del càncer**, en la **datació** o determinació d'edats geològiques i arqueològiques, com a **font d'energia** a les centrals nuclears, per **esterilitzar i conservar** instrumental mèdic o per eliminar insectes i bacteris dels aliments que es guarden en cambres durant mesos.

8.4 Els residus radioactius

Els **residus radioactius** són molt perillosos. D'una banda, perquè una quantitat molt petita pot originar radiacions perjudicials per als éssers humans i, de l'altra, perquè alguns residus poden emetre radiacions radioactives durant milers d'anys.

Els residus radioactius es classifiquen en:

- **Residus de baixa o mitjana activitat.** Emeten dosis baixes de radiació. Procedeixen d'eines, roba, calçat, llots, etc. de centrals nuclears, hospitals, indústries, etc. que han estat exposats a aquest tipus de radiacions

  Aquests residus s'introdueixen en contenidors especials i es dipositen en instal·lacions subterrànies a poca profunditat. Alguns residus de baixa activitat s'aboquen directament a l'atmosfera o a la hidrosfera perquè no són nocius.
- **Residus d'alta activitat.** Emeten dosis altes de radiació. Procedeixen de restes del combustible utilitzat a les centrals nuclears i subproductes del procés de fissió, com ara el plutoni; i restes dels materials radioactius utilitzats a les fàbriques d'armes nuclears.

  Aquests residus s'acostumen a fondre barrejats amb determinats materials i s'introdueixen en contenidors especials molt resistents, que són dipositats en instal·lacions subterrànies a gran profunditat (més de 500 metres).

ACTIVITATS

14 Relaciona els elements de les dues columnes:

1. Ones	A. Radiació beta
2. Nuclis d'àtoms d'heli	B. Radiació gamma
3. Electrons	C. Radiació alfa

15 Explica quines són les diferències entre la fissió nuclear i la fusió nuclear i què és el que tenen en comú.

16 Investiga quin tipus d'aplicacions tenen els isòtops radioactius en àmbits com la medicina, la indústria, l'arqueologia, etc.

Comprova el que saps
Mapa conceptual

Assaig a la flama

Objectiu

Identificar alguns elements metàl·lics a partir del color de la flama produïda en escalfar-se a alta temperatura.

Coneixements previs

A mitjan segle XIX, els científics alemanys R. W. Bunsen (1811-1899) i G. R. Kirchhoff (1824-1887) van comprovar que en escalfar a alta temperatura un compost metàl·lic, la flama adquiria un color característic de l'element que conté la substància que s'escalfa.

Material

- Bec de Bunsen
- Bastonets de cotó (dels que s'utilitzen per a la higiene de l'oïda)
- Càpsules de porcellana
- Un got amb una mica d'aigua destil·lada
- Sals d'elements metàl·lics, com ara liti, coure, sodi i estronci

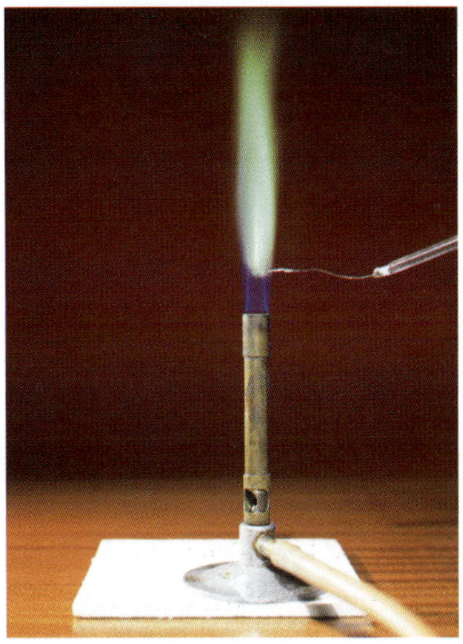

Procediment

1. Posem petites quantitats de sal en cada càpsula de porcellana.
2. Mullem la punta d'un bastonet de cotó en aigua i la passem per una de les sals, de manera que en quedi una mica enganxada al cotó.
3. Posem el cotó a la flama del bec de Bunsen i anotem el color de la flama produïda.
4. Agafem un altre bastonet i repetim el mateix procediment amb les altres sals.

⚠ El bec de Bunsen s'ha d'utilitzar amb precaució i amb la supervisió del professor o professora.

Recollida de dades

Recollim les dades en una taula com aquesta:

Sal	Element metàl·lic	Color de la flama
Clorur de liti		
Clorur de coure		
...		

ACTIVITATS

1. Completa una taula com la que es mostra en aquesta pàgina amb les sals proposades.
2. Per què no es crema el cotó quan l'acostem a la flama del bec de Bunsen?
3. Els colors diversos dels focs artificials s'obtenen barrejant la pólvora amb sals de determinats elements. Amb quina sal barrejaries la pólvora per aconseguir el color vermell? I el color groc?

Assassinat amb Poloni-210

L'exagent secret rus Aleksandr Litvinenko va morir el 23 de novembre de 2006 a l'University College Hospital de Londres després d'un ràpid deteriorament de la seva salut. Segons les primeres dades obtingudes a partir de l'autòpsia practicada per tres patòlegs al Royal London Hospital, la quantitat de poloni-210 que hi havia al seu cos era suficient per provocar-li la mort cent vegades. Per motius de seguretat, tots els metges que van participar en l'autòpsia portaven vestits protectors.

Tanmateix, un portaveu de l'University College Hospital va informar que les proves preliminars practicades al professor italià Mario Scaramella, que es va reunir amb l'exespia rus Aleksandr Litvinenko el dia que aquest va caure malalt, en principi no mostraven indicis d'enverinament radioactiu. Tot i així, el professor expert en espionatge i seguretat va ser ingressat després que es va detectar al seu cos la mateixa substància que va causar la mort de Litvinenko.

Es van trobar traces de substàncies radioactives en dotze llocs diferents de Londres.

EL POLONI-210

El poloni-210 és un isòtop radioactiu present a la natura. En cada desintegració d'un àtom de poloni-210 s'emet una partícula alfa, alhora que el nucli es transforma en un nucli de plom-206.

Un sol gram de poloni-210 emet 167 bilions de partícules alfa cada segon. El seu període de semidesintegració és de 138,39 dies. Això vol dir que al cap de 138,39 dies quedaran a la mostra la meitat de nuclis de poloni-210 dels que hi havia inicialment.

Quan una persona ha ingerit o inhalat aquesta substància, les conseqüències són fatals. En canvi, quan la contaminació és externa s'elimina dutxant-se amb aigua i sabó i amb productes especials.

Segell commemoratiu dedicat a *Marie Curie* (1867-1934), descobridora del poloni.

ACTIVITATS

1. Consulta a la taula periòdica el nombre atòmic del poloni-210 i indica el nombre de protons, d'electrons i de neutrons que té aquest isòtop radioactiu.
2. Quina radiació emet el poloni-210? En quin cas aquesta radiació és fatal per a les persones?
3. Només amb 1 g de poloni-210 es podrien enverinar cent milions de persones, de les quals en moririen cinquanta milions. Quina devia de ser la dosi aproximada que en va ingerir Litvinenko?
4. Com és que el professor italià Mario Scaramella i altres persones que van estar en contacte amb ell no van morir?
5. Per què portaven vestits protectors els metges que li van fer l'autòpsia?
6. Per què es van trobar rastres de substàncies radioactives als llocs on Litvinenko havia estat?
7. La quantitat de poloni-210 ingerida per Litvinenko va costar trenta milions d'euros. Quant s'hauria de pagar per a la dosi mínima necessària per matar una persona?
8. En cas de contaminació interna per poloni-210, la mort és segura. Però què s'ha de fer per minimitzar els efectes en cas de contaminació des de fora?
9. Si en un gram de poloni-210 hi ha $7,17 \cdot 10^{22}$ nuclis, quants en quedaran al cap de 138,39 dies (període de semidesintegració)?
10. Un gram de poloni-210 quedarà reduït a 0,5 g al cap de 138,39 dies. Calcula:
    a) Quants grams de poloni-210 quedaran al cap de 276,78 dies (2 × 138,89)?
    b) Quants grams de poloni-210 quedaran al cap de 415,17 dies?
    c) Quants nuclis quedaran de poloni-210 en cadascun dels casos anteriors?

Autoavaluació

REVISTA DE CIÈNCIA

Més enllà de l'urani

L'or, el ferro i la plata, com la majoria dels elements químics amb un nombre atòmic inferior a 92, són estables i es poden trobar a la natura amb més o menys abundància.

Els elements amb un nombre atòmic superior a 92, que correspon a l'urani, reben el nom d'elements transurànids i tret d'unes poques excepcions, no existeixen a la natura.

A l'accelerador de partícules del CERN, a Suïssa, s'estudien les propietats dels elements superpesants.

A l'accelerador de partícules del CERN, a Suïssa, s'estudien les propietats dels elements superpesants.

Els elements químics transurànids se sintetitzen artificialment i, tret del plutoni i del neptuni, que deriven de la desintegració de l'urani, no es troben a la natura. Els elements transurànids de nombre atòmic inferior a 103 se situen a la sèrie dels actínids. Són elements com el neptuni, el plutoni, l'americi o el fermi, i fa dècades que es va aconseguir sintetitzar-los. Val a dir que la vida mitjana d'aquests elements és força variada: n'hi ha, com el californi, que arriben als 900 anys, mentre que d'altres, com el nobeli, no sobrepassen els 10 minuts.

A mesura que el seu nombre atòmic augmenta, els elements tendeixen a ser més inestables i es desintegren en qüestió de mil·lisegons. La raó ve determinada per la geometria d'aquests elements, que no tenen una esfericitat perfecta, i això els fa inestables. De tota manera, sempre hi ha excepcions, com el flevori, que té una vida de trenta segons.

Els científics, als acceleradors de partícules, intenten crear els elements transurànids superpesants, els que tenen un nombre atòmic superior a 110, per així poder-ne estudiar les propietats. No és fàcil demostrar que s'ha aconseguit sintetitzar un element nou; cal que un organisme internacional, la IUPAC, en certifiqui l'existència i que el bategi amb el nom proposat pels seus creadors. Mentrestant, a la taula periòdica, els elements pendents de ser validats apareixen amb els noms transitoris a l'espera de la certificació de la IUPAC.

El juliol de 2012, la IUPAC va aprovar oficialment el nom de dos elements superpesants: el 114 (ununquadi) i el 116 (ununhexi) i els va assignar els noms de flevori (Fl) i livermori (Lv), respectivament. Prèviament, l'any 2010, va anomenar copernici (Cn) l'element amb nombre atòmic 112. No obstant això, encara queden diversos elements per validar, com l'ununtri (113), descobert per investigadors japonesos el 2003; l'ununpenti (115), sintetitzat per un equip rus l'any 2003; l'ununsepti (117), creat l'any 2009 per un grup de científics russoamericans, i l'ununocti (118), l'últim element sintètic de la taula periòdica, descobert l'any 2002 per un equip de recerca rus.

COMPRENSIÓ LECTORA I REFLEXIÓ

1. Què vol dir element transurànid? Posa'n algun exemple.
2. Vol dir el mateix element transurànid i element superpesant?
3. On s'obtenen la majoria dels elements de síntesi?
4. Per què els elements superpesants són tan inestables?
5. Valora per què és important per a la ciència estudiar els elements superpesants si a causa de la seva inestabilitat no tenen aplicacions comercials.

UNITAT 4 UNIONS D'ÀTOMS

A la natura, la majoria dels àtoms estan agrupats. Només els àtoms dels gasos nobles es troben lliures i aïllats.

- **Coneixes el nom d'algun gas noble? En quin lloc de la taula periòdica pots localitzar aquests gasos?**

Segons com siguin els àtoms d'un element, poden formar diferents tipus d'unions amb àtoms iguals o amb àtoms d'altres elements. Aquestes unions i les estructures que formen determinen les propietats dels diferents tipus de matèria. Aquest fet explica l'enorme varietat de substàncies.

- **Saps quines partícules intervenen en les diferents agrupacions d'àtoms?**

Per tant, els àtoms tendeixen a unir-se entre ells en diverses proporcions, que expressem amb fórmules químiques, com la de l'aigua, H_2O.

- **Coneixes altres fórmules? Saps quina informació ens aporten les fórmules?**

Foto: L'ametista es presenta en forma de cristalls, que posen de manifest la disposició ordenada dels seus àtoms.

EN AQUESTA UNITAT APRENDRÀS...

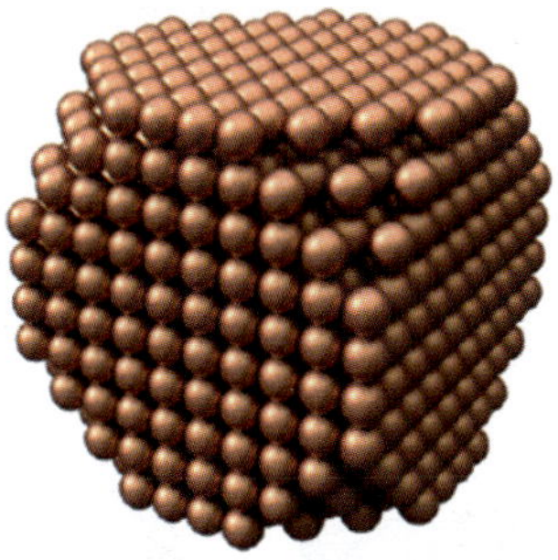

1 Com s'agrupen els àtoms i el tipus d'estructures que formen.

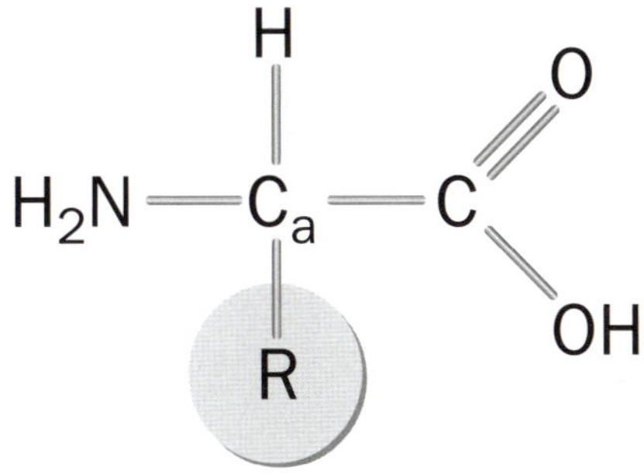

2 Que les unions dels àtoms s'expressen amb fórmules.

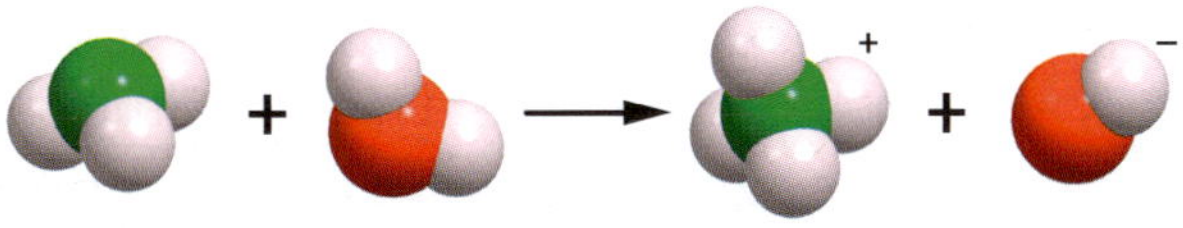

3 Com es fan càlculs químics a partir de la informació que obtenim de les fórmules.

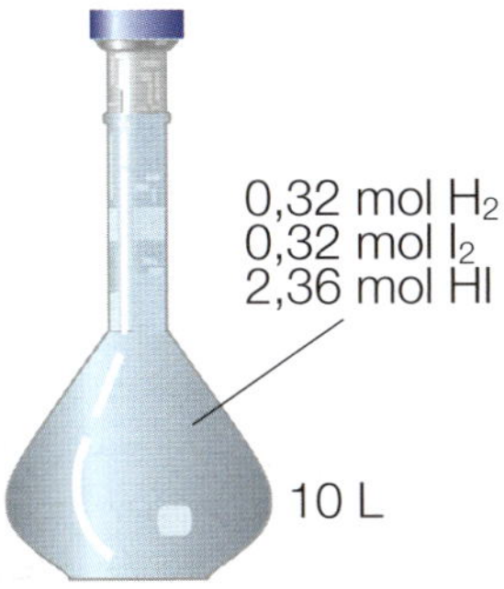

4 Quina unitat han adoptat els químics per saber la quantitat de substància amb què han de treballar al laboratori.

5 Com es calcula la quantitat de substància amb la qual hem de treballar al laboratori.

I SERÀS CAPAÇ DE...

- Interpretar i dibuixar models de partícules de diferents agrupacions d'àtoms.
- Extreure la informació que aporten les fórmules químiques.
- Interpretar el resultat d'un experiment.
- Aplicar factors de conversió en els càlculs químics.

1. Agrupacions d'àtoms

A la natura, la majoria dels àtoms es troben agrupats. Sabeu, però, com s'agrupen els àtoms i els tipus d'estructures que formen?

Observeu i raoneu

Aquests models de partícules representen diverses **agrupacions d'àtoms** que podem trobar a la natura.

Neó Clor Aigua Sal comuna Níquel

a | Quin dels models representats correspon a un element els àtoms del qual es troben lliures a la natura? Quina n'és la causa?

b | En quins models els àtoms que s'agrupen són iguals? En quins models són diferents?

c | En quin cas l'agrupació d'àtoms adopta una estructura perfectament ordenada?

d | Quins models representen substàncies simples? Quins representen compostos químics?

e | Com explicaríeu la diferència entre una **substància simple** i un **compost químic**?

1.1 Les molècules

Una **molècula** és l'agrupació d'un nombre fix, generalment petit, d'àtoms.

Observeu i deduïu

Aquests models de partícules representen diverses molècules:

Molècula d'oxigen Molècula d'ozó Molècula de diòxid de carboni Molècula d'amoníac

a | Classifiqueu aquestes molècules segons que siguin molècules de substàncies simples o molècules de compostos. Expliqueu-ne la diferència.

b | Per què penseu que les substàncies com ara l'oxigen, l'ozó, el diòxid de carboni o l'amoníac s'anomenen **substàncies moleculars**?

c | Consulteu la taula periòdica i digueu si els àtoms que formen aquestes molècules són d'elements metàl·lics o no metàl·lics. Amb aquesta informació, proposeu una nova definició del terme *molècula*.

1.2 Els cristalls

Un **cristall** està format per un nombre variable d'àtoms o ions, generalment molt gran, que es disposen en una estructura tridimensional perfectament ordenada.

Estructura tridimensional: Distribució en l'espai dels elements que formen un cristall.

Observeu i deduïu

Aquests models de partícules representen l'**estructura interna d'alguns cristalls**:

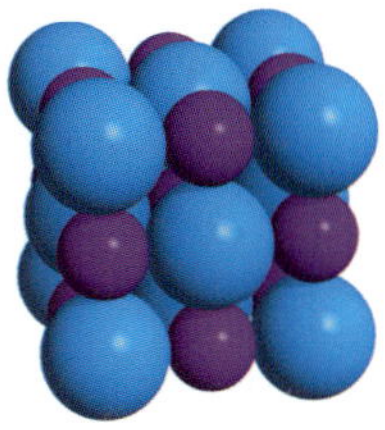

Clorur de potassi

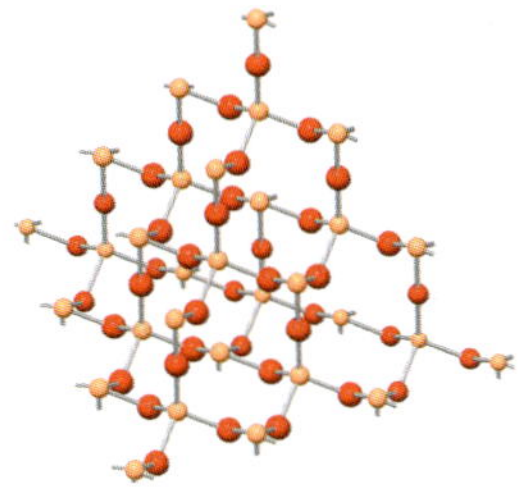

Diòxid de silici

a | Els ions positius que formen el clorur de potassi provenen d'un element metàl·lic o no metàl·lic? I els ions negatius? De quina manera es poden formar aquests ions? Aquest tipus de cristalls s'anomenen **cristalls iònics**. Justifiqueu-ne el nom.

b | Quins tipus de partícules formen el diòxid de silici?

c | Aquest tipus de cristalls s'anomenen **cristalls covalents**. Investigueu com s'explica la unió entre els àtoms d'aquest tipus de cristalls.

La **mina de llapis** i el **diamant** són tots dos formats per carboni pur.

Sabeu quin tipus de cristalls formen?

Observeu i deduïu

Aquest model de partícules representa l'**estructura interna dels cristalls metàl·lics**:

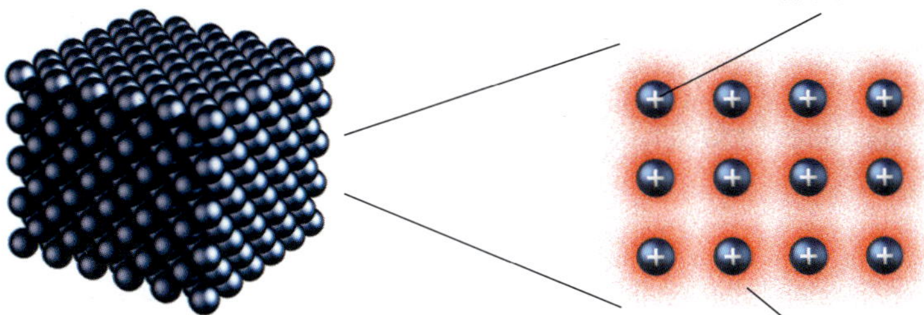

Platí

a | Quin tipus de partícules formen aquest cristall? Són iguals totes les partícules?

b | Els electrons es mouen lliurement entre els ions positius del metall. D'on us sembla que provenen aquests electrons?

c | Expliqueu amb les vostres paraules què és un cristall metàl·lic.

ACTIVITATS

1. Quina diferència hi ha entre una molècula i un cristall?
2. Investiga si el clorur d'hidrogen és una substància simple o un compost. Quins àtoms formen la seva molècula? Dibuixa-la.
3. Classifica els cristalls següents en iònics, covalents o metàl·lics: sulfur de cesi, diamant, fluorur de calci, plata, or i grafit.
4. Investiga quines són les propietats principals dels cristalls iònics, covalents i metàl·lics.

Activitats interactives
Activitat de síntesi

2. Les fórmules químiques

Estabilitat: Quan dos àtoms s'uneixen, la seva energia disminueix i són més estables. Per guanyar estabilitat, els àtoms tenen tendència a tenir vuit electrons en el seu últim nivell.

Els àtoms es poden unir entre ells per formar molècules o cristalls i així aconseguir estabilitat. Però, sabeu que les unions dels àtoms s'expressen amb fórmules?

2.1 La fórmula molecular

Substància	Fórmula molecular
Età	C_2H_6
Aigua	H_2O
Fòsfor	P_4
Amoníac	NH_3

Observeu i deduïu

a | Les substàncies de la taula són molècules o cristalls? Per què?

b | Classifiqueu-les en substàncies simples i compostos.

c | Si haguéssiu de representar la molècula de l'età, quants àtoms de carboni dibuixaríeu? I quants d'hidrogen? Com ho heu sabut?

d | Què ens indica la fórmula molecular?

e | Com es representa la fórmula molecular d'una substància simple? I la fórmula molecular d'un compost?

2.2 La fórmula empírica

Substància	Fórmula empírica
Diòxid de silici	SiO_2
Sulfur de plata	Ag_2S
Or	Au
Carboni	C

Observeu i deduïu

a | Les substàncies de la taula són cristalls. Què diferencia els cristalls de les molècules pel que fa al nombre d'àtoms o ions que els formen?

b | És possible que un cristall de quars estigui format per un àtom de silici i dos àtoms d'oxigen? Per què?

c | La fórmula empírica no ens indica el nombre i tipus d'àtoms que formen el cristall. Què ens indica, doncs, la fórmula empírica?

d | La fórmula SiO_2 indica que al cristall de diòxid de silici hi ha el doble d'àtoms d'oxigen que de silici. Quin tipus de cristall és el diòxid de silici (quars)?

e | Quin tipus de cristall és el sulfur de plata? Què ens indica la fórmula Ag_2S?

f | Com es representa la fórmula dels cristalls metàl·lics?

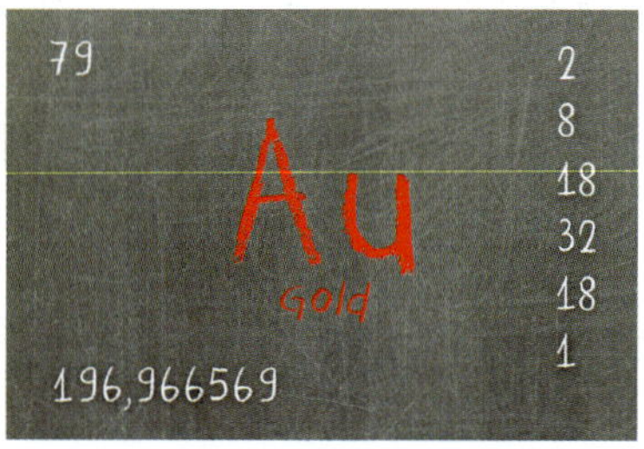

La **fórmula** dels cristalls metàl·lics coincideix amb el símbol del metall.

Què signifiquen els nombres que apareixen al voltant de la fórmula de l'or?

ACTIVITATS

5. Una agrupació d'àtoms està formada per milions d'àtoms iguals disposats en l'espai formant una estructura perfectament ordenada. Aquesta agrupació seria una molècula o un cristall? Correspondria a una substància simple o a un compost? Què ens indicaria la seva fórmula?
6. Una agrupació d'àtoms està formada per 3 àtoms d'oxigen, 1 àtom de nitrogen i 1 àtom d'hidrogen. Es tracta d'una molècula o d'un cristall? Correspondria a una substància simple o a un compost? Què ens indicaria la seva fórmula?
7. El sofre es presenta en forma de molècules formades per quatre àtoms de sofre, o bé per vuit. Escriu-ne les fórmules moleculars.
8. El clorur de sodi (NaCl), el clorur de cesi (CsCl) i el fluorur de magnesi (MgF_2) formen cristalls. De quin tipus són les seves fórmules? En quines proporcions es troben els ions que els formen?
9. Com és que les fórmules dels gasos nobles coincideixen amb el seu símbol químic?

Activitats interactives
Activitat de síntesi

3. Càlculs amb fórmules químiques

Les fórmules ens proporcionen informació sobre el nombre i el tipus d'àtoms que formen les molècules, i sobre el tipus d'àtoms o ions i la proporció en què es troben en el cas dels cristalls. Sabíeu que podem fer càlculs químics a partir de la informació que obtenim de les fórmules?

3.1 Càlcul de la massa molecular

Observeu i deduïu

Aquests models de partícules representen **una molècula d'aigua i una de triòxid de sofre**.

a | Aquests models, representen molècules de substàncies simples o de compostos? Justifiqueu la resposta. Escriviu-ne les fórmules moleculars.

b | Recordeu què és la massa atòmica? En quina unitat es mesura? Com podem saber la massa atòmica dels àtoms que componen aquestes molècules? Com calcularíeu la massa d'una molècula d'aigua? En quina unitat l'expressaríeu? I la massa d'una molècula de triòxid de sofre?

c | Proposeu una definició de *massa molecular*.

Analitzeu la resolució d'un problema

Expresseu en grams la massa molecular del clor (Cl_2).

Massa molecular del $Cl_2 = 2 \cdot 35{,}5\ u = 71\ u$

Com que $1\ u = 1{,}66 \cdot 10^{-27}$ kg:

$$1\ u = 1{,}66 \cdot 10^{-27}\ \cancel{kg} \cdot \frac{1.000\ g}{1\ \cancel{kg}} = 1{,}66 \cdot 10^{-24}\ g$$

Per tant, la massa molecular del clor expressada en grams és:

$$71\ \cancel{u} \cdot \frac{1{,}66 \cdot 10^{-24}\ g}{1\ \cancel{u}} = 117{,}86 \cdot 10^{-24}\ g = 1{,}18 \cdot 10^{-22}\ g$$

a | Què és el primer que hem de saber per calcular la massa molecular del clor?

b | Com s'ha calculat la massa molecular del clor? En quina unitat s'ha expressat? Per calcular-la, quina dada s'ha necessitat que no consta en l'enunciat? On l'hem pogut trobar?

c | Quina altra dada s'ha necessitat i no constava en l'enunciat?

d | Quin factor de conversió s'ha utilitzat per expressar la unitat de massa atòmica en grams? Si voleu, podeu consultar l'«Annex I» d'aquest llibre.

Durant les tempestes els **llamps** contribueixen a la formació d'ozó. La molècula d'ozó està constituïda per tres àtoms d'oxigen i es forma a partir de la molècula d'oxigen.

Sabeu quina de les dues molècules té més massa?

Analitzeu la resolució d'un problema

Determineu la massa en quilograms d'un milió de molècules de clor (Cl_2).

Massa molecular del $Cl_2 = 2 \cdot 35{,}5 = 71$ u

Com que 1 u = $1{,}66 \cdot 10^{-27}$ kg, la massa molecular del Cl_2 expressada en quilograms és:

$$71\,\cancel{u} \cdot \frac{1{,}66 \cdot 10^{-27}\ \text{kg}}{1\,\cancel{u}} = 117{,}86 \cdot 10^{-27}\ \text{kg} = 1{,}18 \cdot 10^{-25}\ \text{kg}$$

Per tant, la massa d'un milió de molècules de clor és:

$$10^6\ \cancel{\text{molècules}} \cdot \frac{1{,}18 \cdot 10^{-25}\ \text{kg}}{1\ \cancel{\text{molècula}}} = 1{,}18 \cdot 10^{-19}\ \text{kg}$$

a | Què és el primer que hem de saber per calcular la massa d'un milió de molècules de clor?

b | Com s'ha calculat la massa molecular del clor? En quina unitat s'ha expressat? Quina dada que no consta en l'enunciat s'ha necessitat per calcular-la? On l'hem pogut trobar?

c | Justifiqueu aquesta igualtat: $117{,}86 \cdot 10^{-27}$ kg = $1{,}18 \cdot 10^{-25}$ kg. Si voleu, podeu consultar l'"Annex I" d'aquest llibre.

d | Per què s'ha multiplicat la massa molecular del clor per 10^6?

ACTIVITATS

10 Completa al teu quadern una taula com aquesta:

Substància	Fórmula	Masses atòmiques (u)	Càlcul de la massa molecular (u)
Àcid clorhídric	HCl	H = 1; Cl = 35,5	(1 · 1) + (1 · 35,5) = 36,5
Metà	CH_4		
Òxid d'alumini	Al_2O_3		
Carbonat de sodi	Na_2CO_3		

11 Calcula la massa molecular de les substàncies següents:

a) Àcid sulfúric (H_2SO_4)
b) Iodur de magnesi (MgI_2)
c) Diòxid de nitrogen (NO_2)
d) Glucosa ($C_6H_{12}O_6$)
e) Butà (C_4H_{10})
f) Carbonat de calci ($CaCO_3$)

12 L'àcid clorhídric (HCl) és un àcid que es troba a l'estómac. És responsable de l'eliminació de bacteris i del trencament de fibres dels aliments.

a) Calcula la massa molecular de l'àcid clorhídric expressada en unitats de massa atòmica i en grams.

b) L'estómac secreta aproximadament uns 0,215 grams d'aquest àcid cada minut després de menjar. Quantes molècules d'àcid clorhídric són?

13 Malgrat que els cristalls no estan formats per molècules, a efectes pràctics, també es considera que se'n pot calcular la massa molecular. Calcula la massa molecular del clorur de potassi (KCl) i del diòxid de silici (SiO_2).

14 La sacarosa ($C_{12}H_{22}O_{11}$) és el component principal del sucre que s'utilitza per endolcir, i el seu consum excessiu és responsable de moltes càries. El consum màxim diari de sacarosa no ha de superar els 55 grams. Si una persona consumeix cada dia $6{,}02 \cdot 10^{22}$ molècules de sacarosa, està per sota d'aquest límit?

3.2 Càlcul de la composició centesimal

La **composició centesimal** d'un compost és el tant per cent de la massa molecular que correspon a cada un dels seus elements.

Dibuixeu un model i calculeu

a | Dibuixeu un model de partícules per a la molècula de diòxid de carboni (CO_2). Quants àtoms de carboni i oxigen componen la molècula?

b | Sabem que la massa molecular del CO_2 és:

$$12\ u + 2 \cdot 16\ u = 44\ u.$$

De les 44 u, quantes són de carboni? Quantes d'oxigen?

c | El percentatge de carboni que hi ha en una molècula de CO_2 és:

$$\%\ \text{de carboni: } \frac{12}{44} \cdot 100 = 27{,}27\%$$

Ara, calculeu el percentatge d'oxigen que hi ha en una molècula de CO_2.

d | Quina és la composició centesimal del diòxid de carboni?

Analitzeu la resolució d'un problema

La fluorita (fluorur de calci, CaF_2) és un mineral que forma cristalls cúbics i octaèdrics de diversos colors. La composició centesimal de la fluorita és: 51,34% de calci i 48,66% de fluor. Calculeu la quantitat de fluor que conté 1 kg de fluorita.

Com que la proporció d'àtoms d'un compost no varia, els percentatges en unitats de massa atòmica són percentatges en grams.

$$1.000\ \cancel{\text{g de fluorita}} \cdot \frac{48{,}66\ \text{g de fluor}}{100\ \cancel{\text{g de fluorita}}} = 486{,}6\ \text{g de fluor}$$

a | S'utilitza el percentatge de fluor com a factor de conversió. Què expressa aquest factor de conversió?

b | Seguint el mateix procediment, calculeu la quantitat de calci que conté aquesta mateixa quantitat de fluorita. Ara, calculeu-la d'una altra manera.

ACTIVITATS

15 El gas butà és un compost format per carboni i hidrogen, de fórmula molecular C_4H_{10}.

a) Quin percentatge de carboni conté? I quin percentatge d'hidrogen?

b) Una bombona conté 12,5 kg d'aquest gas. Quina part d'aquesta massa correspon al carboni? I quina a l'hidrogen?

16 La glucosa ($C_6H_{12}O_6$) és un sucre que tenim a la sang. Calcula:

a) La massa molecular de la glucosa.

b) La massa en quilograms d'una molècula de glucosa.

17 L'etanol, de fórmula CH_3CH_2OH, és el component majoritari de l'alcohol com el que teniu a casa, que s'utilitza habitualment com a desinfectant. Calcula'n:

a) La massa molecular.

b) La composició centesimal.

c) Els grams d'oxigen que hi ha en una ampolla que conté 200 grams d'etanol.

Activitats interactives
Activitat de síntesi

4. La quantitat de substància: el mol

Com que la mida i la massa dels àtoms i de les molècules són tan petites, aquestes magnituds no són útils en el treball de laboratori. Coneixeu la unitat que els químics han adoptat per saber la quantitat de substància amb què han de treballar al laboratori?

Raoneu i investigueu

Observeu aquests productes i contesteu les preguntes següents:

- **a** | Com demanaríeu aquests productes a la botiga?
- **b** | Per què no demanaríeu 44.000.000 de cristalls de clorur de sodi?
- **c** | Per què utilitzem el quilogram (kg) com a unitat de massa a l'hora de comprar la sal?
- **d** | Com que no podem comptar partícules molt petites com ara els àtoms, les molècules o els ions, els químics utilitzen una unitat per saber la quantitat de substància amb què han de treballar al laboratori. Investigueu de quina unitat es tracta, quina magnitud mesura i com es defineix.

4.1 El mol d'àtoms

Atès que la matèria està formada per partícules (àtoms, molècules, ions), moltes vegades, als químics els convé mesurar-la comptant el nombre de partícules.

Compareu i deduïu

Compareu les masses d'una pilota de tennis i una de ping-pong.

- **a** | Què vol dir que la proporció entre les masses de la pilota de tennis i la de ping-pong és 10:1?
- **b** | Si mesurem la massa de 12 pilotes de tennis i de 10 pilotes de ping-pong, penseu que la proporció entre les masses es mantindrà? I si mesurem les masses de 12 pilotes de cada?
- **c** | Completeu una taula com aquesta i contesteu:

Nre. de pilotes de cada tipus	Massa de les pilotes de tennis (g)	Massa de les pilotes de ping-pong (g)	Proporció entre les masses
1	50	5	10:1
2			
3			
12			

Si hi ha el mateix nombre de pilotes de cada tipus, són proporcionals les seves masses?

Compareu i deduïu

Compareu les masses atòmiques de dos àtoms diferents.

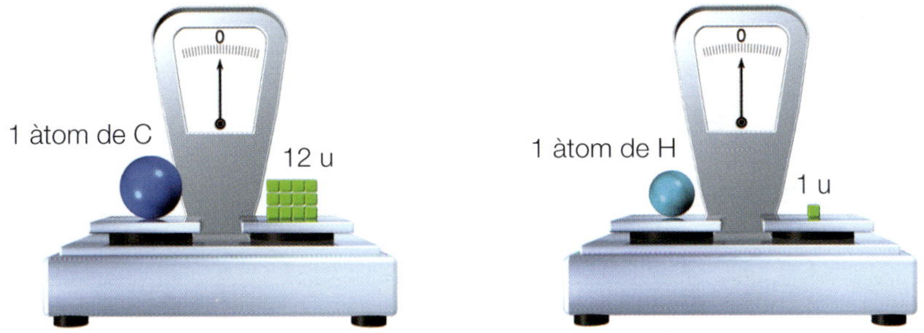

a | Quina és la proporció entre les masses del carboni i de l'hidrogen?

b | Completeu una taula com aquesta i contesteu:

Nre. d'àtoms de cada tipus	Massa atòmica dels àtoms de C (u)	Massa atòmica dels àtoms de H (u)	Proporció entre les masses
1	12	1	12:1
100			
1.000			

Si hi ha el mateix nombre d'àtoms de cada tipus, són proporcionals les seves masses atòmiques?

Un **lingot d'or de 1.000 g** són una mica més de 5 *mol* d'or (1 *mol* d'or són 197 g). La paraula *mol* ve del llatí *moles*, que significa «munt». El *mol* és una unitat del SI.

De quina magnitud fonamental n'és la unitat?

Compareu i deduïu

Compareu masses expressades en grams de dues substàncies simples diferents amb el mateix nombre d'àtoms.

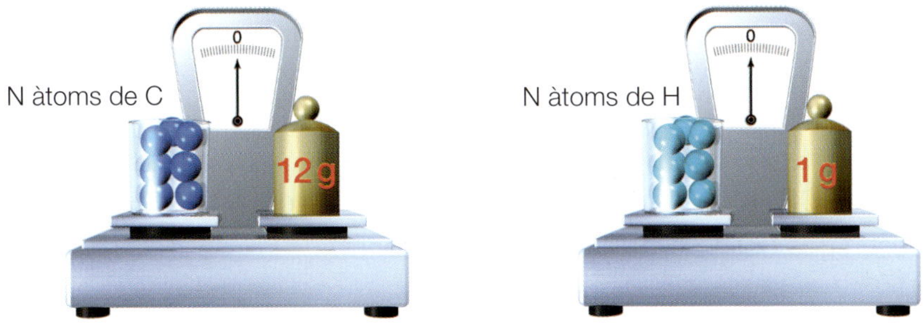

Nombre d'àtoms de C = Nombre d'àtoms de H

a | Les masses de carboni i d'hidrogen estan en la mateixa proporció que les seves masses atòmiques? Per què?

b | Us sembla que les masses considerades són mesurables i fàcils de manejar?

c | El nombre d'àtoms que hi ha en 12 g de carboni o en 1 g d'hidrogen correspon a una **quantitat de substància** que s'anomena **mol**. Ara completeu aquestes frases:

Tenir ____ g de C significa tenir 1 ____ de C, és a dir, la massa d'1 ____ de C és la seva massa atòmica expressada en _____.

d | Proposeu una definició de *mol d'àtoms*.

4.2 El mol d'una substància

Igual que passa amb els àtoms, la mida i la massa de les molècules, o de l'equivalent a una molècula en el cas dels cristalls, són tan petites que també cal utilitzar el mol per mesurar la quantitat de substància.

Compareu i deduïu

a | Quines masses equilibren les balances en cada cas?

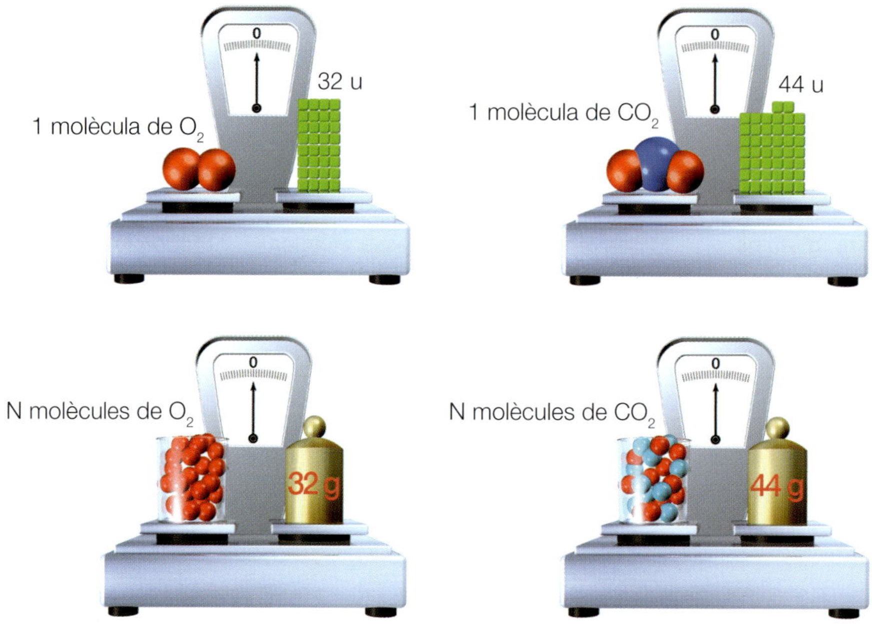

b | El nombre de molècules que hi ha en 32 g d'oxigen o en 44 g de diòxid de carboni és el mateix, i correspon a una **quantitat de substància** que s'anomena **mol**. Ara completeu aquestes frases:

Tenir ___ g de O_2 significa tenir 1 ___ de O_2, és a dir, la massa d'1 ___ de O_2 és el valor numèric de la seva massa molecular expressada en ________.

Tenir ___ g de CO_2 significa tenir 1 ___ de CO_2, és a dir, la massa d'1 ___ de CO_2 és la seva massa __________ expressada en grams.

c | Proposeu una definició de *mol d'una substància*.

4.3 La massa molar

Compareu i deduïu

Completeu una taula com aquesta:

Substància	Fórmula	Massa atòmica (u)	Massa molecular (u)	Massa molar (g)
Carboni	C	12	-	12
Oxigen				
Diòxid de carboni				

Ara contesteu: què penseu que és la massa molar?

4.4 El nombre d'Avogadro

Fins al 1865, els químics podien mesurar quantitats de substància utilitzant el mol, però no coneixien quantes partícules hi havia en un mol.

Cerqueu informació i deduïu

a | Investigueu qui va ser Avogadro i quina relació té amb el mol.
b | Proposeu una altra definició de *mol*, en aquest cas tenint en compte el nombre d'Avogadro.
c | Per què cal indicar el tipus de partícules a què ens referim quan utilitzem el mol?

4.5 El volum molar dels gasos

Interpreteu el resultat d'un experiment

Per comprovar com varia el volum que ocupa un mol d'un gas (**volum molar**) en modificar les condicions de temperatura i pressió, al laboratori es duen a terme els experiments següents amb dos gasos, A i B.

Experiment 1

Temperatura: 15 °C **Pressió:** 2 atm

1 mol 1 mol

Volum A = Volum B

Experiment 2

Temperatura: 0 °C **Pressió:** 1 atm

1 mol 1 mol

Volum A = Volum B = **22,4 L**

a | En quines condicions de temperatura i pressió s'han dut a terme els experiments? Quines quantitats del gas A i del B s'han emprat? Què podeu dir dels volums que han ocupat aquests gasos?
b | Esbrineu com s'acostuma a anomenar un gas que està a 0 °C de temperatura i 1 atm de pressió.
c | Es repeteixen els experiments amb altres gasos i s'obtenen els mateixos resultats. Completeu les frases següents per expressar la conclusió de tots dos experiments:

- **Conclusió 1:** En les mateixes condicions de temperatura i pressió, el volum d'1 mol de gasos diferents...
- **Conclusió 2:** En condicions normals (CN), 1 mol de qualsevol gas ocupa...

ACTIVITATS

18 Calcula la massa molar de l'amoníac (NH_3) i de l'aigua.

19 El nitrogen és un gas constituït per molècules (N_2) que s'utilitza, per exemple, per conservar aliments evitant que estiguin en contacte amb l'oxigen:

a) Determina la massa molecular del gas nitrogen i la massa molar del gas nitrogen.
b) Quantes molècules de gas nitrogen hi ha en un mol de gas nitrogen?
c) Quin volum ocuparan 2,5 mol d'aquest gas en condicions normals?

20 Calcula el volum que ocupen en CN deu mols d'heli.

Activitats interactives
Activitat de síntesi

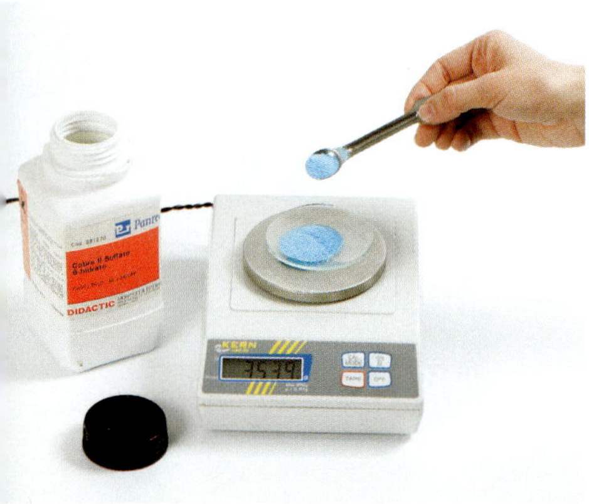

Per poder fer càlculs químics hem d'expressar les quantitats de les diverses substàncies en grams.

De quina magnitud és unitat el gram?

5. El mol i el càlcul químic

Ara ja coneixeu la relació entre el mol i la quantitat de partícules que el formen i també que les substàncies poden estar constituïdes per àtoms, molècules o ions. Sabíeu que gràcies a això i a la relació entre la massa atòmica o molecular d'una substància i la massa en grams d'un mol, podem calcular la quantitat d'una substància amb la qual hem de treballar al laboratori?

5.1 El mol al laboratori

Analitzeu i apliqueu un procés

Necessitem preparar 2 mols de clorur de sodi (NaCl) per a un experiment que volem dur a terme al laboratori.

Què sabem? 1 mol NaCl = 1 mol Na^+ + 1 mol Cl^-

Què ens cal saber? La massa d'1 mol NaCl = la massa d'1 mol Na^+ + la massa d'1 mol Cl^-

Què hem de calcular? La massa de 2 mols NaCl

Què hem de fer? Pesar la massa dels 2 mols NaCl

Apliqueu aquest procediment i digueu quina quantitat de clorur de sodi necessitem.

5.2 Relació entre la massa i la quantitat de substància

Exercicis resolts

1. Quants mols d'àtoms de ferro (Fe) hi ha en una peça de 500 g d'aquest metall?

Massa atòmica del Fe = 55,8 u → 1 mol d'àtoms de Fe = 55,8 g Fe

El factor de conversió per passar de grams a mols és: $\frac{1 \text{ mol Fe}}{55{,}8 \text{ g Fe}}$

Per tant: $500 \cancel{\text{g Fe}} \cdot \frac{1 \text{ mol Fe}}{55{,}8 \cancel{\text{g Fe}}} = 8{,}9 \text{ mol Fe}$

2. Quants mols hi ha en 90 g d'aigua?

Massa molecular de $H_2O = 2 \cdot 1 \text{ u} + 16 \text{ u} = 18 \text{ u} \rightarrow 1 \text{ mol } H_2O = 18 \text{ g } H_2O$

El factor de conversió per passar de grams a mols és: $\frac{1 \text{ mol } H_2O}{18 \text{ g } H_2O}$

Per tant: $90 \cancel{\text{g } H_2O} \cdot \frac{1 \text{ mol } H_2O}{18 \cancel{\text{g } H_2O}} = 5 \text{ mol } H_2O$

3. Quants grams són 2,5 mol d'àtoms d'alumini (Al)?

Massa atòmica del Al = 27 u → 1 mol d'àtoms de Al = 27 g Al

El factor de conversió per passar de mols a grams és $\frac{27 \text{ g Al}}{1 \text{ mol Al}}$

Per tant: $2{,}5 \cancel{\text{mol Al}} \cdot \frac{27 \text{ g Al}}{1 \cancel{\text{mol Al}}} = 67{,}5 \text{ g Al}$

5.3 Relació entre el nombre de partícules i la quantitat de substància

Exercicis resolts

1. **Calculeu quants àtoms d'or (Au) hi ha en 0,2 mols d'or.**

   1 mol d'àtoms Au = $6{,}022 \cdot 10^{23}$ àtoms Au.

   El factor de conversió que ens permet passar de mols a nombre de partícules és $\frac{6{,}022 \cdot 10^{23} \text{ àtoms Au}}{1 \text{ mol Au}}$. Per tant:

$$0{,}2 \text{ mol Au} \cdot \frac{6{,}022 \cdot 10^{23} \text{ àtoms Au}}{1 \text{ mol Au}} = 1{,}2 \cdot 10^{23} \text{ àtoms Au}$$

2. **Quantes molècules hi ha en 0,5 mols d'aigua?**

   1 mol de molècules H_2O = $6{,}022 \cdot 10^{23}$ molècules H_2O.

   El factor de conversió que ens permet passar de mols a nombre de partícules és $\frac{6{,}022 \cdot 10^{23} \text{ molècules } H_2O}{1 \text{ mol } H_20}$. Per tant:

$$0{,}5 \text{ mol } H_2O \cdot \frac{6{,}022 \cdot 10^{23} \text{ molècules } H_2O}{1 \text{ mol } H_20} = 3{,}011 \cdot 10^{23} \text{ molècules } H_2O$$

3. **Quants mols de nitrogen (N_2) hi ha en $3{,}011 \cdot 10^{23}$ molècules d'aquest gas?**

   1 mol de molècules N_2 = $6{,}022 \cdot 10^{23}$ molècules N_2.

   El factor de conversió que ens permet passar de nombre de partícules a mols és $\frac{1 \text{ mol } N_2}{6{,}022 \cdot 10^{23} \text{ molècules } N_2}$. Per tant:

$$3{,}011 \cdot 10^{23} \text{ molècules } N_2 \cdot \frac{1 \text{ mol } N_2}{6{,}022 \cdot 10^{23} \text{ molècules } N_2} = 0{,}5 \text{ mol } N_2$$

5.4 Massa d'una partícula

Exercicis resolts

1. **Calculeu la massa en grams d'un àtom de potassi (K).**

   Massa atòmica del K = 39 u

   1 mol d'àtoms de K = 39 g K → $6{,}022 \cdot 10^{23}$ àtoms K

$$\text{Massa d'un àtom de potassi} = \frac{39 \text{ g K}}{6{,}022 \cdot 10^{23} \text{ àtoms K}} = 6{,}4 \cdot 10^{-23} \text{ g}$$

2. **Calculeu la massa en grams d'una molècula d'amoníac (NH_3).**

   Massa molecular del NH_3 = 14 + 3 · 1 = 17 u

   1 mol de molècules de NH_3 = 17 g NH_3 → $6{,}022 \cdot 10^{23}$ molècules NH_3

$$1 \text{ molècula } NH_3 \cdot \frac{1 \text{ mol } NH_3}{6{,}022 \cdot 10^{23} \text{ molècules } NH_3} = 1{,}66 \cdot 10^{-24} \text{ mol } NH_3$$

$$1{,}66 \cdot 10^{-24} \text{ mol } NH_3 \cdot \frac{17 \text{ g } NH_3}{1 \text{ mol } NH_3} = 2{,}8 \cdot 10^{-23} \text{ g } NH_3$$

5.5 Relació entre el volum d'un gas i la quantitat de substància

Exercicis resolts

1. El gas nitrogen (N_2) és el component majoritari de la nostra atmosfera. Calculeu el volum que ocupen 6,5 mols d'aquest gas en condicions normals.

   Utilitzem el volum molar com a factor de conversió:

$$6{,}5\ \cancel{\text{mol N}_2} \cdot \frac{22{,}4\ \text{L N}_2}{1\ \cancel{\text{mol N}_2}} = 145\ \text{L N}_2$$

2. Calculeu el volum que ocupen 420 g d'oxigen que estan en condicions normals.

   Primer transformem la massa a mols i després la massa a volum.

   massa → mols

$$420\ \cancel{\text{g O}_2} \cdot \frac{1\ \text{mol O}_2}{32\ \cancel{\text{g O}_2}} = 13{,}1\ \text{mol O}_2$$

   mols → volum

$$13{,}1\ \cancel{\text{mol O}_2} \cdot \frac{22{,}4\ \text{L O}_2}{1\ \cancel{\text{mol O}_2}} = 293{,}4\ \text{L O}_2$$

ACTIVITATS

21. L'alumini té una massa atòmica de 27 u. Calcula:
    a) La massa d'un mol d'alumini.
    b) El nombre de mols que hi ha en 2.700 grams d'alumini.

22. Un anell de plata té una massa de 10,7 grams. Calcula el nombre de mols de plata que té l'anell.

23. Les masses atòmiques del carboni (C) i de l'oxigen són, respectivament, 12 u i 16 u. Calcula:
    a) La massa d'un mol de carboni i d'un mol de diòxid de carboni (CO_2).
    b) El nombre de mols de molècules de CO_2 que hi ha en 110 grams de diòxid de carboni.

24. Quants grams són 10 mols d'amoníac (NH_3)?

25. Relaciona les quantitats de substància (mol) amb les masses corresponents:

A. 2,3 mol H_2O	1. 59,5 g
B. 4 mol CH_4	2. 64 g
C. 3,5 mol NH_3	3. 41,4 g

26. On hi ha més mols d'aigua, en un vas amb 180 grams d'aigua o en una olla amb $9{,}03 \cdot 10^{24}$ molècules d'aigua?

27. En un recipient tenim tancades $3{,}612 \cdot 10^{25}$ molècules de tetraclorur de carboni (CCl_4). Calcula quants mols de molècules de CCl_4 hi ha.

28. Calcula el volum que ocupen 160 grams d'oxigen (O_2) a 273 K i una atmosfera de pressió.

29. Calcula quin volum ocupen en condicions normals:
    a) 50 mols de neó. b) $1 \cdot 10^{24}$ àtoms de neó. c) 182 grams de neó.

Activitats interactives
Activitat de síntesi

PER ESTUDIAR

1. Agrupacions d'àtoms

A la natura, la majoria dels àtoms es troben agrupats. Només els àtoms dels elements del grup 18, els gasos nobles (heli, neó, argó...), es troben lliures i aïllats.

Hi ha dos tipus d'agrupacions per als altres àtoms: les **molècules** i els **cristalls** o **estructures gegants**.

1.1 Les molècules

Una **molècula** és l'agrupació d'un nombre fix, generalment petit, d'àtoms no metàl·lics.

- En les substàncies simples, els àtoms que formen les molècules són iguals, com en el clor, l'oxigen o l'ozó.
- En els compostos, els àtoms que formen les molècules són diferents; per tant, parlem de **molècules de compostos**, com en l'aigua o el diòxid de carboni.

Els gasos són substàncies moleculars. Els líquids, com l'etanol, i els sòlids amb temperatura de fusió baixa, com el iode, són substàncies moleculars. També ho són grans molècules com les proteïnes i els plàstics. Les substàncies moleculars no són coductores del corrent elèctric. Algunes són solubles en aigua i altres no.

1.2 Els cristalls

Un **cristall** està format per un nombre variable d'àtoms o ions, generalment molt gran, que es disposen en una estructura interna tridimensional perfectament ordenada. A causa del nombre, normalment molt elevat, de partícules que formen els cristalls també s'anomenen **estructures gegants**.

Hi ha tres tipus de cristalls:

- **Cristalls iònics**. Estan formats per ions positius i ions negatius. Els ions positius provenen d'un àtom metàl·lic i els negatius d'un de no-metàl·lic. Aquest tipus de cristalls són sòlids a temperatura ambient i tenen punts de fusió elevats, són bastant durs però fràgils, es dissolen en aigua i en estat sòlid no condueixen l'electricitat, però en dissolució o en estat líquid, sí. Són exemples d'aquest tipus de cristalls el clorur de sodi i el sulfur de calci.
- **Cristalls covalents**. Estan formats per àtoms. Són sòlids a temperatura ambient, molt durs, amb els punts de fusió i ebullició molt elevats, no es dissolen en aigua ni altres dissolvents i no condueixen l'electricitat, excepte el grafit.
- **Cristalls metàl·lics**. Estan formats per ions positius d'un mateix metall envoltats d'electrons. Són sòlids a temperatura ambient (excepte el mercuri), són bastant durs, mal·lcables, dúctils, tenen una lluïssor metàl·lica i són bons conductors de l'electricitat i de la calor. Són exemples de cristalls metàl·lics l'or, la plata i el coure.

ACTIVITATS

1 Indica quines de les afirmacions següents són vertaderes i quines falses. Corregeix les falses:

a) En una molècula d'oxigen trobem un àtom d'oxigen.

b) La majoria de les substàncies moleculars tenen punts de fusió i ebullició baixos.

c) Els cristalls iònics estan formats per àtoms.

d) Els cristalls covalents tenen, en general, punts de fusió més alts que els cristalls metàl·lics.

2 Indica si les substàncies següents són molècules, cristalls o gasos nobles:

a) Diòxid de carboni (CO_2)

b) Clorur de sodi (NaCl)

c) Neó (Ne)

d) Butà (C_4H_{10})

3 Uneix el principi de cada frase amb el seu final:

a) Els gasos nobles...

b) Les molècules...

c) Els cristalls iònics...

d) Els cristalls covalents...

e) Els cristalls metàl·lics...

1. ... no condueixen l'electricitat excepte el grafit.
2. ... són mal·leables i dúctils.
3. ... no són bons conductors de l'electricitat.
4. ... no es combinen amb cap altre element.
5. ... es dissolen en aigua.

4 Quins dels elements següents poden formar un cristall metàl·lic? Per què?

a) Níquel (Ni) b) Fòsfor (P)

c) Coure (Cu) d) Carboni (C)

5 Completa les frases següents amb la paraula que et sembli més adequada:

a) Els cristalls iònics estan formats per ions ______ i ions ______.

b) Els cristalls metàl·lics estan formats per ______ positius envoltats d' ______.

c) El cristall $MgCl_2$ (clorur de magnesi) ens indica que per cada àtom de magnesi n'hi ha ______ de clor.

2. Les fórmules químiques

Els àtoms es poden unir entre ells per formar molècules o cristalls i així aconseguir estabilitat. Les unions dels àtoms s'expressen amb fórmules.

Com que els àtoms dels gasos nobles no s'uneixen amb àtoms d'altres elements ni tan sols amb ells mateixos, la seva fórmula coincideix amb el seu símbol químic: He, Ne, Ar...

2.1 Fórmula empírica

La **fórmula empírica** indica els elements que formen un cristall, i la proporció en què es combinen.

Per exemple, la fórmula del SiO_2 indica que al cristall de diòxid de silici hi ha el doble d'àtoms d'oxigen que de silici.

En el cas dels cristalls metàl·lics, la seva fórmula coincideix amb el símbol del metall. Per exemple, Cu, Pt o Al.

2.2 Fórmula molecular

La **fórmula molecular** indica el nombre i tipus d'àtoms que formen una **molècula**.

- La **fórmula molecular de les substàncies simples** es representa amb el seu símbol químic i un subíndex, que indica el nombre d'àtoms de la molècula. Per exemple, Cl_2, O_3 o P_4.
- La **fórmula molecular dels compostos** es representa amb els símbols de cada element i un subíndex, que indica el nombre d'àtoms de cada element. Per exemple, H_2O, CO_2 o NH_3.

ACTIVITATS

6. Indica en quines proporcions es combinen els ions que formen els cristalls següents:
   a) CaF_2 b) K_2S c) CsCl d) Fe_3O_4
7. La fórmula molecular de l'etí és C_2H_2. Quina és la seva fórmula empírica?
8. Cada molècula d'etanol està formada per dos àtoms de carboni, sis d'hidrogen i un d'oxigen:
   a) Escriu la seva fórmula molecular.
   b) Escriu la seva fórmula empírica.
   c) Coincideixen les fórmules molecular i empírica? Per què?
9. Escriu la fórmula molecular dels compostos següents:
   a) La molècula de fòsfor està formada per quatre àtoms de fòsfor.
   b) La molècula de brom està formada per dos àtoms de brom.
   c) La molècula de pentaòxid de diclor està formada per 5 àtoms d'oxigen i dos de clor.

3. Càlculs amb fórmules químiques

Quan fem càlculs en química, la massa dels compostos que utilitzem depèn del nombre i del tipus d'àtoms que formen les seves molècules, en el cas de les substàncies moleculars, o del tipus d'àtoms o ions i de la proporció en què es combinen, en el cas dels cristalls. En tots dos casos, aquesta informació l'obtenim de les seves fórmules.

3.1 Càlcul de la massa molecular

La **massa molecular** és la suma de les masses atòmiques dels àtoms que componen una molècula.

Malgrat que els cristalls no formen molècules, a efectes pràctics, també es considera que se'n pot calcular la massa molecular.

La massa molecular s'expressa amb les mateixes unitats que la massa atòmica, és a dir, amb **unitats de massa atòmica** (**u**).

3.2 Càlcul de la composició centesimal

La **composició centesimal** d'una substància és el tant per cent de la massa molecular que correspon a cada un dels seus elements.

$$\textbf{\% d'un element} = \frac{\textbf{suma de les masses atòmiques dels àtoms}}{\textbf{massa molecular de la substància}} \cdot 100$$

ACTIVITATS

10. Calcula la massa molecular de les substàncies següents:
    a) Diòxid de nitrogen (NO_2).
    b) Monòxid de carboni (CO).
    c) Clorur d'hidrogen (HCl).
    d) Sulfat de ferro(III) ($Fe_2(SO_4)_3$).

11 Calcula la massa molecular del sulfur de plata (Ag_2S). Masses atòmiques: Ag = 108 u; S = 32 u.

12 Quants grams són 100 milions de molècules de nitrogen (N_2)? Massa atòmica: N = 14 u.

13 Calcula la massa en grams de 200 molècules de fluorur de magnesi (MgF_2). Masses atòmiques:

Mg = 24,3 u; F = 19 u.

14 Quantes molècules hi ha en 1 mg d'oxigen (O_2)? Massa atòmica: O = 16 u.

15 Ordena de més petita a més gran les masses moleculars dels compostos següents:

a) CO_2

b) Fe_2O_3

c) H_2CO_3

Masses atòmiques: C = 12 u; O = 16 u; Fe = 56; H = 1 u.

16 Disposem d'1 kg de metà (CH_4). Calcula'n:

a) La massa molecular en u i en grams.

b) Quantes molècules d'aquest compost tindrem?

Obtén les dades que necessitis de la taula periòdica.

17 Calcula la composició centesimal de les substàncies següents:

a) Amoníac (NH_3)
b) Nitrat de sodi ($NaNO_3$)
c) Clorur de plata (AgCl)
d) Bromur de potassi (KBr)

18 El glifosfat ($C_3H_8NO_5P$) és un herbicida que s'ha utilitzat durant anys per eliminar males herbes en els cultius. Actualment es dubta que sigui bo utilitzar-lo pels seus possibles efectes nocius sobre la salut humana. Calcula'n la composició centesimal.

Masses atòmiques: C = 12 u; H = 1 u; N = 14 u; O = 16 u; P = 31 u.

4. La quantitat de substància: el mol

La unitat que els químics han adoptat per saber la quantitat de substància amb què han de treballar al laboratori és el mol. El **mol** és la unitat de quantitat de substància del sistema internacional (SI).

4.1 El mol d'àtoms

Un **mol** és la quantitat de substància que conté tantes partícules (àtoms, molècules, ions, etc.) com àtoms hi ha en 12 g de carboni 12.

Tenir 12 g de C significa tenir 1 mol de C i, per tant, la massa d'1 mol de C és la seva massa atòmica expressada en grams.

Tenir 1 g de H significa tenir 1 mol de H i, per tant, la massa d'1 mol de H és la seva massa atòmica expressada en grams.

4.2 El mol d'una substància

Igual que passa amb els àtoms, la mida i la massa de les molècules, o de l'equivalent a una molècula en el cas dels cristalls, és tan petita que també cal utilitzar el mol per mesurar la quantitat de substància.

El nombre de molècules que hi ha en 32 g d'oxigen o en 44 g de diòxid de carboni és el mateix i correspon a una **quantitat de substància** que s'anomena **mol**.

Tenir 32 g de O_2 significa tenir 1 mol de O_2 i, per tant, la massa d'1 mol de O_2 és el valor numèric de la seva massa molecular expressada en grams.

Tenir 44 g de CO_2 significa tenir 1 mol de CO_2 i, per tant, la massa d'1 mol de CO_2 és la seva massa molecular expressada en grams.

4.3 La massa molar

La **massa molar** és la massa d'un mol de partícules (àtoms, ions o molècules).

La **massa molar d'un element** és igual a la seva massa atòmica expressada en grams.

La **massa molar d'un compost** és igual a la seva massa molecular expressada en grams.

4.4 El nombre d'Avogadro

S'ha comprovat que el nombre de partícules (àtoms, molècules, ions, etc.) d'1 mol és sempre el mateix:

$6{,}022 \cdot 10^{23}$ partícules.

Aquest nombre s'anomena *nombre d'Avogadro*.

4.5 El volum molar dels gasos

El **volum molar** d'un gas és el volum que ocupa un mol d'aquest gas. Depèn de la pressió del gas i de la seva temperatura i, per tant, del nombre de mols.

En condicions normals (CN: 1 atm de pressió i 0 °C de temperatura) un mol de qualsevol gas ocupa un volum de 22,4 L: **volum molar d'un gas en CN = 22,4 L**

ACTIVITATS

19 Quantes partícules hi ha en un mol? I en deu mols?

20 Calcula la massa d'un mol de:

a) Molècules de diòxid de sofre (SO_2).

b) Àtoms de ferro (Fe).

21 El brom és un líquid molt tòxic format per molècules (Br_2):

a) Calcula la massa molecular del brom i la seva massa molar.

b) Quantes molècules de brom hi ha en un mol de molècules de brom?

22 El clorur d'hidrogen (HCl) és un gas molt soluble en aigua. La seva dissolució es coneix amb el nom de salfumant. Calcula el nombre de molècules de clorur d'hidrogen que hi ha en un mol de clorur d'hidrogen.

23 Completa al teu quadern la taula següent:

Compost	Mol	Massa	Molècules	Volum (CN)
Oxigen (O_2)	2			
Diòxid de carboni (CO_2)		90 g		
Nitrogen (N_2)				75 L
Neó (Ne)			$2{,}1 \cdot 10^{24}$	

5. El mol i el càlcul químic

Coneixent la relació entre el mol i la quantitat de partícules que el formen, la constitució de les substàncies i la seva massa molar, es pot calcular amb quina massa cal treballar al laboratori.

5.1 El mol al laboratori

La **massa d'1 mol d'un element** = La **massa atòmica expressada en grams**

La massa de *N* mols:

N mols · la massa atòmica expressada en grams

La **massa d'1 mol d'un compost** = La **massa molecular expressada en grams**

La massa de *N* mols:

N mols · la massa molecular expressada en grams

5.2 Relació entre la massa i la quantitat de substància

Un àtom d'un element té una massa igual a la seva massa atòmica.

Un mol d'àtoms d'una substància simple té una massa igual a la seva massa atòmica expressada en grams (massa molar).

Una molècula d'un compost té una massa igual a la seva massa molecular.

Un mol de molècules té una massa igual a la seva massa molecular expressada en grams (massa molar).

5.3 Relació entre el nombre de partícules i la quantitat de substància

En un mol d'àtoms hi ha $6{,}022 \cdot 10^{23}$ àtoms. En un mol de molècules hi ha $6{,}022 \cdot 10^{23}$ molècules.

5.4 Massa d'una partícula

Un mol d'àtoms d'una substància simple conté $6{,}022 \cdot 10^{23}$ àtoms de l'element i té una massa igual a la seva massa atòmica expressada en grams.

Un mol de molècules d'un compost conté $6{,}022 \cdot 10^{23}$ molècules del compost i té una massa igual a la seva massa molecular expressada en grams.

5.5 Relació entre el volum d'un gas i la quantitat de substància

Un mol de qualsevol gas en **condicions normals** (CN: pressió = 1 atm, temperatura = 0 °C) ocupa **22,4 L**.

ACTIVITATS

24 Quin és el nombre d'àtoms de cada tipus que hi ha en 1 mol dels compostos següents:

a) NH_3 b) C_3H_8 c) HNO_3

25 Quin dels compostos següents conté un nombre més gran de molècules:

a) 0,5 mol H_2O_2 b) 2 mol H_2O

c) 110 g CO_2 d) 170 g NH_3

26 Tenim una mostra de 100 grams de diòxid de sofre (SO_2). Calcula:

a) La massa molar del diòxid de sofre.

b) El nombre de mols de diòxid de sofre.

c) El nombre de molècules de diòxid de sofre.

27 Quin d'aquests gasos ocupa un volum més gran en condicions normals?

a) $1{,}2044 \cdot 10^{24}$ molècules CO_2

b) 170 g NH_3

c) 4 mol CO

Comprova el que saps
Mapa conceptual

Identificació de cristalls

Objectiu

Identificar els diferents tipus de cristalls (iònics, covalents o metàl·lics) a partir de les seves propietats.

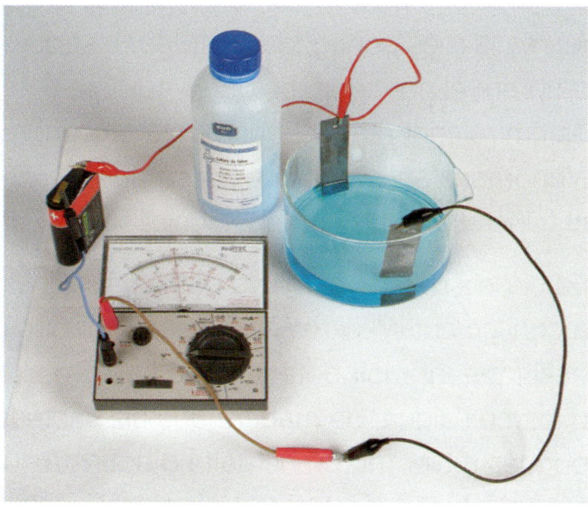

Coneixements previs

- Els cristalls iònics són sòlids a temperatura ambient, es dissolen en aigua i només condueixen l'electricitat en dissolució.
- Els cristalls covalents són sòlids a temperatura ambient, no es dissolen en aigua ni en altres dissolvents i no condueixen l'electricitat.
- Els cristalls metàl·lics són sòlids a temperatura ambient i condueixen l'electricitat.

Material

- Pila, amperímetre, cables conductors i elèctrodes de grafit
- Cristal·litzador, matràs, vareta de vidre, espàtula, aigua destil·lada i acetona
- Trossos de fil de coure, quars, claus de ferro, sal comuna i sulfat de coure(II) ($CuSO_4$)

Procediment

1. L'estat físic a temperatura ambient s'observa directament.
2. La lluïssor pot quedar amagada si la substància està bruta o recoberta d'òxid. Si és així, cal rascar-ne la superfície per observar l'autèntica lluïssor.
3. Per determinar la solubilitat, posem una punta d'espàtula de cada substància en el vas de precipitats amb aigua destil·lada, i agitem. Si cal, podem escalfar una mica l'aigua.
   De la mateixa manera, estudiem la solubilitat en altres dissolvents, com ara l'acetona.
4. Muntem un circuit com el de la fotografia per mesurar la conductivitat de cada substància. En el cas de la dissolució, hi introduïm els elèctrodes procurant que no entrin en contacte l'un amb l'altre. En el cas del sòlid, toquem amb els dos elèctrodes dos punts diferents de la mostra.

Recollida i organització de dades

Amb els resultats observats, completem una taula com aquesta:

Propietats	Coure	Quars	Ferro	Sal comuna	Sulfat de coure(II)
Estat físic a temperatura ambient					
Lluïssor metàl·lica					
Solubilitat en aigua					
Solubilitat en acetona					
Conductivitat elèctrica en estat sòlid					
Conductivitat elèctrica en dissolució					

ACTIVITATS

1. Quin tipus de cristalls formen les substàncies analitzades?
2. Quines diferències trobem entre el quars i el sulfat de coure(II)?

ACTIVITAT FINAL

La importància de la sal

El clorur de sodi, de fórmula NaCl, és una sal. De fet, és la més coneguda de totes, tant que quan emprem el nom genèric de *sal* tothom entén que ens estem referint a aquest compost en concret. També s'anomena *sal de taula* o *sal comuna* (*halita*, quan és el mineral) i és un compost iònic.

Es coneix des de fa milers d'anys, i s'ha utilitzat com a conservant en altres èpoques. Com que és un deshidratant molt potent, quan l'afegim als aliments n'extreu l'aigua, de manera que els bacteris que hi pogués haver moren per falta d'aquesta substància essencial; això permet la conservació dels aliments.

Pel mateix motiu, també es pot fer servir com a antisèptic per desinfectar ferides. Molts pocs microorganismes sobreviuen a la deshidratació provocada per la sal. Un d'ells és el bacteri *Bacillus marismortui*, un dels pocs microorganismes vius presents al mar Mort.

Històricament la sal s'ha obtingut de les salines de les zones costaneres, dels brolladors d'aigua salada i de les mines. Antigament, era un bé de gran importància econòmica, però en l'actualitat ja no és tan preuat, a causa de l'existència d'altres mètodes de conservació i de l'aparició de grans millores en la forma d'extreure-la.

El clorur de sodi és una de les sals responsables de la salinitat dels mars i oceans, i també de la majoria dels teixits biològics i fluids corporals.

El 1864, el químic anglès Robert Boyle va ser el primer científic en determinar el contingut de sal en alguns líquids corporals com ara la sang, la suor o les llàgrimes.

Avui dia, la sal és un ingredient comú en el menjar. Encara que els aliments que consumim ja tenen per ells mateixos prou sal, el seu consum diari és molt superior al necessari.

L'Organització Mundial de la Salut (OMS) recomana limitar la quantitat diària de sal a 2 grams al dia. De fet, des de principis del segle XX es recomana moderar la quantitat que se n'ingereix, per la seva relació amb l'augment de la pressió arterial i, com a conseqüència, del risc de patir malalties cardiovasculars.

En la dieta actual, el 10% de la sal que s'ingereix prové de forma natural dels aliments, el 15% de la que afegim a la cuina i el 75% de la que s'afegeix a les indústries alimentàries.

ACTIVITATS

1. Quin tipus de compost és el clorur de sodi? Quines propietats presenten aquest tipus de compostos?
2. Amb quins altres noms es coneix el clorur de sodi?
3. Quina és la fórmula química del clorur de sodi? Què ens indica aquesta fórmula?
4. Quina propietat de la sal permetia antigament utilitzar-la com a conservant dels aliments i per desinfectar les ferides?
5. Quina característica del mar Mort impedeix que la majoria dels organismes hi puguin viure?
6. Com creus que Robert Boyle va comprovar el contingut de sal en alguns líquids corporals?
7. Per què la sal ha perdut part de la importància econòmica que tenia en el passat?
8. Quines complicacions en la salut pot comportar la ingestió de més sal de la necessària?
9. Et sembla que és recomanable consumir diàriament 0,2 mol de sal?

Autoavaluació

REVISTA DE CIÈNCIA

La importància del diòxid de carboni

El diòxid de carboni és un compost químic format per un àtom central de carboni unit a dos àtoms d'oxigen. Aquesta substància, de fórmula molecular CO_2, és un gas a temperatura ambient i, per tant, forma part de l'atmosfera terrestre. No és una substància que s'hi trobi en una proporció gaire gran, al voltant del 0,0385%, però la seva presència és molt important per al desenvolupament de la vida a la Terra.

En els éssers vius, el diòxid de carboni és un dels productes de la respiració cel·lular que realitzen totes les cèl·lules eucariotes. A més, en els organismes que fan la fotosíntesi, aquesta molècula proporciona el carboni necessari per sintetitzar la matèria orgànica.

En altres processos de combustió de la matèria orgànica, també es produeix diòxid de carboni; n'és un exemple la combustió dels derivats del petroli, la fusta o el carbó. Durant el procés de combustió, en el qual participa l'oxigen (O_2), s'allibera molta energia i diòxid de carboni. Una part d'aquest diòxid de carboni s'acumula a l'atmosfera. Aquest fet no tindria més importància si no fos que a l'atmosfera, el diòxid de carboni és una molècula que absorbeix la

En els éssers vius, el diòxid de carboni és un dels productes de la respiració cel·lular...

L'ésser humà allibera una gran quantitat de CO_2 a l'atmosfera a conseqüència de la combustió de petroli i d'altres combustibles fòssils.

radiació infraroja i dificulta la sortida de la calor que desprèn la Terra. Actua, doncs, com la coberta d'un hivernacle.

No és fàcil fer disminuir la quantitat de diòxid de carboni atmosfèric.

Fins ara, la capacitat del diòxid de carboni per retenir la calor ha afavorit el manteniment de la vida a la Terra. Ara bé, les emissions constants d'aquest gas a l'atmosfera per part de l'ésser humà n'incrementen la concentració i el fenomen de retenció de la calor es fa més evident. El resultat és un increment de la temperatura mitjana del planeta, fet que altera molts ecosistemes i posa en perill la seva continuïtat.

La relació entre consum de combustibles fòssils i increment de diòxid de carboni és un fet demostrable: si abans que comencessin les emissions industrials de CO_2, ara fa uns 200 anys, la concentració d'aquest gas oscil·lava entre els 260-280 ppmv (parts per milió), actualment la concentració arriba fins als 384 ppmv.

No és fàcil fer disminuir la quantitat de diòxid de carboni atmosfèric; s'han pensat diversos mètodes, com bombejar-lo en pous de petroli, injectar-lo en aigües profundes o en dipòsits de salmorra. Ara bé, potser l'opció més raonable és intentar de no produir-ne tant, atès que la font principal d'emissió de diòxid de carboni és la combustió de combustibles fòssils, ja sigui el petroli per a automoció, el gas natural per a calefacció o el carbó en centrals tèrmiques.

COMPRENSIÓ LECTORA I REFLEXIÓ

1. Quins àtoms constitueixen la molècula de diòxid de carboni?
2. En quins processos fisiològics intervé la molècula de diòxid de carboni en els éssers vius?
3. Quina relació hi ha entre el diòxid de carboni i l'increment de temperatura mitjana terrestre?
4. Quines són les principals fonts d'emissió de diòxid de carboni degudes a l'activitat de l'ésser humà?
5. Quines actituds es poden adoptar individualment i col·lectivament per reduir la concentració de diòxid de carboni atmosfèric?

UNITAT 5

LES REACCIONS QUÍMIQUES

Mai no sabrem qui va dur a terme la primera reacció química, però sí que sabem que, des de la més remota antiguitat, les persones utilitzen algunes reaccions per treure'n profit.

- **Sabries posar algun exemple de reacció química?**

Sabies que els antics egipcis ja van muntar primitius laboratoris per extreure metalls dels minerals, fer aliatges i elaborar medicines, perfums, etc.? Els alquimistes, a l'Edat mitjana, volien convertir en or els metalls comuns. Avui dia els químics pretenen transformar les matèries primeres en materials útils.

- **Anomena alguns productes o materials d'ús quotidià que s'hagin obtingut mitjançant reaccions químiques.**

No només utilitzem les reaccions químiques a favor nostre, sinó que en els éssers vius són imprescindibles.

- **Pots anomenar algunes de les reaccions químiques que es donen en els éssers vius?**

Foto: En una acció tan senzilla com l'encesa d'un llumí es produeix una reacció química.

EN AQUESTA UNITAT APRENDRÀS...

1. Que hi ha canvis que alteren la composició de la matèria.

2. Quins elements intervenen en les reaccions químiques i per què es produeixen aquestes reaccions.

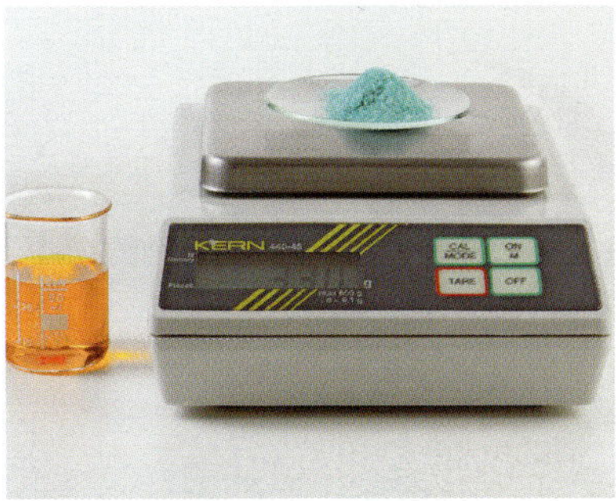

3. Què canvia i què es conserva en una reacció química.

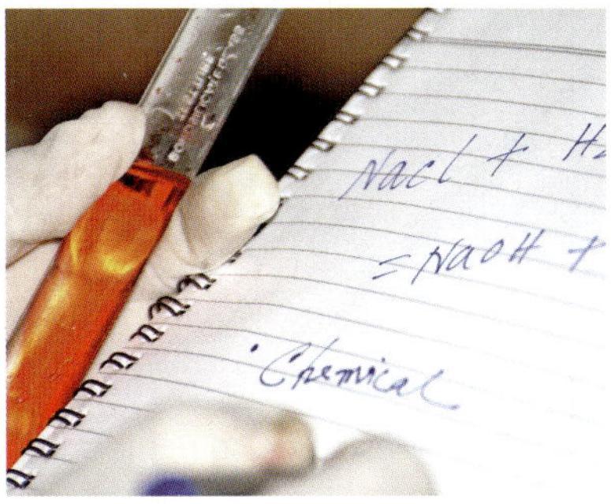

4. Com s'escriu una equació química.

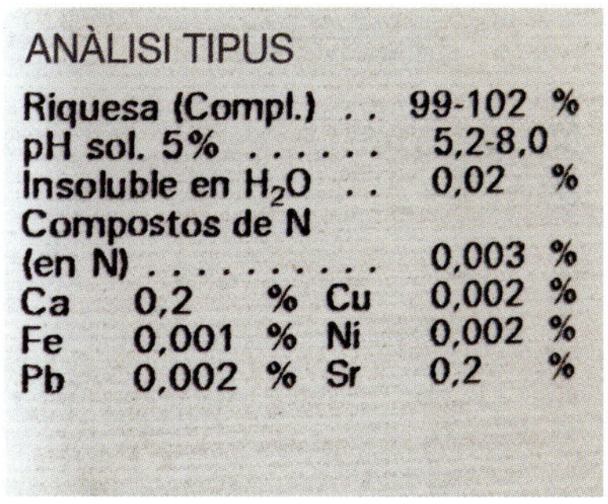

5. Com es fan càlculs amb reaccions químiques.

6. Que les reaccions químiques van acompanyades de despreniment o absorció d'energia.

7. De quins factors depèn la velocitat d'una reacció química.

I SERÀS CAPAÇ DE...

- Fer servir models de partícules per representar i interpretar canvis físics i canvis químics.
- Reconèixer diverses substàncies químiques de l'entorn.
- Comprovar experimentalment la llei de conservació de la massa en les reaccions químiques.
- Produir i reconèixer reaccions químiques al laboratori.

1. Canvis físics i canvis químics

Els sistemes materials es transformen, i les seves composicions i propietats canvien sovint. Sabeu que hi ha canvis que alteren la composició de la matèria?

Analitzeu un experiment

Pesem 2 g de sofre i 3,5 g de ferro i els barregem. Després escalfem la mescla i obtenim un sòlid de color negre que no és atret per l'imant.

Sofre

Ferro

Mescla de sofre i ferro

Sulfur de ferro

a | Què s'obté quan posem junts el sofre i el ferro en una placa de Petri? Justifiqueu la resposta.

b | Què passa quan intentem separar-los amb un imant? S'han modificat les propietats del sofre i el ferro? Quin tipus de canvi s'ha produït, un canvi físic o un canvi químic?

c | Quan els posem junts en una càpsula de porcellana i els escalfem, obtenim un sòlid de color negre que no té propietats magnètiques. Hem obtingut una mescla o un compost? Justifiqueu la resposta. En aquest cas, quin tipus de canvi s'ha produït?

d | En què es diferencia un canvi físic d'un canvi químic? Podeu consultar-ho al web.

ACTIVITATS

1. Classifica en canvis físics i canvis químics els processos següents. Justifica la resposta en cada cas.
   - a) Un paper que es crema.
   - b) L'evaporació de l'alcohol.
   - c) La transformació de la llet en iogurt.
   - d) El trencament d'un full de paper.
   - e) La combustió de la gasolina al motor.
   - f) La transformació del vi en vinagre.
   - g) La fusió d'un glaçó.
   - h) La digestió dels aliments.

2. El model de partícules següent, representa un canvi físic o un canvi químic? Raona la resposta.

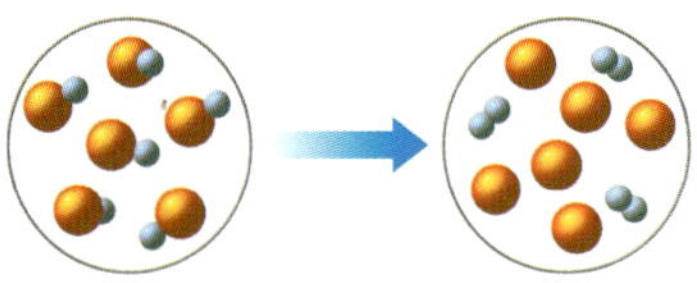

Activitats interactives
Activitat de síntesi

2. Les reaccions químiques

Els canvis químics també s'anomenen **reaccions químiques**. Sabeu quins elements intervenen en les reaccions químiques i per què es produeixen aquestes reaccions?

Interpreteu un model

Observeu aquest model, que representa la **reacció de formació de l'aigua**, i contesteu les preguntes següents:

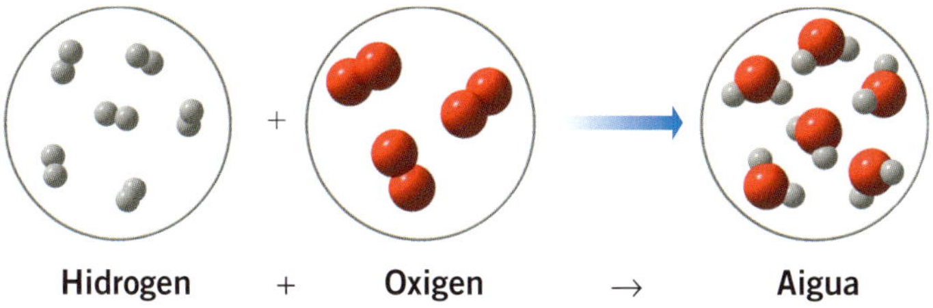

a | Justifiqueu per què aquest model representa un canvi químic o reacció química.

b | Quines substàncies reaccionen? Quina substància se n'obté?

c | Classifiqueu les substàncies que intervenen en aquesta reacció en reactius i productes.

Aspecte d'una **poma** acabada de pelar i de la mateixa poma al cap d'una estona.

Què ens permet afirmar que la poma ha experimentat una reacció química?

2.1 Per què es produeix una reacció química

Les reaccions es produeixen a causa de les col·lisions entre les molècules dels reactius. Aquestes col·lisions provoquen el trencament de les molècules, que només es produeix si les molècules xoquen en la direcció adequada i amb prou velocitat.

Observeu i deduïu

Observeu aquest model, que explica com es produeix la **reacció entre l'hidrogen i l'oxigen per formar aigua**, i contesteu les preguntes següents:

$$2\ H_2 + O_2 \rightarrow 2\ H_2O$$

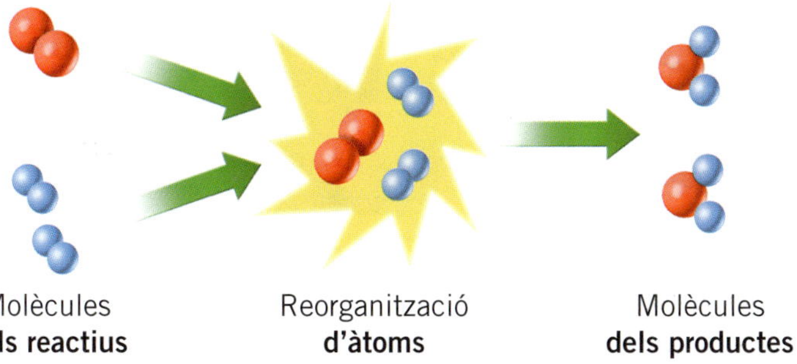

Redacteu un text que expliqui com es produeix aquesta reacció. No us oblideu d'esmentar les molècules que hi intervenen, si són reactius o productes i per quins àtoms estan formades. Podeu consultar-ho al web.

ACTIVITATS

3 Representa el model de partícules de la reacció química següent i explica com es produeix: $2\ HCl \rightarrow Cl_2 + H_2$

2.2 Algunes classes de reaccions químiques

La importància de les reaccions químiques es fa palesa en molts aspectes de la vida: molts aliments que consumim són producte de reaccions químiques; les plantes també obtenen els seus nutrients mitjançant el conjunt de reaccions de la fotosíntesi; fins i tot els humans som com un laboratori on tenen lloc nombroses reaccions químiques de les quals depèn la nostra salut.

Observeu i investigueu

Les imatges següents representen diferents classes de reaccions químiques.

a | Expliqueu com es duu a terme cadascun dels processos que es descriuen en aquestes fotografies. Quins són els reactius i els productes en cada cas?

b | En quines d'aquestes reaccions l'oxigen es combina amb altres substàncies? Com s'anomenen aquesta classe de reaccions?

Agent químic: qualsevol substància simple o composta que estigui a l'ambient, o qualsevol producte de la contaminació.

La **corrosió** és un procés que pateix la superfície dels metalls a causa de l'acció dels agents químics

Des del descobriment del foc, les **combustions** han proporcionat energia per escalfar-se i cuinar els aliments.

La **respiració** es duu a terme a l'interior de les cèl·lules per obtenir l'energia necessària per realitzar les funcions vitals.

Mitjançant la **fermentació** s'obtenen molts productes, com el vi, la cervesa, l'alcohol, el pa... És produïda per llevats.

La **putrefacció** produeix la descomposició de la matèria orgànica morta. És causada per bacteris.

ACTIVITATS

4 Investiga què són les *reaccions de descomposició* i les *reaccions de síntesi*. Explica la diferència entre les unes i les altres i posa'n un exemple de cada.

Activitats interactives
Activitat de síntesi

3. La llei de la conservació de la massa

Quan té lloc una reacció química, les substàncies inicials són diferents de les substàncies obtingudes. Però sabeu el que canvia i el que es conserva en una reacció química?

Experimenteu

Prepareu una dissolució aquosa de sulfat de coure. Introduïu dos claus de ferro ben nets en la dissolució que heu preparat i amb una balança determineu la massa total dels reactius.

Deixeu passar unes quantes hores, i observareu que la dissolució ha canviat de color i que els claus apareixen recoberts d'una substància d'un color terrós.

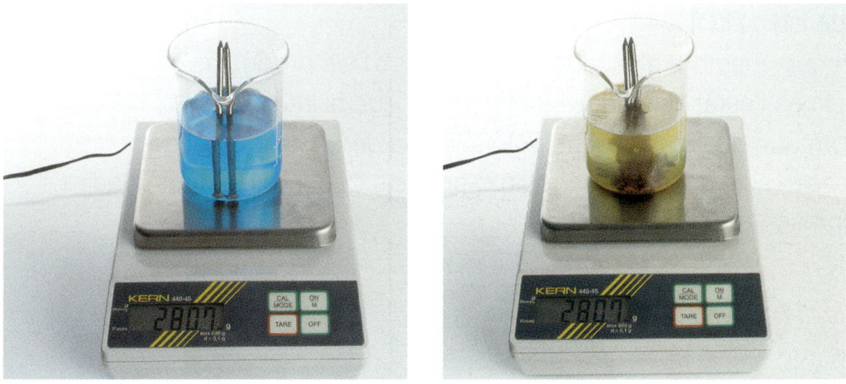

a | Podeu afirmar que s'ha produït una reacció química? Justifiqueu la resposta.

b | Quina era la massa dels reactius? Quina és la massa dels productes d'aquesta reacció?

c | La **llei de la conservació de la massa** la va enunciar el químic francès Antoine Laurent Lavoisier l'any 1782. Investigueu amb quin altre nom es coneix aquesta llei.

d | Escriviu una definició de la llei de la conservació de la massa.

Antoine Laurent Lavoisier (1743-1794) és segurament el químic més important de la història. Va demostrar que la massa es conserva en les reaccions químiques i que el «flogist» no existeix.

Investigueu què anomenaven *flogist* els químics d'aquella època.

ACTIVITATS

5. Escalfem 20 g de ferro (Fe) amb 11,48 g de sofre (S) i obtenim sulfur de ferro(II) (FeS). Suposant que reacciona tota la massa de cada reactiu:
   a) Escriu la reacció química que ha tingut lloc.
   b) Dibuixa un model de partícules que representi aquesta reacció. Et sembla que aquest model justifica la llei de conservació de la massa? Raona la resposta.
   c) Quina massa de sulfur de ferro s'obté?

6. En un vas de precipitats fem reaccionar carbonat de calci amb un àcid i observem que se'n desprèn un gas. Quan acaba la reacció, la massa final del conjunt és inferior a la massa que tenien els reactius quan ha començat la reacció. Podries explicar aquest fet?

Activitats interactives
Activitat de síntesi

4. Les equacions químiques

Les **equacions químiques** són representacions simbòliques i abreujades de les reaccions químiques. Sabeu com s'escriu una equació química?

Observeu i deduïu

Observeu com s'escriu la reacció química que representa la **formació d'amoníac a partir d'hidrogen i nitrogen** i l'equació química corresponent:

L'hidrogen (H_2) reacciona amb el nitrogen (N_2) i s'obté amoníac (NH_3)

gas hidrogen + gas nitrogen → gas amoníac

Una equació química consta de dos membres separats per una fletxa, les fórmules de les substàncies que hi intervenen i les abreviatures entre parèntesis del seu estat físic.

a | Què indica la fletxa?

b | En quin membre s'escriuen els reactius? I els productes?

c | Quin és l'estat físic de les substàncies que hi intervenen?

d | Com que qualsevol equació química ha de complir la llei de conservació de la massa, quin d'aquests dos models de partícules representa l'equació anterior?

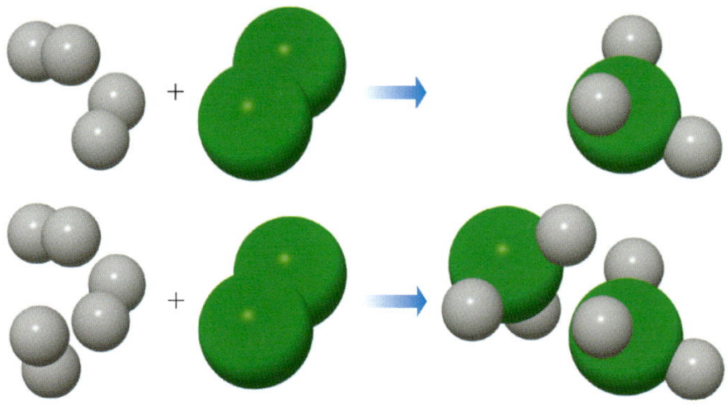

e | Escriviu l'equació química ajustada que representa la reacció de l'hidrogen (H_2) amb el nitrogen (N_2) per obtenir amoníac (NH_3).

$$\_\_\_\_\_\_ H_{2(g)} + \_\_\_\_\_\_ N_{2(g)} \rightarrow \_\_\_\_\_\_ NH_{3(g)}$$

ACTIVITATS

7. En què es diferencien els conceptes de *reacció química* i *equació química*?
8. Quina reacció química representa aquest model de partícules? Escriu l'equació química corresponent.

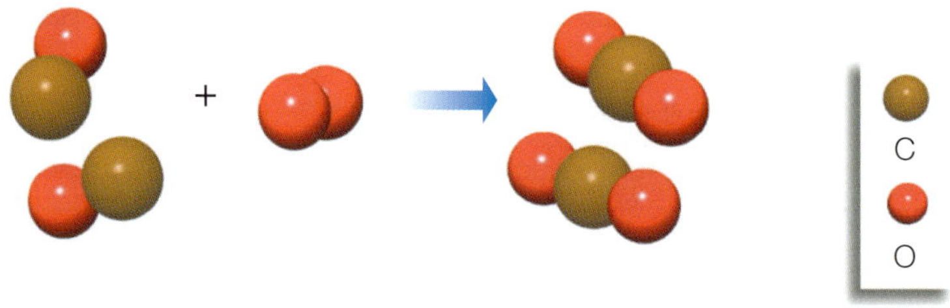

4.1 L'ajust d'una equació química

Com que les reaccions químiques han de complir la llei de conservació de la massa, s'ha d'igualar el nombre d'àtoms de cada element en els reactius i en els productes. Per fer-ho, utilitzem els **coeficients estequiomètrics,** que són els nombres que hi ha al davant de cada substància.

Apliqueu un procediment i dibuixeu un model

a | Feu els passos següents per ajustar l'equació química que representa la **reacció entre l'òxid de nitrogen ($NO_{(g)}$) i l'oxigen ($O_{2(g)}$) per formar diòxid de nitrogen ($NO_{2(g)}$).** En podeu veure un exemple al web.

1. Determineu els reactius i els productes:

   Reactius: Productes:

2. Escriviu la reacció química:

   ☐ + ☐ → ☐

3. Compteu el nombre d'àtoms de cada element:

   N: ___ → ___

   O: ___ + ___ → ___

4. Afegiu a l'equació sense ajustar els coeficients adequats en cada cas:

   ___ ☐ + ___ ☐ → ___ ☐

5. Comproveu que tots els elements estan ajustats

   N: ___ → ___

   O: ___ + ___ → ___

b | Dibuixeu el model de partícules corresponent a l'equació química anterior.

ACTIVITATS

9 Quines de les equacions químiques següents estan ajustades?

a) $HCl + Fe \rightarrow FeCl_2 + H_2$

b) $2\ H_2SO_4 + S \rightarrow 3\ SO_2 + 2\ H_2O$

c) $2\ Fe + O_2 \rightarrow Fe_2O_3$

10 Acaba d'ajustar les reaccions químiques següents:

a) ___ $NO_2 + H_2O \rightarrow 2\ HNO_3 + NO$

b) $2\ C_2H_6$ + ___ $O_2 \rightarrow 4\ CO_2$ + ___ H_2O

c) $2\ ZnS$ + ___ $O_2 \rightarrow$ ___ ZnO + ___ SO_2

11 Indica quines de les equacions químiques següents no estan ben ajustades. Per què?

a) $CH_4 + 3\ O_2 \rightarrow CO_2 + 2\ H_2O$

b) $4\ C + H_2 \rightarrow C_4H_{10}$

c) $2\ Hg + S \rightarrow Hg_2S$

12 Ajusta les equacions químiques següents.

a) $Na_2SO_4 + C \rightarrow CO_2 + Na_2S$

b) $NH_3 + O_2 \rightarrow NO + H_2O$

c) $C_4H_8 + 6\ O_2 \rightarrow 4\ CO_2 + 4\ H_2O$

Proporció: relació entre les quantitats de dues substàncies.

4.2 Què ens indica una equació química ajustada

Un cop ajustada l'equació química, els coeficients estequiomètrics indiquen la proporció en què reaccionen les substàncies que intervenen en la reacció.

Interpreteu un model i deduïu

Observeu aquest model de partícules, que representa la **reacció de l'hidrogen i l'oxigen per formar aigua**, i contesteu les preguntes:

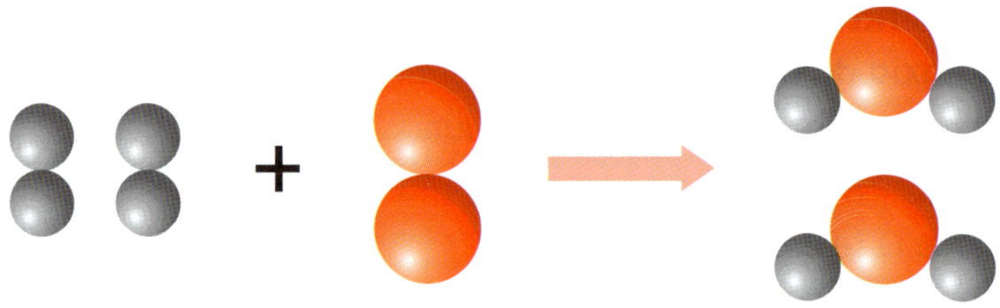

a | Quantes molècules d'hidrogen reaccionen? I d'oxigen? Quantes molècules d'aigua s'obtenen?

b | Escriviu l'equació química ajustada que representa aquesta reacció química i completeu la frase següent:

- ___ + ___ → ___
- 2 __________ d'hidrogen reaccionen amb 1 __________ d'oxigen per formar 2 __________ d'aigua.

c | Podem pesar al laboratori 2 molècules d'hidrogen o 1 d'oxigen? Quina és la unitat que els químics han adoptat per saber la quantitat de substància amb què han de treballar al laboratori? Recordeu a quantes molècules equival?

d | Completeu al vostre quadern aquesta taula amb la informació que ens aporta l'equació química ajustada. Per calcular els grams de cada substància necessitem saber la massa molar de cadascuna. Expliqueu com es calcula.

	$2\ H_{2(g)}$ +	$O_{2(g)}$	→	$2\ H_2O_{(l)}$
A escala molecular	2 molècules 2 · __________ molècules = 2 mol	1 molècula 1 · __________ molècules = 1 mol	→ →	2 molècules 2 · __________ molècules = 2 mol
Al laboratori	1 mol H_2 = ___ 2 · 2 mol = 4 g	1 mol O_2 = 32 g 1 · 1 mol = 32 g		1 mol H_2O = ___ 2 · 2 mol = 36 g

e | Completeu les frases següents referents a la feina al laboratori.

- 2 _____ d'hidrogen reaccionen amb 1 _____ d'oxigen per formar 2 _____ d'aigua.
- 4 _____ d'hidrogen reaccionen amb 32 _____ d'oxigen per formar 36 _____ d'aigua.

Exercici resolt

1. Quan reaccionen sulfat de bari ($BaSO_4$) i carboni s'obtenen sulfur de bari (BaS) i monòxid de carboni (CO). L'equació química que descriu aquest procés és:

$$BaSO_{4(s)} + 4\ C_{(s)} \rightarrow BaS_{(s)} + 4\ CO_{(g)}$$

a) Comproveu que l'equació química està ajustada.

b) Quants mols de BaS s'obtenen amb 4 mol de C? I amb 20 mol de C?

c) Si tenim una mescla de 2 mol de $BaSO_{4(s)}$ i 4 mol de $C_{(s)}$ i els fem reaccionar, de quin reactiu n'hi ha un excés i per tant sobrarà?

a) Comptem el nombre d'àtoms de cada element en els reactius i en els productes i comprovem que és el mateix.

Ba: 1 → 1

S: 1 → 1

O: 4 → 4

C: 4 → 4

b) Com que la proporció de les substàncies que intervenen en una reacció ve determinada pels coeficients estequiomètrics, amb 4 mol de C s'obté 1 mol de BaS. Això vol dir que la proporció entre el nombre de mols d'aquestes dues substàncies és 4:1; per tant, amb 20 mol de C s'obtenen 5 mol de BaS.

c) La proporció dels reactius, segons ens indiquen els coeficients estequiomètrics, és d'1 mol de $BaSO_4$ amb 4 mol de C; així, doncs, si ara augmentem els mols de $BaSO_4$ sense variar els de C, hi ha un excés de $BaSO_4$ i sobrarà 1 mol d'aquest reactiu.

Analitzeu la resolució d'un problema

L'etilè (C_2H_4) es crema en presència d'oxigen (O_2). Els productes d'aquesta reacció són el diòxid de carboni (CO_2) i el vapor d'aigua.

Completeu la taula amb la informació que aporta l'equació química ajustada:

	$C_2H_{4(g)}$	+ $3\ O_{2(g)}$	→	$2\ CO_{2(g)}$	+ $2\ H_2O_{(l)}$
Molècules	1	3	→	2	2
Mols			→		
Grams			→		

a | Què és el primer que hem de fer per extreure'n la informació demanada?

b | Per què el nombre de molècules coincideix amb el nombre de mols?

c | Com s'han calculat els grams de cada substància que intervenen en la reacció?

ACTIVITATS

13 Al laboratori, has de dur a terme la reacció química entre el clor (Cl_2) i l'hidrogen (H_2) per obtenir àcid clorhídric (HCl). Escriu l'equació química corresponent i completa una taula com l'anterior amb la informació que ens aporta l'equació ajustada.

Activitats interactives

Activitat de síntesi

5. Càlculs en reaccions químiques

Amb les equacions químiques ajustades i la informació que ens proporcionen, podem calcular quantitats d'una substància de la reacció a partir de la massa d'una altra substància de la mateixa reacció, aplicant **càlculs estequiomètrics**. Sabeu fer càlculs amb reaccions químiques?

5.1 Càlculs amb mols

Analitzeu la resolució d'un problema

El sulfur de plom(II) (PbS) reacciona amb l'oxigen (O_2) a alta temperatura. Els productes de la reacció són l'òxid de plom(II) (PbO) i el diòxid de sofre (SO_2). Calculeu:

a | Quants mols de PbO obtindrem si reaccionen 20 mol d'oxigen amb el PbS necessari?

b | Quants mols de O_2 es necessiten per reaccionar amb 6 mol de PbS?

Escrivim l'equació química ajustada i completem una taula com aquesta amb la informació que ens aporten l'equació química i l'enunciat del problema:

		$2\ PbS_{(s)}$	$+\ 3\ O_{2(g)}$	→	$2\ PbO_{(s)}$	$+\ 2\ SO_{2(g)}$
Mols		2	3	→	2	2
Dades i incògnites	**a)**		20 mol	→	? mols	
	b)	6 mol	? mols	→		

a | Observem que per cada 3 mol de O_2 obtenim 2 mol de PbO. Per tant:

$$20\ \cancel{\text{mol } O_2} \cdot \frac{2\text{ mol PbO}}{3\ \cancel{\text{mol } O_2}} = 13{,}3\text{ mol PbO}$$

b | Observem que per cada 2 mol de PbS necessitem 3 mol de O_2. Per tant:

$$6\ \cancel{\text{mol PbS}} \cdot \frac{3\text{ mol } O_2}{2\ \cancel{\text{mol PbS}}} = 9\text{ mol } O_2$$

- Com calcularíeu els mols de SO_2 que s'obtindrien amb els 20 mol de O_2?
- Si tenim 6 mol de PbS i 9 mol de O_2, quants mols de cada un dels productes es formaran? I si només disposem de 0,5 mol de PbS i 1,5 mol de O_2?

ACTIVITATS

14 Quan s'escalfa el clorat de potassi ($KClO_3$), es descompon en clorur de potassi (KCl) i oxigen (O_2).

a) Escriu l'equació química ajustada corresponent al procés indicat.

b) Escriu com es llegeix aquesta equació química.

c) Indica quina informació ens aporta l'equació química ajustada.

d) Calcula els mols d'oxigen que s'obtenen quan es descomponen 0,5 mol de clorat de potassi.

5.2 Càlculs amb mols i grams

Analitzeu la resolució d'un problema

En la reacció de l'àcid sulfúric (H_2SO_4) amb l'hidròxid de potassi (KOH) s'obté sulfat de potassi (K_2SO_4) i aigua (H_2O). El sulfat de potassi s'utilitza normalment com a fertilitzant agrícola. Calculeu:

a | Els grams de K_2SO_4 que s'obtenen amb 10 mol de H_2SO_4.

b | Quants mols de KOH fan falta per obtenir 870 g de K_2SO_4?

Completem una taula com aquesta:

		$H_2SO_{4(l)}$ +	$2\,KOH_{(s)}$	→	$K_2SO_{4(s)}$ +	$2\,H_2O_{(l)}$
Mols		1	2	→	1	2
Grams		98	112	→	174	36
Dades i incògnites	**a)**	10 mol		→	? g	
	b)		? mols	→	870 g	

a | Observem que per cada mol de H_2SO_4 obtenim 1 mol de K_2SO_4. Per tant:

$$10\ \text{mol}\ H_2SO_4 \cdot \frac{1\ \text{mol}\ K_2SO_4}{1\ \text{mol}\ H_2SO_4} = 10\ \text{mol}\ K_2SO_4$$

La massa dels 10 mol de K_2SO_4 és:

$$10\ \text{mol}\ K_2SO_4 \cdot \frac{174\ \text{g}\ K_2SO_4}{1\ \text{mol}\ K_2SO_4} = 1.740\ \text{g}\ K_2SO_4$$

b | Expressem en mols la dada del problema, 870 g de K_2SO_4:

$$870\ \text{g}\ K_2SO_4 \cdot \frac{1\ \text{mol}\ K_2SO}{174\ \text{g}\ K_2SO_4} = 5\ \text{mol}\ K_2SO_4$$

Determinem els mols de KOH que es necessiten per obtenir els 5 mols de K_2SO_4. Com que els mols d'aquestes substàncies estan en la proporció 2:1, llavors:

$$5\ \text{mol}\ K_2SO_4 \cdot \frac{2\ \text{mol KOH}}{1\ \text{mol}\ K_2SO_4} = 10\ \text{mol KOH}$$

- Redacteu un text per explicar pas a pas a un company o companya de classe com s'ha resolt aquest problema. Utilitzeu els esquemes següents:

  a | mols de H_2SO_4 → mols de K_2SO_4 → massa de K_2SO_4

  b | massa de K_2SO_4 → mols de K_2SO_4 → mols de KOH

ACTIVITATS

15 L'òxid de calci, CaO, anomenat també *calç viva*, s'obté en escalfar a altes temperatures la roca calcària (carbonat de calci, $CaCO_3$). En el procés, a més de formar-se CaO, es desprèn diòxid de carboni, CO_2.

a) Escriu l'equació química ajustada de la reacció indicada.

b) Escriu com es llegeix aquesta equació química.

c) Quants mols d'òxid de calci hi ha en 1 kg?

d) Quants mols de $CaCO_3$ haurem d'escalfar per obtenir 1 kg de calç viva?

Activitats interactives

Activitat de síntesi

6. L'energia de les reaccions químiques

Hi ha reaccions químiques en què l'aparició de substàncies noves comporta l'alliberament d'energia a l'entorn; en canvi, n'hi ha d'altres que necessiten que se subministri energia perquè es produeixin. Sabíeu que totes les reaccions químiques van acompanyades de despreniment o absorció d'energia?

Observeu i deduïu

Les imatges següents mostren diferents reaccions químiques:

Combustió del butà.

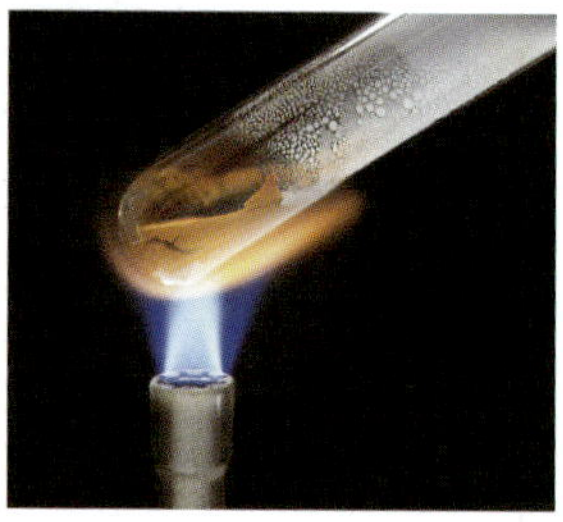
Descomposició de l'òxid de mercuri.

Combustió d'una cinta de magnesi.

a) La reacció química de la combustió del butà es duu a terme amb absorció o amb despreniment d'energia? I la descomposició de l'òxid de mercuri? I la combustió del magnesi?

b) Quin tipus d'energia s'absorbeix o es desprèn en cada cas?

c) Cerqueu el significat dels termes *endotèrmic* i *exotèrmic*. Classifiqueu les reaccions anteriors en exotèrmiques o endotèrmiques.

d) Com definiríeu les reaccions **endotèrmiques**? I les **exotèrmiques**?

Analitzeu un experiment

En un vas de precipitats posem suc de llimona. Hi introduïm un termòmetre i anotem la temperatura, que és de 20 °C. Hi afegim bicarbonat de sodi i remenem amb una vareta. L'efervescència que es produeix indica la formació de gas en la reacció química de l'àcid cítric del suc de llimona i el bicarbonat. Immediatament, tornem a mesurar la temperatura, que és de 6 °C.

a | Què us sembla que s'ha produït en aquesta reacció, una absorció o un despreniment d'energia?

b | Es tracta d'una reacció exotèrmica o endotèrmica?

ACTIVITATS

16 En una reacció química, l'energia no sempre es manifesta amb l'absorció o despreniment de calor, encara que això sigui el més freqüent. Indica per a cada reacció el tipus d'energia que s'absorbeix o es desprèn:

a) La fotosíntesi.

b) La combustió d'un llumí.

c) L'explosió dels petards en els focs artificials.

d) Cuinar un bistec a la planxa.

Activitats interactives
Activitat de síntesi

7. La velocitat de les reaccions químiques

La rapidesa amb què es consumeixen els reactius i es formen els productes s'anomena **velocitat de reacció**. Sabeu de quins factors depèn la velocitat d'una reacció química?

Observeu i deduïu

Observeu aquestes imatges, que mostren l'**oxidació del ferro** quan reacciona amb l'oxigen de l'aire, i la **reacció entre encenalls de zinc i àcid clorhídric**.

a | Us sembla que les dues reaccions es produeixen amb la mateixa rapidesa? Quina reacció és més ràpida?

b | En algun moment la velocitat de reacció pot ser zero? Raoneu la resposta.

Interpreteu i concloeu

Recordeu que les reaccions es produeixen a causa de les col·lisions entre les molècules dels reactius. Aquestes col·lisions provoquen el trencament de les molècules, que només es produeix si les molècules xoquen en la direcció adequada i amb prou velocitat.

a | Segons la teoria cinètica, com varia el moviment de les partícules amb la temperatura? En quin cas hi haurà més possibilitats que les partícules col·lideixin? Com influeix la **temperatura** en la velocitat de reacció? Justifiqueu per què un got de llet a la intempèrie es descompon abans que un got de llet a la nevera.

b | Què es cremarà abans, un tronc de fusta gruixut o la mateixa quantitat de fusta desfeta en estelles? Com influeix el **grau de divisió dels reactius** en la velocitat de reacció? Per què es couen abans els aliments tallats en trossos petits?

c | Com influeix l'augment de la concentració dels reactius en el nombre de partícules per unitat de volum? Com afecta aquest fet la probabilitat que aquestes col·lideixen les unes amb les altres? Com influirà, doncs, la **concentració dels reactius** en la velocitat de reacció?

ACTIVITATS

17 El sulfat de coure(II) dissolt en aigua reacciona amb ferro i forma sulfat de ferro(II) i coure. L'equació química ajustada és:

$$CuSO_{4(aq)} + Fe_{(s)} \rightarrow FeSO_{4(aq)} + Cu_{(s)}$$

Raona en cada cas quin factor afavoreix la velocitat de la reacció:

a) Utilitzar ferro dividit finament. / Utilitzar granalla de ferro.

b) Fer servir una solució de sulfat de coure(II) de concentració 2 mol/L. Fer servir una solució de sulfat de coure(II) de concentració 0,5 mol/L.

c) Refredar el vas de precipitats on té lloc la reacció. / Escalfar el vas de precipitats on té lloc la reacció.

7.1 Els catalitzadors

Els **catalitzadors** són substàncies que, sense consumir-se com a reactius, fan augmentar la velocitat de les reaccions. Si en fan disminuir la velocitat, s'anomenen **inhibidors**.

Hi ha diferents tipus de catalitzadors: **metàl·lics**, com ara el platí, el pal·ladi i el rodi; i **biològics,** anomenats **enzims**, com ara la catalasa, present a la poma, a la patata i en altres vegetals.

Per digerir la **llet** és necessària la presència de l'enzim lactasa.

Què succeeix si una persona que no pot sintetitzar aquest enzim beu llet?

Experimenteu

L'aigua oxigenada es descompon espontàniament i lentament en aigua i oxigen. Durant la reacció es desprenen bombolles d'oxigen. L'equació química que representa aquest procés és:

$$2\,H_2O_{2(aq)} \rightarrow 2\,H_2O_{(l)} + O_{2(g)}$$

Ompliu dues provetes amb 50 cm^3 d'aigua oxigenada cadascuna. En una poseu-hi un trosset de poma, i observeu a quina proveta hi ha més bombolleig.

En quina proveta la reacció de descomposició de l'aigua oxigenada es duu a terme amb més rapidesa? Com ho sabeu? A què us sembla que és degut?

Observeu i deduïu

Per poder digerir la lactosa (un dels sucres de la llet) els humans produïm a l'intestí prim un enzim que permet que les molècules de lactosa es trenquin en dos sucres més senzills, la glucosa i la galactosa. Aquest enzim s'anomena **lactasa**.

Cada enzim intervé en una única reacció química determinada, és a dir, els enzims són molt específics.

a | Observeu aquest model, que mostra com actuen els enzims. Justifiqueu mitjançant aquest model la idea que els enzims són molt específics.

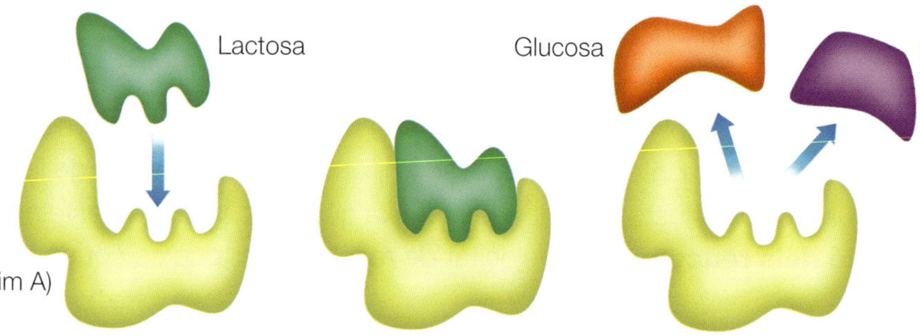

b | Per què penseu que els enzims també s'anomenen catalitzadors biològics?

c | Investigueu quins són els enzims que faciliten la digestió del midó al cos humà.

ACTIVITATS

18. Els automòbils actuals disposen d'un catalitzador que afavoreix la conversió de gasos contaminants en altres de no tan perjudicials. Quines reaccions afavoreixen? Pots consultar-ho al web.

19. Els texans anomenats *stone washed jeans* eren rentats amb pedra porosa per destenyir-los i aconseguir el color desitjat. Des de l'any 1992, però, s'utilitzen enzims per obtenir el mateix resultat. Consulta el web i indica altres aplicacions industrials dels enzims.

20. Per què els inhibidors són importants, sobretot, a la indústria alimentària?

Activitats interactives
Activitat de síntesi

1. Canvis físics i canvis químics

Els sistemes materials es transformen i les seves composicions i propietats canvien sovint. Aquests canvis són diferents segons si alteren la composició de la matèria o no.

- Els **canvis físics** són transformacions en què la composició de la matèria no varia. És a dir, abans i després de la transformació les substàncies són les mateixes. Els canvis d'estat són canvis físics.
- Els **canvis químics**, també anomenats **reaccions químiques**, són transformacions en què la composició de la matèria varia. És a dir, abans del canvi les substàncies són unes i després del canvi en són unes altres.

ACTIVITATS

1. En què es diferencia un canvi físic d'un canvi químic?
2. Indica quins dels processos següents són canvis físics i quins són canvis químics:
   a) L'encesa d'un llumí.
   b) L'incendi d'un bosc.
   c) L'aparició de rovell en una cadira de ferro.
   d) El fet que la roba estesa s'eixugui.
3. Assenyala quin dels processos següents és un procés químic. Raona la resposta.
   a) La separació d'una mescla de sofre i ferro.
   b) Una combustió.
   c) Un canvi d'estat.

2. Les reaccions químiques

En una reacció química, els compostos que s'obtenen (**productes de reacció**) són diferents dels compostos originals (**reactius**).

$$\textbf{Reactius} \xrightarrow{\text{reacció química}} \textbf{Productes de reacció}$$

De vegades no és possible observar a ull nu l'aparició de substàncies noves. En aquests casos caldrà estudiar si les propietats característiques dels productes, com ara la densitat, la solubilitat o el punt de fusió, han variat respecte de les dels reactius.

2.1 Per què es produeix una reacció química

Les reaccions químiques ocorren a causa de les col·lisions entre molècules o ions dels reactius. Perquè es produeixi una reacció hi ha d'haver un xoc. Els xocs poden provocar el trencament de les unions entre els àtoms que formen els reactius, si tenen lloc amb prou velocitat. Després, els àtoms es reorganitzen per formar els productes de la reacció.

2.2 Algunes classes de reaccions químiques

- **Reaccions d'oxidació**. És la reacció química d'una substància amb l'oxigen. Per exemple, l'oxidació d'una poma, un cop tallada, en contacte amb l'aire. La corrosió, la respiració i la combustió són reaccions d'oxidació.
  - La **corrosió** és un procés que pateix la superfície dels metalls a causa de l'acció oxidant de l'oxigen de l'aire.
  - La **combustió** és una reacció ràpida d'una substància amb l'oxigen, en la qual es desprèn una gran quantitat d'energia tèrmica i lluminosa. Per exemple, la reacció del gas metà amb l'oxigen és una reacció d'oxidació.
  - La **respiració cel·lular** és el procés en què els nutrients dels aliments alliberen l'energia química que tenen emmagatzemada, energia que els éssers vius utilitzem per dur a terme les funcions vitals. Normalment, aquest procés es produeix en presència d'oxigen.
- **Reaccions de fermentació**. Provoquen la descomposició de la matèria orgànica (sucres) en absència d'oxigen. Són produïdes per llevats.
- **Reaccions de putrefacció**. Originen la descomposició de la matèria orgànica morta en absència d'oxigen. Són produïdes pels bacteris.
- **Reaccions de descomposició**. Una substància es transforma en altres de més senzilles. N'és un exemple l'electròlisi de l'aigua.
- **Reaccions de síntesi**. Dues substàncies simples o més reaccionen per donar un únic compost. Per exemple, la reacció del carboni i l'oxigen per produir diòxid de carboni.

ACTIVITATS

4 Quan s'escalfa el carbonat de coure(II), $CuCO_3$, a alta temperatura s'obté l'òxid de coure(II), CuO, i diòxid de carboni gasós. Quina substància és el reactiu? Quins són els productes? Escriu l'equació d'aquesta reacció.

5 Explica com es produeix una reacció química.

6 Escriu la reacció següent i completa el model de partícules que l'explica: el nitrogen (N_2) i l'oxigen (O_2) reaccionen per formar òxid de nitrogen (NO).

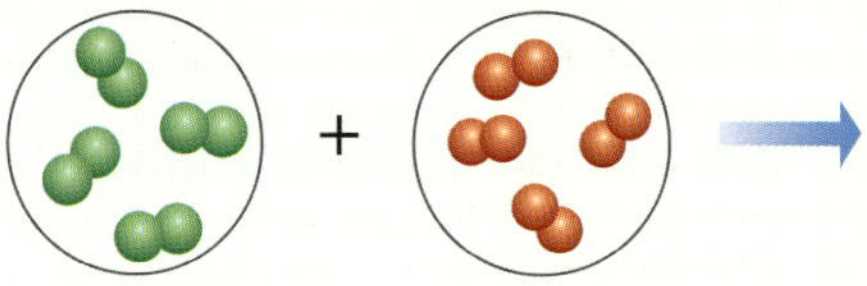

3. La llei de conservació de la massa

El científic francès A. Lavoisier va comprovar experimentalment que la massa dels reactius i la massa dels productes d'una reacció química és la mateixa. A partir dels seus experiments, va enunciar la **llei de conservació de la massa**: en tota reacció química, la suma de les masses dels reactius és igual a la suma de les masses dels productes.

Per tant, a escala molecular, el nombre d'àtoms de cada element abans de la reacció i després és el mateix, encara que les molècules dels reactius i dels productes són diferents.

ACTIVITATS

7 Els gasos oxigen i hidrogen reaccionen per formar aigua (H_2O). Completa al teu quadern les dades que falten en aquesta taula:

Oxigen +	Hidrogen →	Aigua
32 g	4,04 g	
	20,20 g	180,20 g

8 Fem reaccionar ferro (Fe) amb l'oxigen de l'aire (O_2) i es forma òxid de ferro(II), (FeO).

$$2\ Fe_{(s)} + O_{2(g)} \rightarrow 2\ FeO_{(s)}$$

a) Quants mols de ferro es necessiten si es volen obtenir 134 g de FeO?

b) Quants mols d'oxigen, O_2, reaccionen amb 2 mols de ferro?

9 Quan posem llenya al foc, la massa de les cendres no és la mateixa que la de la llenya. En aquest procés de combustió, per què no es compleix la llei de conservació de la massa?

4. Les equacions químiques

Les **equacions químiques** són representacions simbòliques i abreujades de les reaccions químiques.

Com que les reaccions químiques han de complir la llei de conservació de la massa, en les equacions químiques s'ha d'igualar el nombre d'àtoms de cada element en els reactius i en els productes. Aquesta operació s'anomena ajust de l'equació química i consisteix a col·locar els **coeficients** adequats a cada substància.

En les equacions químiques s'indiquen:

- Els **reactius** i els **productes** de la reacció, amb les fórmules separades per una fletxa, que indica el sentit en què es produeix la reacció.
- Els **coeficients** de cada substància un cop ajustada la reacció.
- També es pot incloure l'**estat físic** (s, l, g) de cada substància i altres característiques, com ara que estigui dissolta en aigua (aq).

4.1 L'ajust d'una equació química

1. Escrivim la reacció química.
2. Comptem el nombre d'àtoms de cada element.
3. Afegim els coeficients adequats a tots els elements.
4. Comprovem que tots els elements estan ajustats.

4.2 Què ens indica una equació química ajustada

L'**equació química ajustada** ens indica:

- A escala molecular, la **proporció entre el nombre de molècules** de cada substància que intervenen en la reacció.
- Al laboratori, la **proporció entre el nombre de mols** de cada substància.

Per exemple: $2\ NO_{(g)} + O_{2(g)} \rightarrow 2\ NO_{2(g)}$

- 2 molècules d'òxid de nitrogen en estat gasós reaccionen amb 1 molècula d'oxigen en estat gasós per formar 2 molècules de diòxid de nitrogen en estat gasós.
- 2 mol d'òxid de nitrogen reaccionen amb 1 mol d'oxigen per formar 2 mol de diòxid de nitrogen.

Com que el mol s'expressa en grams, l'equació química ajustada ens permetrà fer càlculs amb masses o volums de les diferents substàncies.

ACTIVITATS

10 Ajusta les equacions químiques següents:

a) $Na_2SO_4 + C \rightarrow CO_2 + Na_2S$

b) $Al + H_2SO_4 \rightarrow Al_2(SO_4)_3 + H_2$

c) $NH_3 + O_2 \rightarrow NO + H_2O$

d) $C_3H_8 + O_2 \rightarrow CO_2 + H_2O$

11 Indica quines de les equacions químiques següents no estan ben ajustades:

a) $Cl_2 + H_2 \rightarrow 2\ HCl$

b) $CH_4 + 3\ O_2 \rightarrow CO_2 + 2\ H_2O$

c) $2\ Hg + S \rightarrow Hg_2S$

d) $H_2SO_4 + 2\ K \rightarrow K_2SO_4 + H_2$

12 Quan reaccionen hidrogen (H_2) i nitrogen (N_2) s'obté amoníac (NH_3).

a) Escriu l'equació química corresponent a aquest procés.

b) Escriu com es llegeix aquesta equació química.

c) Quants mols d'hidrogen i de nitrogen necessitarem per obtenir 12 mols d'amoníac?

5. Càlculs en reaccions químiques

Amb les reaccions químiques podem fer càlculs per saber, per exemple, les masses de reactius que necessitem per obtenir una quantitat determinada d'un producte de la reacció; o bé per saber la massa de producte que obtindrem a partir d'un nombre de mols o d'una massa d'un reactiu.

Aquests càlculs els fem a partir de la informació que ens proporciona l'equació química ajustada i s'anomenen **càlculs estequiomètrics**.

Els càlculs estequiomètrics són les operacions que podem fer per calcular quantitats d'una substància de la reacció a partir d'una quantitat coneguda d'una altra substància de la mateixa reacció.

5.1 Càlculs amb mols

Exemple resolt

1. El clor reacciona amb l'amoníac i s'obté clorur d'hidrogen i nitrogen. L'equació química d'aquest procés és: $3\ Cl_{2(g)} + 2\ NH_{3(l)} \rightarrow 6\ HCl_{(l)} + N_{2(g)}$

Calcula els mols de clorur d'hidrogen que obtindrem a partir de 50 mol d'amoníac i el clor necessari.

Completem una taula com aquesta amb la informació que ens aporta l'equació química i l'enunciat del problema:

	$3\ Cl_2$	$+ 2\ NH_3$	$\rightarrow$	$6\ HCl$	$+ N_2$
Mols	1	3	$\rightarrow$	2	2
Dades i incògnites		50 mol	$\rightarrow$	? mol	

L'equació ens indica que per cada 2 mol de NH_3 s'obtenen 6 mol de HCl. El factor de conversió que ens permet convertir els mols de NH_3 en mols de HCl és:

$$\frac{6\ \text{mol HCl}}{2\ \text{mol NH}_3}$$

Per tant:

$$50\ \text{mol NH}_3 \cdot \frac{6\ \text{mol HCl}}{2\ \text{mol NH}_3} = 150\ \text{mol HCl}$$

5.2 Càlculs amb mols i grams

Exemple resolt

2. L'electròlisi del clorur de sodi (NaCl) dissolt en aigua produeix sodi (Na) i clor (Cl). L'equació química d'aquest procés és:

$2\ NaCl_{(aq)} \rightarrow 2\ Na_{(s)} + Cl_{2(g)}$

Calcula els mols de clorur de sodi necessaris per obtenir 500 g de sodi.

Completem una taula com aquesta amb la informació que ens aporten l'equació química i l'enunciat del problema:

	$2\ NaCl$	$\rightarrow$	$2\ Na$	$+ Cl_2$
Mols	2	$\rightarrow$	2	1
Grams	117	$\rightarrow$	46	71
Dades i incògnites	? mol	$\rightarrow$	500 g	

Expressem en mols la dada del problema, 500 g de Na:

$$500\ \text{g Na} \cdot \frac{1\ \text{mol Na}}{23\ \text{g Na}} = 21{,}74\ \text{mol Na}$$

Determinem els mols de NaCl que es necessiten per obtenir els 21,74 mol de Na. Com que per cada 2 mol de NaCl s'obtenen 2 mol de Na, aleshores:

$$21{,}74\ \text{mol Na} \cdot \frac{2\ \text{mol NaCl}}{2\ \text{mol Na}} = 21{,}74\ \text{mol NaCl}$$

El procés que hem seguit ha estat el següent:

massa de Na → mols de Na → mols de NaCl

ACTIVITATS

13 L'òxid de dinitrogen, N_2O, es coneix amb el nom de *gas hilarant*. Produeix efectes eufòrics i inhibeix el sentit del dolor. Fou el primer gas emprat com a anestèsic. S'obté a partir del nitrat d'amoni, NH_4NO_3.

$$NH_4NO_{3(s)} \rightarrow N_2O_{(g)} + 2\ H_2O_{(l)}$$

a) Quants mols de nitrat d'amoni hi ha en 158 g d'aquest compost?

b) Quants mols d'òxid de dinitrogen s'obtenen amb 158 g de nitrat d'amoni?

14 La urea és un compost que es troba a l'orina i és el principal producte del metabolisme de les proteïnes. La urea es descompon i dóna amoníac, segons la reacció:

$$(NH_2)_2CO_{(s)} + H_2O_{(l)} \rightarrow 2\ NH_{3(g)} + CO_{2(g)}$$

Diàriament els ronyons excreten entre 20 i 25 g d'urea. Quants mols d'amoníac es poden formar?

15 El gas propà, C_3H_8, crema amb l'oxigen de l'aire, O_2, i es forma diòxid de carboni i aigua. Escriu i ajusta la reacció.

6. L'energia de les reaccions químiques

Podem parlar de dos tipus de reaccions:

- Reaccions **exotèrmiques**, que tenen lloc amb despreniment d'energia.
- Reaccions **endotèrmiques**, que tenen lloc amb absorció d'energia.

Les reaccions químiques que inclouen el despreniment o l'absorció d'energia s'anomenen **reaccions termoquímiques**.

ACTIVITATS

16 Copia i completa al teu quadern les frases següents:

a) La combustió del gas butà és una reacció ____________, ja que ________________.

b) Amb una reacció ___________ aconseguirem disminuir la temperatura d'una habitació.

c) Les reaccions que tenen lloc amb absorció d'energia s'anomenen __________.

d) Les reaccions que tenen lloc amb despreniment d'energia s'anomenen __________.

7. Velocitat de reacció i catalitzadors

La **velocitat de reacció** és la rapidesa amb què desapareixen els reactius per transformar-se en productes.

Els factors que determinen la velocitat d'una reacció química són:

- El **grau de divisió dels reactius**. En els sòlids, la velocitat de reacció augmenta com més finament estan dividits.
- La **concentració dels reactius en dissolució**. Si la dissolució és més concentrada, augmenta la velocitat de reacció.
- La **temperatura**. En general, si augmentem la temperatura, augmenta la velocitat de reacció.

7.1 Els catalitzadors

Els **catalitzadors** són substàncies que no es consumeixen com a reactius, però que afavoreixen la velocitat de les reaccions químiques. Si fan disminuir la velocitat de reacció, s'anomenen **inhibidors**.

Hi ha diferents tipus de catalitzadors: **metàl·lics**, com ara el platí, el pal·ladi i el rodi; i **biològics**, anomenats **enzims**, que són proteïnes presents en moltes de les reaccions químiques que tenen lloc en els éssers vius. Hi ha dos factors que diferencien els catalitzadors biològics dels catalitzadors que es fan servir al laboratori o a la indústria:

- Són molt específics: cada enzim catalitza una reacció química determinada.
- Fan augmentar molt més la velocitat de reacció que els catalitzadors no biològics.

ACTIVITATS

17 Indica i raona quins dels processos següents faran augmentar la velocitat d'una reacció química:

a) Compactar al màxim els reactius sòlids.

b) Augmentar la temperatura dels reactius.

c) Utilitzar dissolucions poc concentrades.

d) Dividir al màxim els reactius.

18 La reacció dels àcids amb els metalls produeix gas hidrogen. Indica si observarem més o menys despreniment de gas:

a) Si escalfem el tub d'assaig.

b) Si disminuïm la concentració de l'àcid.

c) Si utilitzem llimadures petites de metall en lloc de trossos.

Comprova el que saps
Mapa conceptual

Observació de canvis químics

Objectiu

Produir reaccions químiques amb canvis de color, amb despreniment de gasos i amb formació de precipitats.

Material

- Vas de precipitats, permanganat de potassi ($KMnO_4$), aigua, vareta de vidre, àcid clorhídric (HCl), comptagotes.
- Tub d'assaig, cinta de magnesi i dissolució aquosa d'àcid clorhídric (HCl).
- 2 vasos de precipitats, iodur de potassi (KI), nitrat de plom(II) ($Pb(NO_3)_2$), vareta de vidre i aigua.

Procediment

Canvis de color

En un vas de precipitats posa un polsim de permanganat de potassi i aigua. Remena amb la vareta fins que el permanganat s'hagi dissolt. El resultat és una dissolució violeta.

A continuació, afegeix-hi àcid clorhídric, gota a gota, i remena. Comprova que la dissolució es torna incolora.

Despreniment de gasos

En un tub d'assaig introdueix uns 2 cm^3 de la dissolució d'àcid clorhídric. A continuació afegeix-hi un tros de cinta de magnesi. Observa com el magnesi és atacat per l'àcid i produeix unes bombolles de gas, que surt per la part superior del tub d'assaig.

Formació de precipitats

En un vas de precipitats introdueix una dissolució de iodur de potassi i en l'altre vas de precipitats una quantitat semblant d'una dissolució de nitrat de plom (II). Totes dues dissolucions són incolores. Aboca el contingut d'un vas de precipitats en l'altre i obtingues un precipitat groc de iodur de plom (II).

ACTIVITATS

1. Els àtoms de les substàncies que intervenen en una reacció química es transformen en altres de diferents o simplement s'uneixen d'una altra manera?
2. És possible que els reactius i els productes d'una reacció tinguin una massa diferent? Per què?
3. Escriu com es llegeixen les reaccions químiques següents. Després escriu les equacions químiques corresponents:
   a) $KMnO_{4(aq)} + HCl_{(aq)} \rightarrow KCl_{(aq)} + MnCl_{2(aq)} + H_2O_{(l)} + Cl_{2(g)}$
   b) $HCl_{(aq)} + Mg_{(s)} \rightarrow MgCl_{2(aq)} + H_{2(g)}$
   c) $KI_{(aq)} + Pb(NO_3)_{2(aq)} \rightarrow PbI_{2(s)} + KNO_{3(aq)}$

ACTIVITAT FINAL

La química a la vida quotidiana

Moltes vegades hem sentit l'expressió: «No mengis això, que és tot química». I és clar que és química! De fet, nosaltres mateixos fem contínuament reaccions químiques, i també les plantes i els animals. Quan es diu que un producte és químic, el que es vol dir és que s'ha produït de manera artificial, no natural, i això no implica que sigui especialment perjudicial per a la nostra salut.

Analitzem la nostra vida diària des del punt de vista químic. Al matí, quan ens dutxem, l'aigua calenta prové d'un escalfador que l'ha obtinguda a partir d'una reacció de combustió: el gas de l'escalfador, en presència d'oxigen i una guspira, inicia la combustió, i la calor alliberada s'aprofita per escalfar l'aigua. També són reaccions de combustió les que es produeixen en encendre un foc o una espelma.

A la natura, tenen lloc milions de reaccions.

Si fóssim anglesos i esmorzéssim ous ferrats amb cansalada, observaríem una segona reacció química: la desnaturalització d'una proteïna. Les proteïnes són molècules molt grans i complexes; amb l'escalfor, les parts que les constitueixen reaccionen les unes amb les altres, i això origina un canvi d'aspecte i de textura. Aquesta mateixa reacció la veiem quan coem la carn o el peix, i necessita calor per produir-se.

Quan hem menjat, a l'interior del nostre cos es produeixen reaccions en què el cos «trenca» les proteïnes, els glúcids i els greixos en molècules més senzilles que, per la sang, arribaran a les cèl·lules, on seran utilitzades per formar-ne d'altres a partir de reaccions de síntesi. La major part de les reaccions que tenen lloc en el nostre organisme necessiten energia, i la font d'energia són els aliments, bàsicament els glúcids i els greixos.

En les plantes també es donen reaccions químiques, com la fotosíntesi: a partir d'aigua, diòxid de carboni, sals minerals i llum solar s'obté glucosa i oxigen; per això s'encadenen disset reaccions. Les reaccions que es produeixen en els éssers vius són molt complexes i requereixen uns catalitzadors naturals, els enzims, que són unes molècules que emmagatzemen energia i l'alliberen allà on faci falta.

També podríem esmentar les reaccions químiques que tenen lloc en algunes capes de l'atmosfera, i algunes altres ideades per l'ésser humà per obtenir productes que ens faciliten la vida, com el paper, el plàstic, etc. Així, doncs, si mirem al voltant nostre, veurem que hi ha química pertot arreu.

ACTIVITATS

1. Quan diem que un producte és químic?
2. Quina classe de reacció es produeix dins d'un escalfador? Indica altres reaccions d'aquesta classe que s'esmenten al text.
3. En què es diferencien les reaccions de descomposició de les de síntesi? Quines reaccions d'aquestes classes s'esmenten al text?
4. A l'interior del nostre cos també es produeixen reaccions químiques. En pots anomenar alguna? Quina és la seva finalitat?
5. Com s'anomena la reacció més coneguda que s'esdevé en les plantes? Quins són els reactius i els productes d'aquesta reacció? Escriu l'equació que representa aquest procés.
6. Classifica en endotèrmiques i exotèrmiques les reaccions que s'esmenten al text.
7. Què són els enzims? Quina funció duen a terme?
8. Hi ha una branca de la ciència que s'anomena *bioquímica*. Quin et sembla que és el seu camp d'estudi?
9. Mira al teu voltant i indica quins dels elements que hi veus són artificials i quins s'han elaborat a partir de materials naturals.

Autoavaluació

REVISTA DE CIÈNCIA

BEGUDES I BOSSES QUE S'ESCALFEN I QUE ES REFREDEN SOLES

Quan som a casa i hem d'escalfar o refredar alguna cosa, podem fer-ho de diverses maneres: amb un combustible, com el gas butà o el metà, o amb electricitat si la cuina i la calefacció són elèctriques i tenim una nevera o un aparell d'aire condicionat, els quals tenen un líquid de refrigeració que en evaporar-se agafa calor del medi, de manera que en disminueix la temperatura.

Però com podem refredar o escalfar si som lluny d'aquestes comoditats?

La química ens ofereix la solució mitjançant substàncies que en reaccionar escalfen o refreden l'entorn.

Hi ha moltes reaccions que desprenen calor. Per exemple, hi ha envasos de begudes que s'escalfen gràcies a la reacció entre l'òxid de calci, CaO, i l'aigua: $CaO_{(s)} + H_2O_{(l)} \rightarrow Ca(OH)_{2(aq)}$. Amb aquesta reacció, la temperatura pot augmentar més de 40 °C. Els dos reactius es mantenen separats per un doble fons de plàstic: l'aigua és al compartiment inferior, mentre que el CaO està situat al voltant de la beguda. Per iniciar el procés, es gira l'envàs i es fa pressió sobre el fons, de manera que es trenca la separació entre els reactius, i l'aigua entra en contacte amb el CaO. Naturalment, en cap moment es barregen aquests productes amb la beguda.

Un altre exemple de reacció química que desprèn calor i que ha estat utilitzada per la indústria per treure'n profit és l'oxidació del ferro. En aquest cas, la reacció química serveix per escalfar els guants dels esquiadors o excursionistes. El ferro es troba en forma de pols molt fina a dins d'una bossa transpirable, i quan entra en contacte amb l'oxigen es produeix la reacció: $Fe_{(s)} + O_{2(g)} \rightarrow FeO_{(s)}$ i es desprèn calor, que fa augmentar la temperatura més de 30 °C. Com que l'augment de temperatura podria provocar cremades, el ferro es barreja amb serradures, per esmorteir l'efecte d'escalfament.

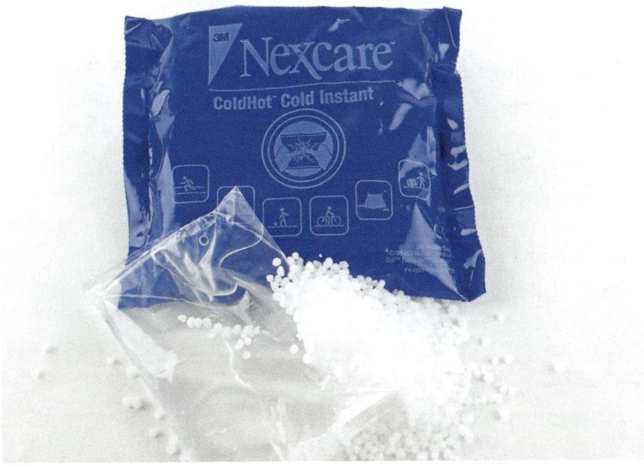

Bossa de fred mostrant el que conté en el seu interior.

Un exemple de reacció que es produeix amb absorció d'energia, és a dir, que permet refredar, és la dissolució d'una sal en aigua; en alguns casos, la baixada de la temperatura és molt important, i això s'aprofita, per exemple, en les bosses de refredament instantani que es fan servir per alleujar el dolor. En aquestes bosses els reactius es mantenen separats fins al moment en què cal que la sal es dissolgui: hi ha dos compartiments, un de gran que conté la sal, que pot ser nitrat d'amoni o urea en forma de granulat; i un de més petit, on hi ha l'aigua. Un cop fort fa rebentar la bossa amb l'aigua, de manera que la sal es dissol i la temperatura de la bossa baixa ràpidament.

COMPRENSIÓ LECTORA I REFLEXIÓ

1. De les reaccions que es descriuen al text, quines són endotèrmiques i quines són exotèrmiques?
2. Quins avantatges tenen les begudes autoescalfables? Posa tres exemples en els quals l'ús d'aquestes begudes (o aliments) pugui ser útil.
3. Imagina que ets a la platja un dia d'estiu. La llauna de beguda que has portat de casa ja no està freda... Però com a bon estudiant de química disposes d'una petita quantitat de nitrat d'amoni sòlid. Com t'ho faries per refredar la llauna?
4. Et sembla que aquests sistemes de refrigeració i d'escalfament poden arribar a ser mètodes habituals per escalfar els aliments o el cos en general? Quins inconvenients tenen aquests productes que fan que tinguin un ús molt limitat?

UNITAT 6

TOT ÉS QUÍMICA

Actualment sabem que el foc va ser el descobriment que va permetre canviar les propietats dels aliments, és a dir, «cuinar-los».

- **Saps com obtenien el foc els primers humans? T'imagines quina va ser la primera reacció química utilitzada per la humanitat? Saps com s'anomena aquesta reacció?**

L'activitat humana depèn directament de la química. Els processos químics que fan possible la nostra digestió, la producció de plàstics o l'obtenció d'energia són molt diversos i tenen lloc a partir de diferents procediments.

- **Quan encenem els fogons d'una cuina de gas, té lloc una reacció química entre el gas i una altra substància. Saps quina és?**

Però d'alguns d'aquests processos químics se'n deriven conseqüències negatives que afecten el medi ambient i que poden condicionar la nostra qualitat de vida i la de les generacions futures. És molt important conèixer les propietats de les substàncies. Ens cal tenir una cura especial per fer-ne un ús responsable i per reciclar els materials que el medi no pot degradar.

- **Coneixes algunes substàncies perilloses per a la teva salut?**

- **Saps quines substàncies poden contaminar un rierol i per tant l'aigua que bevem?**

Foto: Abocament de líquids contaminants.

EN AQUESTA UNITAT APRENDRÀS...

1 Què són els àcids i les bases i quines propietats tenen.

2 Algunes de les reaccions químiques més comunes de la vida quotidiana.

3 Com repercuteix sobre el medi la fabricació i l'ús dels materials.

4 Les causes de la contaminació de l'aigua, l'aire i el sòl.

I SERÀS CAPAÇ DE...

- Interpretar informació gràfica referent a diversos impactes ambientals.
- Valorar la contribució de la química en el desenvolupament i el benestar de la humanitat.
- Identificar experimentalment àcids i bases utilitzant indicadors.
- Reconèixer els impactes de l'activitat humana sobre el medi.

1. Els àcids i les bases

Potser has sentit dir alguna vegada que va bé posar amoníac, que és una base, damunt les picades de mosquit per alleujar-ne les molèsties. O que cal prendre antiàcids per neutralitzar l'acidesa de l'estómac. Però, què són els àcids i les bases i quines propietats tenen?

1.1 Les propietats dels àcids i de les bases

Interpreteu un experiment

Fem un experiment amb suc de col llombarda. Per preparar el suc de col llombarda, en fem bullir unes fulles amb aigua, ho deixem refredar i ho filtrem. El resultat és una dissolució de color lila molt intens. Podeu veure l'experiment al web.

Segons el guió de classe, podem utilitzar el suc de la col llombarda per saber si una substància dissolta en aigua és àcida o bàsica. L'acidesa i la basicitat són qualitats oposades.

El suc de la col llombarda conté un pigment que en contacte amb algunes substàncies canvia de color. Concretament, el suc de la col llombarda actua com un indicador de l'acidesa o basicitat d'algunes substàncies.

Per comprovar-ho, afegim el suc de la col llombarda a substàncies diferents, com ara vinagre, suc de llimona, suc de taronja, una dissolució aquosa de bicarbonat de sodi i aigua amb pasta de dents.

El que observem és que les substàncies àcides fan canviar el color del suc de col llombarda cap a un to vermell, mentre que les substàncies bàsiques el fan canviar cap un to verd o groc. Per acabar, barregem una dissolució de color vermell amb una de color verd i llavors obté un altre cop el to lilós.

a | Expliqueu amb les vostres paraules què és un indicador i per a què serveix.

b | Tenint en compte que el suc de llimona amb la col llombarda dóna color vermell, quin color s'obté amb el vinagre? I amb el suc de taronja? Es tracta de substàncies àcides o bàsiques?

c | La dissolució de bicarbonat i la pasta de dents amb aigua han donat un color verd. Com les podem classificar?

d | Com podeu interpretar el canvi de color que es produeix quan es barreja una dissolució de color vermell amb una de color verd?

El color del contingut dels vasos de precipitats varia en funció de la mescla que contenen.

Quin vas conté la substància més àcida si l'indicador utilitzat és la col llombarda?

Feu una cerca i organitzeu la informació

Els àcids i les bases es caracteritzen per unes propietats que es manifesten amb intensitats diferents, segons l'àcid o la base: hi ha àcids més forts que uns altres, i passa el mateix amb les bases. Cerqueu informació sobre les propietats dels àcids i les bases i elaboreu-ne una taula.

ACTIVITATS

1 Les bases fortes i els àcids forts són poderosos i corrosius. Quines de les accions següents són causades per àcids i quines per bases?

a) Dissoldre el greix i les incrustacions de menjar o eliminar la pintura de la fusta.

b) Coure els ous i la carn, dissoldre metalls com ara el coure o fer malbé el marbre.

1.2 Com s'explica l'acidesa o la basicitat de les substàncies

Des d'un punt de vista químic, les substàncies amb propietats àcides o bàsiques dissoltes en aigua es comporten de maneres diferents.

Observeu i deduïu

Aquesta és una de les interpretacions que els químics han ofert per explicar el comportament de les substàncies amb propietats àcides o bàsiques quan es dissolen en aigua.

Producte	Substància	Comportament en dissolució aquosa
Àcid de l'estómac	Àcid clorhídric	$HCl_{(aq)} \rightarrow Cl^{-}{}_{(aq)} + H^{+}{}_{(aq)}$
Àcid del vinagre	Àcid acètic	$CH_3COOH_{(aq)} \rightarrow CH_3COO^{-}{}_{(aq)} + H^{+}{}_{(aq)}$
Netejador de la llar	Hidròxid de sodi	$NaOH_{(aq)} \rightarrow Na^{+}{}_{(aq)} + OH^{-}{}_{(aq)}$
Antiàcid	Bicarbonat de sodi	$NaHCO_{3(aq)} \rightarrow Na^{+}{}_{(aq)} + CO_{2(gas)} + OH^{-}{}_{(aq)}$

a | Què tenen en comú les reaccions dels àcids quan es dissolen en aigua? I les de les bases, què tenen en comú?
b | Com diríeu que s'explica químicament el comportament de les substàncies amb propietats àcides i bàsiques? Redacteu un text després de deduir-ho a partir de les reaccions.
c | Ara, completeu les frases següents:

- En les substàncies àcides, la concentració d'ions ...... és més gran que la concentració d'ions ......
- En les substàncies bàsiques, la concentració d'ions ...... és més gran que la concentració d'ions ......

1.3 Mesura del grau d'acidesa o basicitat de les substàncies

Feu una cerca i responeu

L'acidesa o la basicitat de les solucions es mesura amb una **escala de pH**. Per mesurar el pH d'una solució s'utilitza **paper indicador universal** o bé un **pH-metre**.

a | Consulteu el web i digueu entre quins valors està compresa l'escala de pH.
b | Construïu-vos un patró de colors per determinar el pH. Indiqueu-hi els valors que prenen en l'escala de pH les substàncies àcides, les substàncies bàsiques i les substàncies neutres.
c | Quan es fa servir el paper indicador universal o el pH-metre?

ACTIVITATS

2 Ordena les substàncies següents segons el seu pH de més àcida a més bàsica. Justifica la resposta.

Refresc de cola

Netejador de forns

Aigua

3 En un envàs de sabó de mans hi llegim que el seu pH és 5,5. Què ens indica aquest valor?

Activitats interactives
Activitat de síntesi

2. Reaccions químiques importants

Hi ha una gran varietat de reaccions químiques, però n'estudiarem tres de molt importants per a la vida i el medi: les reaccions de neutralització, les reaccions d'oxidació i les reaccions de combustió.

Sabríeu, però, reconèixer algunes de les reaccions químiques més comunes de la vida quotidiana?

2.1 Les reaccions de neutralització

Les **reaccions de neutralització** es produeixen quan reacciona un àcid amb una base de manera que es contraresten les seves característiques. En aquest tipus de reaccions sempre s'obté una sal i aigua.

Observeu i deduïu

La reacció següent és un exemple de reacció de neutralització:

$$HCl_{(aq)} + NaOH_{(aq)} \rightarrow NaCl_{(aq)} + H_2O$$

L'àcid clorhídric (HCl) dissolt en aigua produeix ions Cl^- i H^+.

$$HCl_{(aq)} \rightarrow Cl^-_{(aq)} + H^+_{(aq)}$$

L'hidròxid de sodi (NaOH) dissolt en aigua produeix ions Na^+ i OH^-.

$$NaOH_{(aq)} \rightarrow Na^+ + OH^-$$

S'anomena reacció de neutralització perquè es «neutralitzen» les propietats àcides amb les bàsiques:

$$H^+ + OH^- \rightarrow H_2O \text{ (reacció de neutralització)}$$

$$Cl^-_{(aq)} + Na^+_{(aq)} \rightarrow Na^+Cl^-_{(aq)} \text{ (formació de la sal)}$$

Ara, escriviu la reacció de neutralització ajustada entre l'àcid sulfúric (H_2SO_4) i l'hidròxid de potassi (KOH), en què s'obté sulfat de potassi (K_2SO_4) i aigua.

A continuació, escriviu els processos iònics de formació de l'aigua i la sal.

Interpreteu un text

Llegiu el text següent i justifiqueu-ne químicament la veracitat:

> Al nostre cos també hi ha un equilibri àcid-base que fa possible la vida. Quan ens movem, els nostres músculs generen àcid làctic, mentre que quan estem en repòs el nostre cos genera substàncies bàsiques. Per mantenir una bona salut necessitem combinar l'exercici amb el repòs en el nostre ritme diari.

ACTIVITATS

4. El pH d'un iogurt és 4,4. Et sembla que prendre un iogurt ens pot provocar acidesa d'estómac? Què ens cal fer per solucionar aquesta molèstia? Justifica per què i escriu la reacció que es produeix.
5. Els productes que emprem per alleujar la coïssor que sentim amb la picada d'un mosquit contenen hidròxid d'amoni (NH_4OH).
   a) L'hidròxid d'amoni és un àcid o és una base?
   b) Per què et sembla que recomanen aplicar aquest tipus de productes damunt la picada d'un mosquit?
6. L'hidròxid de magnesi ($Mg(OH)_2$) s'utilitza com a antiàcid per neutralitzar l'acidesa de l'estómac. Es tracta d'un àcid o d'una base? Esbrina per què es produeix l'acidesa d'estómac en digerir els aliments.

2.2 Les reaccions d'oxidació i reducció

Les **reaccions d'oxidació i reducció** o **reaccions redox** inclouen transformacions químiques que podem observar, com ara l'oxidació dels metalls, o d'altres molt comunes en la indústria, com l'obtenció dels elements a partir dels minerals que els contenen.

Interpreteu un model i deduïu

Quan una cadena de ferro es rovella, hi té lloc una reacció d'oxidació i reducció.

Les reaccions d'oxidació i reducció tenen lloc simultàniament i es basen en la transferència d'electrons d'unes substàncies a unes altres.

Aquest model explica el procés de corrosió del ferro.

Ferro + Oxigen → Òxid de ferro

$$2\ Fe_{(s)} + O_{2(g)} \rightarrow 2\ FeO_{(s)}$$

a | Completeu els processos d'oxidació i reducció següents, que tenen lloc en la reacció anterior:

- Procés d'**oxidació**. Cada àtom de ferro es converteix en un ió ferro perdent dos electrons:

$$Fe \rightarrow Fe^{2+} + \_\_\_\_$$

- Procés de **reducció**. Cada àtom d'oxigen guanya dos electrons i es converteix en un ió òxid:

$$O + 2\ e^- \rightarrow \_\_\_\_$$

b | L'element que s'oxida (perd electrons) s'anomena substància **reductora** i l'element que es redueix (guanya electrons) s'anomena **oxidant**. En aquest cas, quin és l'element oxidant? I el reductor?

c | Què us sembla que pesarà més, una cadena de ferro nova o la mateixa cadena rovellada? Raona la resposta.

Àtom d'oxigen
Àtom de ferro

Observeu i deduïu

Aquesta és la reacció redox que es produeix quan crema una bengala per la revetlla de Sant Joan.

a | Observa'n l'equació i escriu els processos d'oxidació i reducció corresponents.

$$2\ Mg_{(s)} + O_{2(g)} \rightarrow 2\ MgO_{(s)}$$

Càrregues dels ions formats: 2^+ 2^-

b | Quin és l'element que s'oxida? I el que es redueix?

c | Quin és l'element oxidant? I el reductor?

ACTIVITATS

7. En una reacció redox, per què s'oxida l'element reductor? Per què es redueix l'element oxidant?
8. Els àtoms neutres dels metalls tenen tendència a perdre electrons i formar cations. Es redueixen o s'oxiden? Són oxidants o reductors?
9. Classifica els processos següents com a oxidació o com a reducció segons que es perdin electrons o se'n guanyin:
   a) $Fe^{2+} \rightarrow Fe^{3+}$ b) $S^0 \rightarrow S^{2-}$
   c) $I^0_2 \rightarrow 2\ I^-$ d) $Zn^0 \rightarrow Zn^{2+}$
10. Quan escalfem una mescla de sofre en pols amb llimadures de ferro, obtenim sulfur de ferro, un compost d'estructura gegant format per ions ferro, Fe^{2+}, i sulfur, S^{2-}. Escriu aquesta reacció química i justifica que és una reacció redox. Qui és l'oxidant i qui és el reductor?

2.3 Les reaccions de combustió

Investigueu i deduïu

A vegades, quan cuinem algun aliment en una paella, aquesta s'encén, i això pot resultar molt perillós si no actuem correctament. Consulteu el web i responeu les preguntes següents:

a | Què cal perquè es produeixi el foc?

b | Si utilitzem mantega per cuinar les creps, quin serà el combustible en aquest cas? I el comburent?

c | Per què és recomanable apagar el foc de la paella posant-hi una tapadora a sobre?

d | Quan la mantega es crema, quin tipus de reacció es produeix, una reacció química endotèrmica o una reacció exotèrmica? Com ho saps?

e | Què penses que reacciona amb la mantega?

f | Si els productes de les reaccions de combustió són $CO_{2(g)}$ i $H_2O_{(g)}$, escriu la reacció de combustió de la mantega:

$$\text{Mantega} + \_\_\_\_ \rightarrow \_\_\_\_ + \_\_\_\_$$

g | Com escriuríeu l'esquema general d'una reacció de combustió?

Interpreteu un experiment

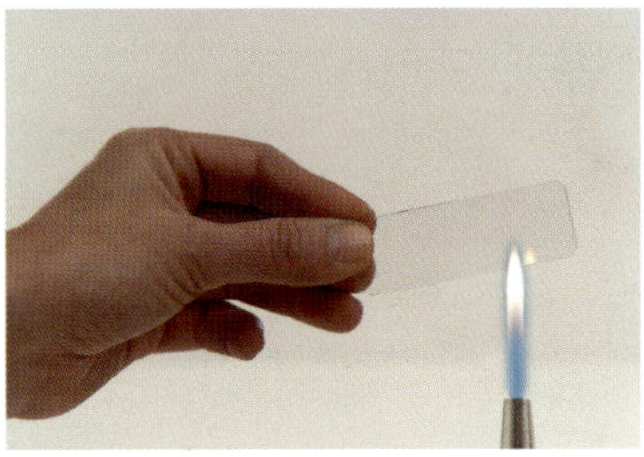

Passem ràpidament un vidre per sobre la flama d'una espelma: el vidre queda brut de sutge (partícules de combustible sense cremar). Després passem un altre vidre per sobre de la flama d'un bec de Bunsen: el vidre no queda brut.

a | En quin cas us sembla que la combustió s'ha produït amb una quantitat insuficient d'oxigen? Raoneu la resposta. Com anomenaríeu aquest tipus de combustió, completa o incompleta?

b | Expliqueu la diferència entre una combustió completa i una combustió incompleta.

ACTIVITATS

11 De vegades llegim a la premsa que l'incendi d'un bosc ha estat produït per un llamp. Utilitza el triangle del foc per explicar per què s'origina l'incendi.

12 Les combustions incompletes poden formar monòxid de carboni, CO, un gas altament verinós, en lloc del diòxid de carboni, CO_2. Per què és molt perillós tenir una estufa de butà encesa en una habitació tancada i sense ventilació?

13 A la cuina teníem un fregall de ferro que per accident ens ha caigut sobre les flames d'un fogó encès. Ens hem quedat molt sorpresos quan hem vist que el ferro es començava a cremar. Completa la reacció que s'ha produït:

$$2\ Fe_{(s)} + \_\_\_ \rightarrow 2\ FeO_{(s)}$$

En aquesta reacció, quins són els reactius i quin és el producte? Quin és l'oxidant i quin és el reductor? Un cop ha acabat la reacció, et sembla que el fregall pesarà igual que abans, pesarà menys o pesarà més? Explica la teva resposta.

Activitats interactives
Activitat de síntesi

3. La química i els materials

Els processos químics fan possible l'obtenció de compostos nous i la fabricació de materials artificials, que s'apliquen, per exemple, a l'agricultura, a la indústria alimentària, a la farmacèutica o a l'electrònica, entre altres. Aquests materials ens han permès millorar la nostra qualitat de vida. Sabeu, però, com repercuteix la fabricació i l'ús dels materials en el medi?

Bauxita: roca a partir de la qual s'extreu l'alumini.

Alúmina: òxid d'alumini que s'obté de la bauxita. Constitueix matèria primera bàsica per a la producció d'alumini.

Analitzeu un procés i feu una cerca

L'esquema següent mostra el **procés de fabricació de llaunes d'alumini per a begudes.**

1. Obtenció de la matèria primera (bauxita)

2. Transport de la bauxita fins arribar a les fàbriques

3. Neteja i obtenció d'alúmina

4. Electròlisi de l'alúmina per obtenir alumini

5. Fabricació del material (planxes d'alumini)

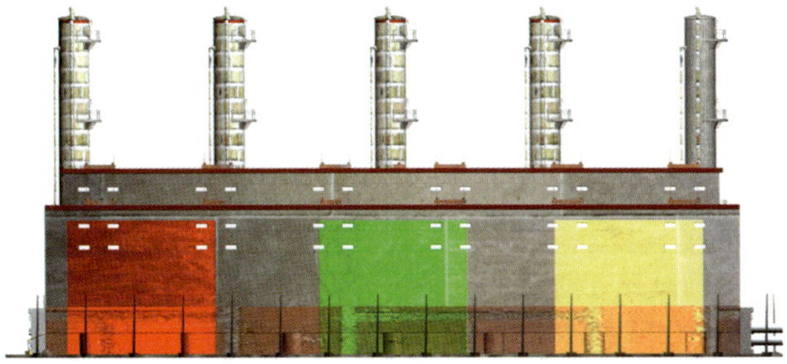

6. Fabricació del producte (llaunes de refresc)

a | Per fabricar l'alumini, i en general per fabricar qualsevol producte, calen les matèries primeres (roques, minerals, aigua, productes químics, etc.) i energia. En totes les etapes es requereix energia, però en quina se'n necessita més?

b | En quines etapes d'aquest procés es generen residus?

c | Investigueu quins impactes ambientals podem trobar en el procés de fabricació de l'alumini.

d | Quines propietats de l'alumini el converteixen en un material idoni per a moltíssimes aplicacions?

e | Poseu exemples d'aplicacions quotidianes de l'alumini. Per a quins d'aquests usos us sembla que hi ha alternatives menys agressives amb el medi?

ACTIVITATS

14 Tria un d'aquests materials: paper, vidre o ferro, i elabora un esquema que expliqui el seu procés de fabricació. Cal que indiquis d'on s'extreu, quina manipulació se li ha de fer, perquè l'utilitzem i quins aspectes negatius per a la natura cal considerar.

Electròlisi: mètode de separació dels elements que formen un compost mitjançant el corrent elèctric.

Impacte ambiental: modificació del medi provocada per l'activitat humana.

Contaminació: Alteració de les característiques del medi provocada per l'acció perjudicial de productes contaminants.

Compost: Producte resultant de la transformació biològica controlada, en presència d'oxigen i a temperatura més aviat alta, de substàncies orgàniques diverses, com ara restes vegetals, palla, fems, etc., emprat per adobar la terra.

3.1 El problema dels residus

Els residus generats per les activitats de l'ésser humà provoquen la contaminació dels ecosistemes naturals. La conservació dels ecosistemes naturals requereix mesures bàsiques que tots podem aplicar.

Feu una cerca i responeu

Elaboreu una llista de tots els residus que podem generar en la nostra vida quotidiana. Apliqueu la «regla de les 3 R» (al web s'explica en què consisteix aquesta estratègia) i digueu quins residus es poden reciclar i com podem contribuir a reciclar-los, com podem reduir la quantitat de residus i com podem reutilitzar els materials que hem emprat.

Analitzeu informació

L'Ajuntament us ha encarregat redactar una normativa per protegir el medi natural que tingui en compte l'impacte de l'obtenció dels diversos materials i els residus que es generen. Us ha facilitat la taula següent:

Residu	Origen	Temps de descomposició	Reciclable	Cost i impactes ambientals de la seva producció	Estalvi si es recicla
Paper	Aigua + fibres vegetals	Pot esdevenir compost	100%	Consum d'aigua elevat, tala d'arbres, contaminació de l'aire i l'aigua.	Estalvi del 50% de l'energia necessària per produir-lo de nou.
Plàstic	Petroli	150-1.000 anys	100%, perd qualitats	Cost d'extracció alt, contaminació dels oceans i de l'aire.	Estalvi d'1 tona de petroli per cada 2 tones de plàstic reciclat.
Vidre	Sorra, pedra calcària, feldspats	No es descompon	100%	Erosió del terreny en l'extracció de minerals, consum d'aigua i d'energia elevats.	Estalvi del 26% de l'energia i del 50% d'aigua.
Alumini	Bauxita	500 anys	100%	Consum d'aigua i d'energia elevats, contaminació de l'aire i de l'aigua.	Estalvi del 95% del cost de producció.

Escriviu una proposta de normativa per protegir el medi natural. La normativa que proposeu ha de definir en quins casos convé reduir, en quins reutilitzar i en quins reciclar.

ACTIVITATS

15. En Joan ha preparat un dinar per als amics. Els residus que han generat han estat: restes de menjar, oli de fregir, dues ampolles de vidre, tovallons de paper i tres safates de plàstic. Què ha de fer per reciclar aquests residus?

16. Els punts verds són llocs on podem desfer-nos dels residus que no podem llançar als contenidors del carrer. Esbrina la situació del Punt Verd més proper a casa teva i fes una llista dels residus que hi portaries.

Activitats interactives
Activitat de síntesi

4. Impactes ambientals

Una gestió responsable dels recursos implica identificar els desequilibris en la natura produïts a l'aire, a l'aigua i al sòl, per saber-ne les conseqüències i poder actuar i resoldre-les. Coneixeu les causes de la contaminació de l'aigua, de l'aire i del sòl per poder preveure'n les conseqüències i per aportar solucions?

4.1 La contaminació de l'aire

Quins són els principals contaminants de l'aire?

- Les fàbriques i centrals elèctriques que cremen carbó o derivats del petroli per obtenir energia contaminen l'atmosfera perquè produeixen diòxid de carboni (CO_2), diòxid de sofre (SO_2) i òxids de nitrogen (N_2O, NO, NO_2).
- Els motors de cotxes i avions produeixen monòxid de carboni (CO), òxids de nitrogen i altres gasos que, combinats amb la llum del Sol, generen ozó (O_3), que és verinós al nivell del terra.
- Les calefaccions també fan augmentar els nivells de diòxid de sofre i de CO_2 de l'atmosfera.
- En determinades activitats agrícoles es fan servir fertilitzants i plaguicides per als camps. Parts d'aquestes substàncies químiques s'incorporen a l'atmosfera.
- També constitueixen contaminants de l'aire les partícules en suspensió de diàmetre inferior a 10 micres (PM10) (1 micra = 10^{-6} m).

Analitzeu i interpreteu dades

Les dades següents sobre **la qualitat de l'aire a Catalunya el 2012** en diverses zones són extretes del Servei de Vigilància i Control de l'Aire, a partir de les dades recollides per la Xarxa de Vigilància i Prevenció de la Contaminació Atmosfèrica (XVPCA).

a | Quins són els principals gasos contaminants mesurats?

b | Establiu una hipòtesi sobre l'origen de la contaminació provocada pels diferents gasos i per PM10.

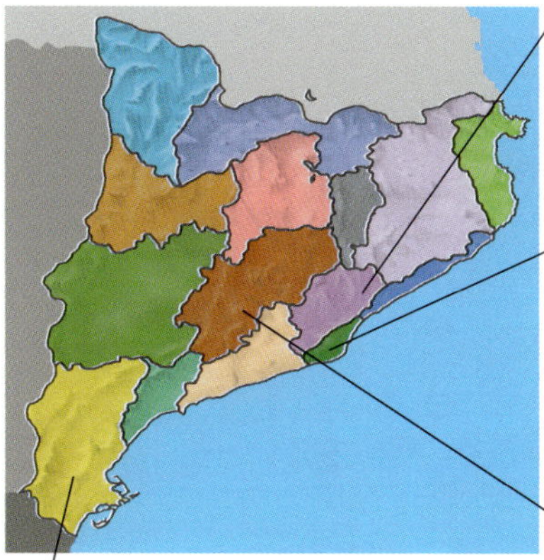

ZQA2 – Vallès - Baix Llobregat
Presenta característiques similars a la ZQA1 i també s'incompleixen els objectius de qualitat de l'aire de NOx i PM 10, motivats principalment pel trànsit. Per aquest motiu, s'hi està aplicant un pla específic de millora de la qualitat de l'aire.

NO_2	✘
PM 10	✘
H_2S	✔
HCl	✔
Altres	✔

ZQA1 – Àrea de Barcelona
Presenta un patró de contaminació propi de les aglomeracions urbanes europees caracteritzat per nivells elevats de diòxids de nitrogen i de partícules en suspensió (PM 10), la qual cosa comporta que s'hagin superat els objectius de qualitat de l'aire per aquests contaminants. Per aquest motiu, s'hi està aplicant un pla específic de millora de la qualitat de l'aire.

NO_2	✘
PM 10	✘
H_2S	✔
HCl	✔
Altres	✔

ZQA15 – Terres de l'Ebre
Tres superacions de l'objectiu de qualitat de l'aire a Flix per clorur d'hidrogen.
Superació d'un objectiu de qualitat de l'aire pel PM 10 a Alcanar (depuradora).

NO_2	✔
PM 10	✘
H_2S	✔
HCl	✘
Altres	✔

ZQA5 – Catalunya Central
Quaranta superacions semihoràries de l'objectiu de qualitat de l'aire pel sulfur d'hidrogen al punt de mesurament d'Igualada.

NO_2	✔
PM 10	✔
H_2S	✘
HCl	✔
Altres	✔

Observeu i deduïu

El dibuix següent mostra el procés de **formació de la pluja àcida**.

a | Identifiqueu quins gasos apareixen al dibuix, quines són les causes de la seva emissió a l'atmosfera i quines són les conseqüències sobre el medi.

b | Aquests gasos reaccionen amb el vapor d'aigua i formen àcids com el sulfúric (H_2SO_4) o el nítric (HNO_3). Definiu amb les vostres paraules què enteneu per **pluja àcida**.

Interpreteu informació gràfica i feu una cerca

Aquest esquema mostra els **efectes beneficiosos i perjudicials de l'ozó**.

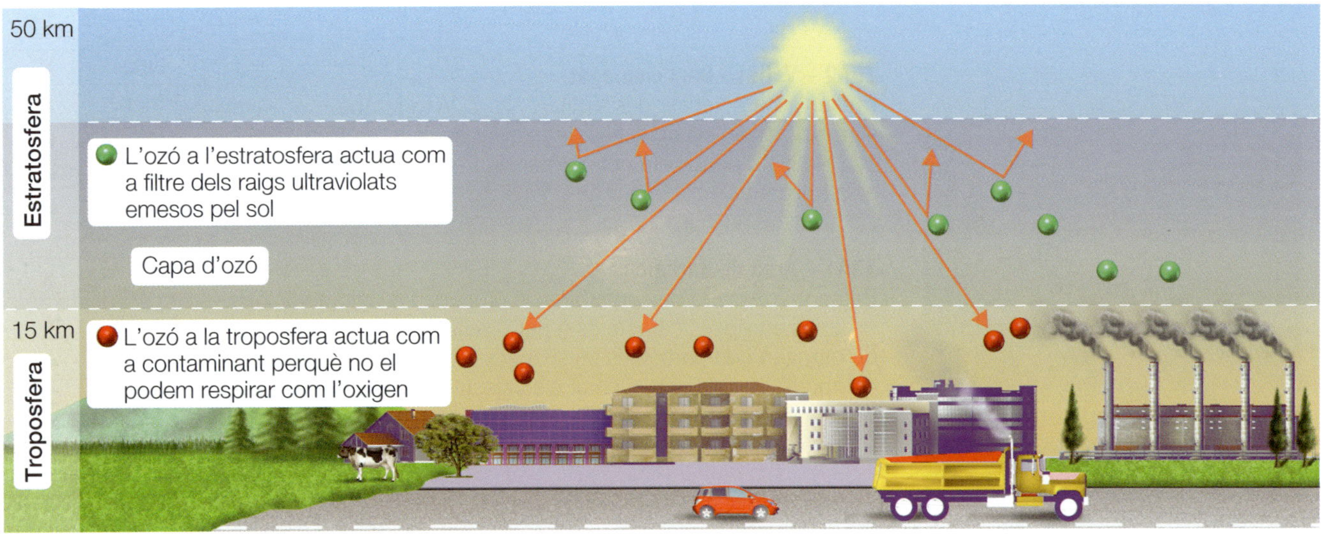

a | Per què diem que l'ozó té un efecte beneficiós per als éssers vius? Quina és la causa principal de la disminució progressiva de la capa d'ozó? Quines conseqüències té l'afebliment de la capa d'ozó? Consulteu el web.

b | Com justificaríeu l'afirmació següent?
Viure als afores de les grans ciutats pot semblar una opció saludable, però ara estem veient que a les tardes d'estiu les mesures de contaminació detecten un augment de contaminació a causa de l'ozó.

Interpreteu informació gràfica i feu una cerca

L'**efecte d'hivernacle** és un procés natural de l'atmosfera que permet l'entrada de les radiacions solars, que escalfen la superfície de la Terra, però dificulta la sortida de part de la radiació reflectida.

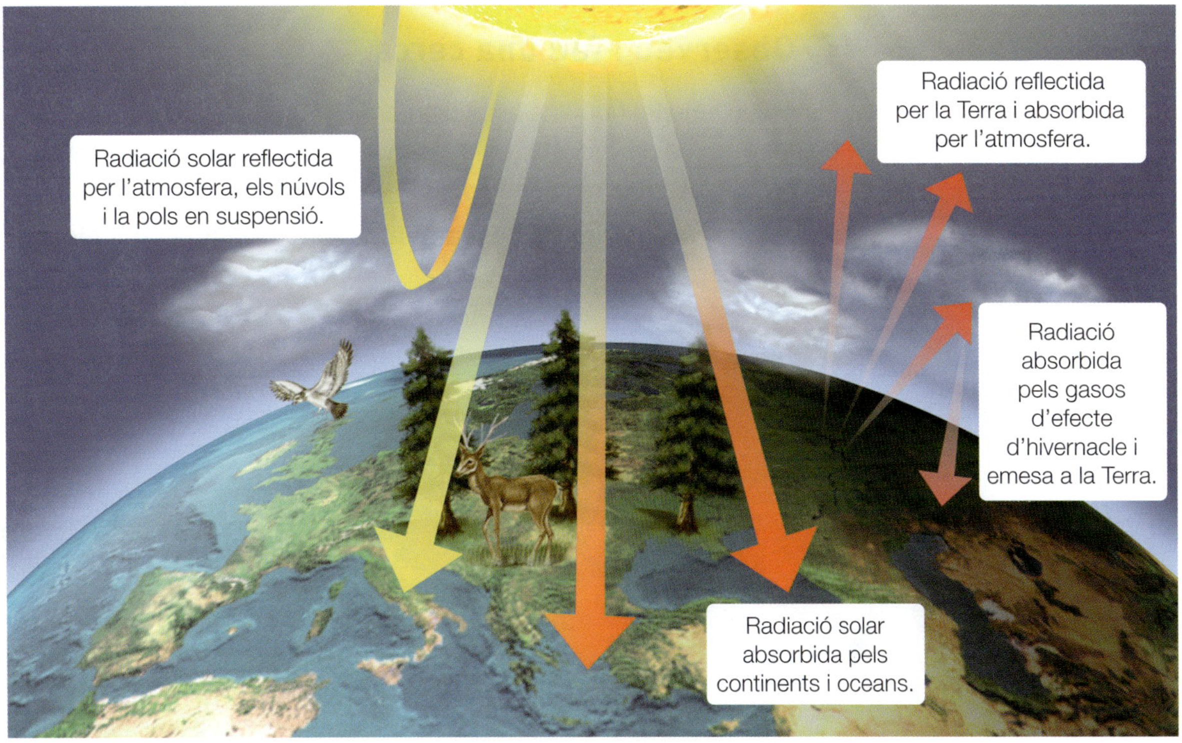

a | Què us sembla que significa l'expressió *gasos d'efecte d'hivernacle*? Quins són aquests gasos? Quin n'és el responsable principal?

b | Utilitzeu el dibuix per explicar al vostre company o companya en què consisteix l'efecte d'hivernacle.

c | Considereu que l'efecte d'hivernacle és necessari perquè la vida es desenvolupi? Justifiqueu la resposta.

d | La contaminació fa que augmenti la quantitat de gasos d'efecte d'hivernacle a l'atmosfera. Quines conseqüències pot comportar aquest augment? Consulteu el web.

Interpreteu un gràfic i deduïu

Observeu el gràfic, que representa l'**evolució de la concentració de diòxid de carboni atmosfèric a la Terra al llarg del temps**.

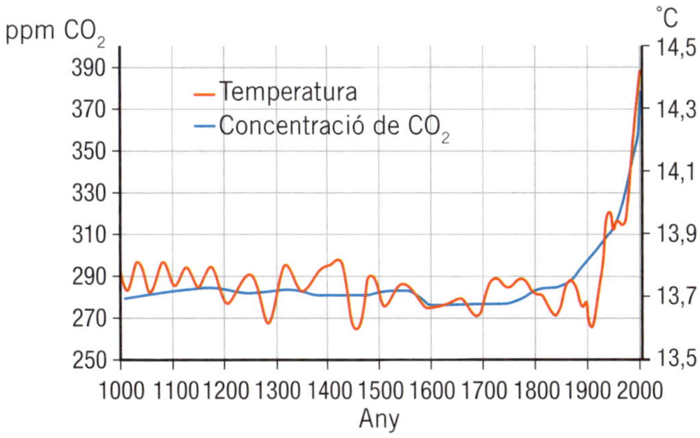

a | Com ha variat la quantitat de diòxid de carboni a l'atmosfera al llarg del temps? I la temperatura?

b | Us sembla que hi ha alguna relació entre la concentració de CO_2 atmosfèric i l'efecte d'hivernacle? Justifiqueu la resposta.

ACTIVITATS

17 Al poble de Roros (Noruega) antigament hi havia una mina d'extracció de coure. Per obtenir un coure més pur es feia un procés que emetia molts òxids de sofre. Per què prop de Roros no hi creix cap vegetació?

4.2 La contaminació de l'aigua

La contaminació de l'aigua pot afectar tant els rius, llacs i embassaments com les aigües subterrànies i l'aigua de mars i oceans.

Observeu i feu una cerca

Els assentaments humans estan sempre a prop de l'aigua, bé a la proximitat de rius i llacs o de la costa. La concentració industrial i urbana ha comportat un fort augment del consum d'aigua.

El dibuix mostra **diferents vessaments de substàncies químiques perilloses** per a la salut humana.

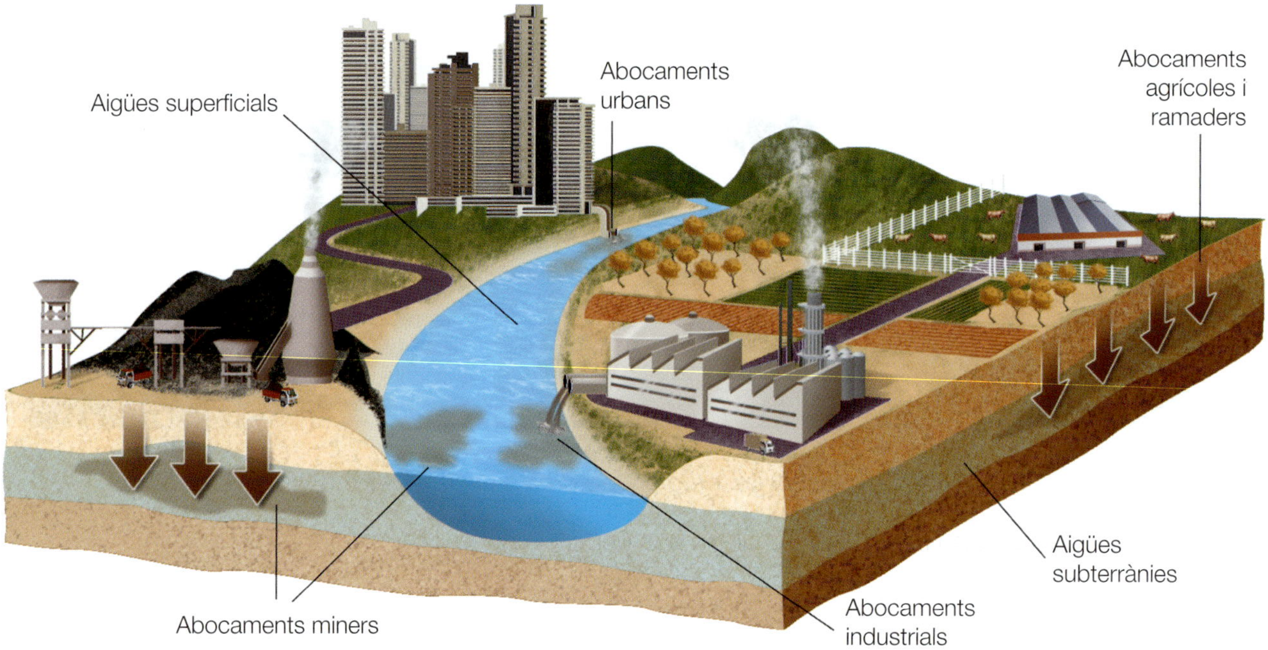

a | Identifiqueu les principals fonts de contaminació de l'aigua.

b | Quin és el destí final de tots aquests residus?

c | Investigueu quines de les substàncies que contenen els residus urbans, industrials, agrícoles i ramaders són molt perilloses per a la salut humana. Consulteu el web.

Investigueu

Els éssers humans han utilitzat l'aigua de mars i oceans com a font d'aliment, com a mitjà de transport, per al lleure i, també, per abocar-hi residus.

Esbrineu quins són els contaminants principals dels mars i oceans i com hi arriben. Consulteu el web.

ACTIVITATS

18 El límit màxim tolerable marcat per l'Organització Mundial de la Salut (OMS) per a la concentració de crom en aigua és de 0,05 mg/L. És contaminant un vessament de 100 litres que conté 0,2 g de crom?

4.3 La contaminació del sòl

La contaminació del sòl es produeix a causa de l'acumulació de substàncies perjudicials que n'alteren la composició natural i representen un risc per a la salut pública i per als sistemes naturals.

Compreneu un text i feu una cerca

Llegiu aquestes notícies publicades en diferents diaris i responeu les preguntes següents:

El problema comença a sortir a la llum als mitjans locals per escàndols alimentaris d'arròs i altres conreus contaminats, sobretot a l'est, al centre i al sud-est de la Xina, on ha estat més intens el desenvolupament industrial i econòmic. Tot i que estan prohibides estrictament, l'any 2013 han sortit al mercat partides d'arròs contaminades amb nivells perillosos de cadmi, procedents d'Henan, una província on es produeixen molts metalls pesants.

Una sopa tòxica de 4.000 tones amenaça un dels afluents principals del riu Ebre, segons un estudi del Govern d'Aragó que mesura la catàstrofe mediambiental causada pels vessaments il·legals d'una fàbrica d'insecticides.

La UE manté obert un expedient contra Catalunya per la contaminació causada per l'excés de purins.

L'ús desmesurat o incorrecte dels excrements provoca la filtració de nitrats als sòls, que acaben contaminant els cursos d'aigua. L'OMS no permet que l'aigua potable superi els 50 mil·ligrams de nitrats per litre.

a | Quines són les causes que originen els diferents tipus de contaminació del sòl?

b | Quins efectes tenen aquests tipus de contaminants?

Observeu i elaboreu un text

Imagineu que sou periodistes i rebeu una fotografia que denuncia aquest abocament incontrolat. Redacteu un article per al diari sobre la contaminació del sòl causada per aquest tipus d'abocament i un codi de bones pràctiques per evitar situacions com aquestes.

ACTIVITATS

19 Què significa que un contaminant pot passar a la cadena alimentària? Expliqueu-ho amb un exemple.

Activitats interactives

Activitat de síntesi

1. Els àcids i les bases

1.1 Les propietats dels àcids i les bases

Propietats dels àcids	Propietats de les bases
Tenen un gust agre o àcid i produeixen coïssor en contacte amb la pell.	Tenen un gust amarg i són untuoses i relliscoses al tacte.
Reaccionen amb alguns metalls, amb despreniment de gas hidrogen. Reaccionen amb els carbonats per donar diòxid de carboni.	En general no reaccionen amb els metalls.
Reaccionen amb les bases i en neutralitzen l'acció.	Reaccionen amb els àcids i en neutralitzen l'acció.

1.2 Com s'explica l'acidesa o la basicitat de les substàncies

Els àcids són substàncies que, dissoltes en aigua, alliberen ions H^+; per tant, la concentració d'ions H^+ és més gran que la concentració d'ions OH^-.

Per contra, les bases són substàncies que, dissoltes en aigua, alliberen ions OH^-: per tant, la concentració d'ions OH^- és més gran que la concentració d'ions H^+.

1.3 Mesura del grau d'acidesa o de basicitat de les substàncies

L'acidesa o la basicitat de les substàncies es mesura amb l'**escala de pH**, una escala numèrica compresa entre l'1 i el 14. El patró de comparació és l'aigua pura, que és **neutra** (**pH = 7**): la concentració d'ions H^+ és la mateixa que la d'ions OH^-.

En les substàncies **àcides** el **pH és inferior a 7** i en les substàncies **bàsiques** el **pH és superior a 7**.

Per mesurar el pH d'una solució s'utilitza **paper indicador universal** o bé un **pH-metre**.

ACTIVITATS

1. Indica si les substàncies següents són àcides o bàsiques: suc de llimona, amoníac, pasta de dents i vinagre.
2. Indica si les afirmacions següents són vertaderes o falses. Corregeix les falses al teu quadern:
   a) Les bases reaccionen amb els metalls.
   b) Els àcids tenen un gust amarg.
   c) Els àcids tenen un pH inferior a 7.
   d) Els àcids alliberen ions OH^-.
3. Introduïm el paper indicador en un producte de neteja. Quin color agafarà? De quin tipus de substància es tracta?

2. Reaccions químiques importants

2.1 Les reaccions de neutralització

Les reaccions de neutralització es produeixen quan reaccionen un àcid amb una base, que originen una sal i aigua.

Àcid + **Base** → **Sal** + **Aigua**

En les reaccions de neutralització:

- Els ions hidrogen de l'àcid (H^+) i els ions de la base (OH^-) formen l'aigua.
- L'ió negatiu de l'àcid i l'ió positiu del metall de la base formen la sal corresponent.

2.2 Les reaccions d'oxidació i reducció

Les **reaccions d'oxidació i reducció** (**redox**) es basen en la transferència d'electrons d'unes substàncies a unes altres. Els processos d'oxidació i de reducció tenen lloc simultàniament:

- **Procés d'oxidació**: la substància que perd electrons s'oxida, i s'anomena **reductora**, perquè provoca la reducció de l'altra substància.
- **Procés de reducció**: la substància que guanya electrons es redueix, i s'anomena **oxidant**, perquè provoca l'oxidació de l'altra substància.

2.3 Les reaccions de combustió

Les **reaccions de combustió** són reaccions d'oxidació i reducció en què l'element oxidant és l'oxigen gasós (O_2). En aquestes reaccions:

- S'anomena **combustible** el compost que reacciona amb l'oxigen.
- Els productes de la reacció, quan el combustible conté àtoms de carboni i hidrogen, són el **diòxid de carboni** (CO_2) i l'**aigua**.
- S'allibera energia en forma de llum i calor i, per tant, són reaccions **exotèrmiques**.

L'esquema general d'una reacció de combustió és:

Combustible + $O_2 \rightarrow CO_2 + H_2O$

Quan una combustió es dóna amb una quantitat insuficient d'oxigen, es produeix el que s'anomena una **combustió incompleta**, en la qual en comptes de diòxid de carboni s'obté monòxid de carboni (CO), que és un gas verinós quan s'inhala.

ACTIVITATS

4. L'amoníac (NH_3) capta una molècula d'aigua quan es dissol en aquest líquid, i es transforma en hidròxid d'amoni (NH_4OH), que és una base. Escriu la reacció de neutralització entre aquest hidròxid i l'àcid nítric.

5. Completa al teu quadern les frases següents:
   a) El clor és una substància que té tendència a guanyar electrons. Quan intervé en una reacció d'oxidació i reducció, diem que *es redueix / s'oxida* i s'anomena *reductora / oxidant*.
   b) El sodi és una substància que té tendència a perdre electrons. Quan intervé en una reacció d'oxidació i reducció, diem que *es redueix / s'oxida* i s'anomena *reductora / oxidant*.

6. En la reacció següent, quina és la substància que s'oxida? I la que es redueix?

$$4\ Al + 3\ O_2 \rightarrow 2\ Al_2O_3$$

7. A la cuina, quan s'encén l'oli d'una paella , la millor manera d'apagar-ne la flama és tapar la paella amb una tapadora. Per què s'apaga el foc?

3. La química i els materials

El desenvolupament de la química ha fet possible la síntesi de compostos nous i l'obtenció de materials que ens han permès millorar la qualitat de vida. Per exemple:

- En l'**agricultura**, amb la utilització de diversos productes químics com els fertilitzants, els herbicides, els fungicides o els pesticides, s'ha aconseguit millorar el rendiment de les collites.
- En la **indústria alimentària**, l'ús de substàncies conservants i de polímers plàstics no tòxics ha permès el consum massiu de productes envasats i garantir-ne unes condicions sanitàries òptimes.
- En la **indústria farmacèutica**, els medicaments nous, cada cop més específics, han estat clau en l'augment de l'esperança de vida de la població.
- En la **indústria electrònica** se sintetitzen nous materials semiconductors, que milloren contínuament les prestacions. En aquest àmbit s'està imposant la nanotecnologia, és a dir, la tecnologia basada en la recerca de materials innovadors a partir de la manipulació de la matèria a escala atòmica i molecular.

3.1 El problema dels residus

Els residus generats per les activitats de l'ésser humà provoquen la contaminació dels ecosistemes naturals. La **contaminació** és l'alteració de les característiques del medi provocada per l'acció perjudicial de productes contaminants.

La conservació dels ecosistemes naturals requereix mesures bàsiques que tots podem aplicar, com ara:

- **Reduir** l'ús de substàncies contaminants si no són estrictament necessàries.
- **Reciclar** els materials portant-los als contenidors adequats o bé als punts de recollida i tractament de residus per tal d'obtenir productes nous. Separar els residus en els diferents contenidors facilita el reciclatge de materials.
- **Reutilitzar** els materials, oferint noves possibilitats d'ús a un producte.
- **Reduir el consum d'energia**, per exemple fent servir el transport públic, apagant els llums encesos i els aparells elèctrics connectats que no s'estiguin utilitzant o emprant l'alimentació amb adaptadors connectats a la xarxa en comptes de piles.

ACTIVITATS

8. Indica a quin contenidor llançaràs cadascun dels objectes següents: una ampolla de vidre, una impressora, una jaqueta vella, unes llaunes de conserva, les restes de menjar, la pila d'un rellotge, una llauna de refresc, una garrafa de plàstic, un termòmetre de mercuri i l'oli utilitzat per fregir patates.

4. Impactes ambientals

Qualsevol modificació del medi provocada per l'activitat humana s'anomena **impacte ambiental**.

4.1 La contaminació de l'aire

Els principals contaminants de l'aire són els òxids de carboni, els òxids de sofre, els òxids de nitrogen i els hidrocarburs, com ara el metà (CH_4).

- **La pluja àcida.** L'acidesa normal de l'aire s'incrementa per les emissions contaminants d'òxids de sofre i de nitrogen que es deriven de les combustions dels combustibles fòssils. Aquests òxids reaccionen amb el vapor d'aigua de les capes altes de l'atmosfera i formen àcids forts: l'àcid sulfúric (H_2SO_4) i l'àcid nítric (HNO_3).

  Aquests àcids, dissolts en l'aigua de pluja, formen el que s'anomena **pluja àcida**.

  La pluja àcida causa danys greus als boscos; contamina llacs i rius i causa la mort d'animals i plantes aquàtiques; altera la composició dels sòls, i deteriora la pedra i els metalls de les construccions i les obres d'art.

- **La destrucció de la capa d'ozó.** La causa principal de la disminució progressiva d'aquesta capa és l'emissió a l'atmosfera dels gasos anomenats CFC (clorofluorocarbonis). Els CFC, quan arriben a l'estratosfera, destrueixen la molècula d'ozó mitjançant la reacció: $Cl + O_3 \rightarrow ClO + O_2$

- **L'augment dels gasos d'efecte d'hivernacle.** L'**efecte d'hivernacle** és un procés natural que permet que la superfície de la Terra s'escalfi i que la seva temperatura mitjana es mantingui al voltant de 15 °C. Això afavoreix que s'hi pugui desenvolupar la vida. Aquest fenomen és possible gràcies a una sèrie de gasos que permeten l'entrada de les radiacions solars que escalfen la superfície de la Terra, però que dificulten la sortida de la calor que la Terra desprèn.

  Els gasos que permeten aquest fenomen s'anomenen **gasos d'efecte d'hivernacle** i són el vapor d'aigua, el diòxid de carboni (CO_2), l'ozó (O_3) i altres gasos, com ara el metà (CH_4).

  L'augment de l'activitat industrial, de les emissions provinents de les combustions dels motors dels mitjans de transport i de les calefaccions, etc., provoca un augment de les emissions de CO_2 a l'atmosfera. Segons els científics, aquest increment de l'efecte hivernacle està causant un **escalfament global** que pot portar a un canvi climàtic de conseqüències imprevisibles que ja es comença a notar: aiguats, sequeres, desglaç dels pols, pujada del nivell del mar, ciclons més freqüents, etc.

4.2 La contaminació de l'aigua

Els contaminants principals de l'aigua són:

- **Compostos orgànics biodegradables**, com ara les aigües fecals i els residus de l'activitat agrícola i ramadera.
- **Substàncies químiques perilloses**, com els metalls pesants (mercuri, cadmi, plom), els compostos que contenen els pesticides i herbicides, el petroli i els seus derivats i les substàncies radioactives.
- **Contaminació tèrmica**. L'augment de la temperatura de l'aigua provoca efectes nocius a la fauna i flora que hi habita.

4.3 La contaminació del sòl

- Productes químics derivats de l'activitat agrícola i ramadera.
- Residus urbans i industrials.
- Metalls pesants procedents de l'activitat minera.

La contaminació del sòl és especialment important, perquè la majoria dels contaminants poden arribar als rius i als aqüífers o passar a la cadena alimentària.

ACTIVITATS

9. Quins són els contaminants principals de l'aire?
10. Què és la pluja àcida?
11. Què és l'efecte d'hivernacle? A què és degut l'augment de l'efecte d'hivernacle?
12. En una riera s'observa un augment de la presència d'algues i microorganismes a partir d'un punt determinat del seu curs. Et sembla que aquest fet té a veure amb l'abocament de compostos orgànics? Raona la resposta.
13. Relaciona els termes de les dues columnes:

A. Residus urbans	1. Insecticides i herbicides
B. Activitat minera	2. Plàstic i paper
C. Activitat agrícola	3. Metalls tòxics

14. La contaminació del sòl d'un terreny pot provocar que l'aigua d'una font que hi ha a prop no sigui potable? Raona la resposta.

Comprova el que saps
Mapa conceptual

Determinació del pH dels aliments

Objectiu

Mesurar aproximadament el pH de diversos aliments amb el paper indicador i després amb el pH-metre.

Coneixements previs

El grau d'acidesa o basicitat d'una substància es pot establir comparant-lo amb una escala ja establerta, anomenada escala de pH. El valor del pH es determina mitjançant el paper indicador i pH-metres.

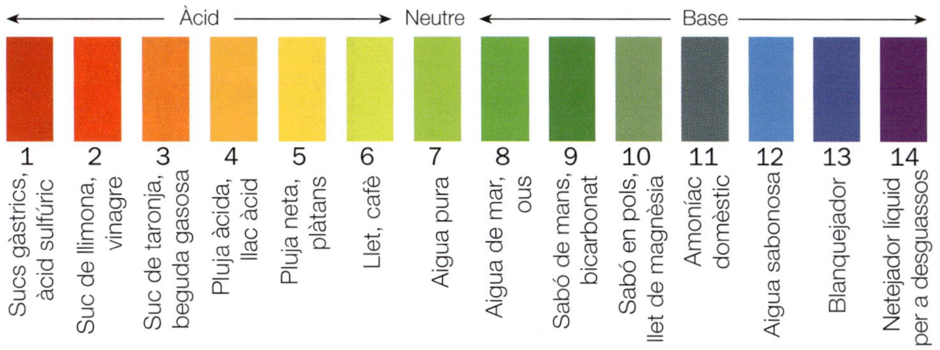

Material

- Paper indicador, pH-metre, aigua destil·lada i aliments líquids o amb aigua suficient (llet, suc de taronja, suc de raïm, refresc de cola) i aliments sòlids (poma, formatge fresc, cogombres en vinagre, puré de patata).

Procediment

Mesurem el pH dels aliments, primer amb el paper indicador de pH i després amb el pH-metre. En el cas dels aliments sòlids, cal triturar-los i, si fa falta, afegir-hi una mica d'aigua destil·lada fins aconseguir una textura de puré.
Cal netejar bé l'elèctrode amb aigua destil·lada després de cada mesura.

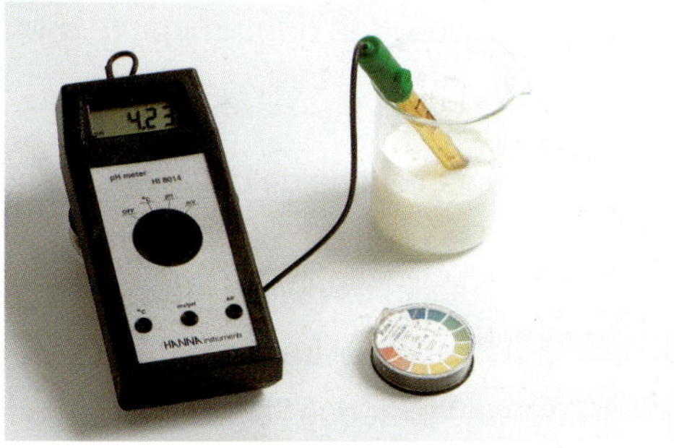

Recollida i organització de dades

Completem una taula com aquesta amb el color de l'indicador i el valor indicat al pH-metre.

	Llet	Suc de taronja	Suc de raïm	Refresc de cola	Poma	Formatge fresc	Cogombres en vinagre	Puré de patata
Indicador								
pH-metre								

ACTIVITATS

1. Copia i completa al teu quadern la taula anterior amb els colors de l'indicador i el valor indicat al pH-metre. Quins aliments tenen caràcter àcid? Ordena'ls de menys àcid a més àcid.
2. Per què fem servir aigua destil·lada per aconseguir una textura de puré en els aliments sòlids? Podríem utilitzar aigua de l'aixeta? Justifica la resposta.

ACTIVITAT FINAL

Com ens afecta la pluja àcida?

Els òxids de sofre i de nitrogen són els gasos causants de la pluja àcida quan es combinen amb el vapor d'aigua de l'atmosfera i formen els àcids sulfúric i nítric, que són dos àcids forts. L'aigua de la pluja els dilueix i els arrossega cap al sòl.

Les altes temperatures que s'originen en les combustions dels derivats del petroli a les centrals tèrmiques, a les indústries o en els mitjans de transport són la causa principal de la formació dels òxids de nitrogen.

El sofre és un dels elements que acompanya el carbó mineral com una impuresa. Quan en una indústria, o sobretot en una central tèrmica, s'utilitza aquest carbó com a combustible, o per obtenir energia, també es poden formar òxids de sofre quan el sofre es combina amb l'oxigen de l'aire. Per tant, una de les millores mediambientals en les noves instal·lacions industrials o en centrals tèrmiques que utilitzen carbó com a combustible consisteix a barrejar compostos de caràcter bàsic amb el carbó durant la combustió, de manera que neutralitzin els òxids àcids de sofre que es formen. Un altre mètode és eliminar els gasos àcids abans que surtin per les xemeneies, fent-los passar per una solució bàsica.

Els efectes de la pluja àcida poden ser molt importants en la vida dels éssers vius, tant en els ecosistemes aquàtics com en els boscos i els conreus, i poden contaminar aigües potables i fer malbé escultures i edificis.

De vegades els corrents dels vents poden afavorir que en llocs allunyats de les zones industrials es detectin també els efectes de la pluja àcida, perquè els vents arrosseguen els compostos responsables del fenomen.

Aquest problema ha fet, per exemple, que el govern britànic hagi reconegut que els òxids de sofre de les seves centrals tèrmiques contribueixen a la pluja àcida a Escandinàvia.

Els governs de l'Europa Occidental han començat a prendre mesures amb relació a aquest fet i s'han proposat legislar per tal de reduir l'ús del carbó o extreure'n abans el sofre, no utilitzar petroli ric en derivats de sofre i limitar el trànsit de vehicles contaminants. Sembla que aquestes mesures comencen a fer efecte.

ACTIVITATS

1. Un ajuntament ha de donar el vistiplau per a la instal·lació d'una central tèrmica al seu municipi. Tria i raona quin criteri ha de prioritzar per licitar la nova construcció i garantir la mínima contaminació de l'aire.
   a) Garantir l'ús de gas metà en lloc de carbó mineral.
   b) Assegurar el tractament previ del carbó que s'utilitzarà com a combustible, per eliminar-ne el sofre que conté.
   c) Assegurar que l'aigua que surt de la torre de refrigeració del vapor tingui una temperatura propera a l'ambiental.
2. Els alumnes d'una escola han recollit mostres d'aigua d'un estany proper i després de mesurar-ne l'acidesa han trobat un pH de 5,1. Tria i justifica quina de les dues raons pot explicar aquesta dada:
   a) L'escola està situada al costat d'una zona industrial.
   b) Una de les empreses d'aquesta zona pot haver abocat residus que contenen hidròxid de sodi (NaOH).
3. La investigació mediambiental sobre la pluja àcida que s'està produint els últims anys al Quebec (Canadà), sembla indicar que té l'origen en les emissions de la zona industrial del litoral oriental dels Estats Units. Com pots explicar aquest fenomen?
4. Per eliminar els gasos àcids abans que surtin per les xemeneies se'ls pot fer passar per una solució bàsica. Quines solucions bàsiques et sembla que es podrien fer servir?
5. La pluja àcida es pot combatre substituint el carbó per gas metà com a combustible de les centrals tèrmiques. Tot i així, aquesta mesura no disminueix els efectes d'un gas que contribueix a l'augment de l'efecte d'hivernacle. Quin és aquest gas? De quines reaccions és producte?

Autoavaluació

REVISTA DE CIÈNCIA

Com reduir envasos i embalatges

La societat actual produeix grans quantitats de deixalles, sobretot a les grans ciutats del món occidental. En poques dècades s'ha doblat la producció de residus i han augmentat els impactes en el medi ambient; d'altra banda, el tractament dels residus és cada cop més costós i difícil.

El 50% del volum de les deixalles de la brossa són residus innecessaris i evitables, com ara envasos i embolcalls d'un sol ús; per aquest motiu, arreu del món es posen en marxa accions per reduir, reutilitzar i reciclar envasos i embalatges per tal de mitigar l'impacte que els residus generen en l'entorn.

Els europeus fem servir més de 100 quilos d'envasos i embalatges per persona a l'any, en forma de bosses de plàstic, cartró, porexpan, llaunes, ampolles, esprais, papers, plàstics, brics, etc., tots ells sovint resistents i duradors, però que utilitzem i llencem ràpidament.

Els antics envasos es caracteritzaven per la seva reutilització i pel fet que, quan finalment s'abandonaven per vells i inservibles, es degradaven ràpidament; en canvi, els actuals normalment tenen un sol ús i estan fets de materials resistents i duradors, de manera que no es descomponen fàcilment.

Per fabricar tants envasos i embalatges calen milers de tones de petroli, fusta i minerals, i també grans quantitats d'aigua i energia. Tot plegat per fer un envàs que serà utilitzat de manera breu i anirà a parar a l'abocador, a la incineradora i, en una proporció més baixa, a la planta de recuperació per reciclar-lo posteriorment.

Abocadors i incineradores han estat fins ara causa d'importants impactes a l'entorn i no són la solució a l'augment creixent de les deixalles.

El millor residu és el que no es produeix.

Aquesta frase ens obre un altre vessant de solucions: la reducció del nombre d'envasos que fem servir, la reutilització, o, com a mal menor, el reciclatge.

Hem de ser capaços de reduir la quantitat de residus que produïm, a més de reutilitzar i recollir selectivament per reciclar.

Per això la millor política és produir menys deixalles, donant una vida més llarga als productes i usant els materials de manera més eficient. D'aquí neix l'estratègia de les 3R: reduir, reutilitzar i recuperar per reciclar.

Amb aquesta finalitat hem de repensar les nostres necessitats, per reduir la producció de deixalles, refusant els embalatges efímers, i a més hem de separar els residus a l'origen, promoure la recollida selectiva, aplicar un màrqueting per introduir els productes reciclats al mercat, etc.

En aquest sentit, els consumidors i les consumidores i el sector del comerç hi tenen un paper clau.

COMPRENSIÓ LECTORA I REFLEXIÓ

1. De quina naturalesa són els residus que generem de manera habitual?
2. Quines et sembla que són les causes que fan que actualment es generin més residus que en dècades anteriors?
3. Per què considerem que la societat no fa una gestió sostenible dels recursos?
4. Explica què vol dir la frase «el millor residu és el que no es produeix».
5. Enumera algunes accions que pots dur a terme per posar en pràctica la frase anterior.

UNITAT 7

FORCES I MOVIMENTS

Segur que en algun moment has sentit parlar d'algun concurs de «la persona més forta del món». O fins i tot deus haver sentit l'expressió «la força d'un sentiment». Però els efectes i les característiques de les forces van molt més enllà d'aquests usos populars del concepte de força.

- Quin creus què és el significat de la paraula *força* en un context més científic?
- Podries anomenar alguna de les forces que t'envolten?

En l'actualitat, hi ha dispositius capaços de mesurar la força que exerceixen entre ells dos àtoms. Aquests elements d'alta tecnologia basen el seu funcionament en la «força de la llum». També hem vist com alguns nedadors fan servir banyadors amb uns dissenys o disposició de fibres especials per tal d'intentar assolir millors marques de temps.

- Saps quines són les principals forces que actuen sobre un nedador quan es desplaça per l'aigua?
- Per què et costa més d'avançar amb la bicicleta com més ràpid vas?

Foto: La nedadora es desplaça per l'aigua gràcies a la força dels seus músculs.

EN AQUESTA UNITAT APRENDRÀS...

1 Què són les forces, com es caracteritzen i els efectes que causen les forces en els cossos.

2 La relació entre força i moviment i les magnituds bàsiques que identifiquen un moviment.

3 Com la fricció modifica el moviment d'un cos.

4 La diferència entre massa i pes i què és el que causa la força pes.

I SERÀS CAPAÇ DE...

- Identificar i representar gràficament les forces presents en una situació quotidiana.
- Analitzar els canvis que provoquen les forces en el moviment dels objectes.
- Reconèixer les principals característiques d'un moviment a partir de l'anàlisi de gràfiques.
- Explicar la diferència entre massa i pes i la seva relació amb el moviment dels astres.

1. Les forces

Alguna vegada t'han hagut d'estirar per aixecar-te de terra? T'han estirat per la samarreta per aturar-te practicant algun esport? Són situacions en què l'aplicació d'una força ha provocat un canvi en el teu moviment. Saps, però, qué són les forces, com es caracteritzen i els efectes que causen les forces en els cossos?

Observeu i raoneu

Una força és una **interacció entre dos cossos.** Aquests cossos poden estar en contacte (**forces de contacte**) o no (**forces a distància**).

a | Indiqueu les parelles d'objectes o cossos que estan interaccionant en cada situació.

b | Indiqueu si aquesta interacció es produeix per contacte o a distància.

c | En cada cas, el canvi que provoquen les forces és respecte al moviment o a la forma dels cossos sobre els quals s'apliquen?

d | Cerqueu quina és la unitat de força en el sistema internacional.

Analitzeu i deduïu

Vector: és una magnitud amb cert valor, punt d'aplicació, direcció i sentit. Es representa gràficament amb una fletxa.

Estem jugant a billar, i analitzem diverses possibilitats de jugada. En tots els casos piquem la bola amb la mateixa força en la direcció i sentit que indiquen els tacs de billar.

a | Dibuixeu al quadern quina creieu que serà la trajectòria de la bola blanca en cadascuna de les situacions representades.

b | Què canvia entre la situació A i la B? I entre la B i la C? I entre la A i la C?

c | Justifiqueu que per descriure completament una força no en tenim prou d'indicar el seu valor. Com s'anomenen aquest tipus de magnituds?

d | Les forces es representen mitjançant vectors. Dibuixeu, en cada cas, el vector que representa la força aplicada sobre la bola blanca.

Observeu i deduïu

Acabem de veure que no en tenim prou amb el valor d'una força per caracteritzar-la completament perquè les forces són magnituds vectorials (vectors). Analitzeu les situacions següents, en què s'il·lustra un exemple competitiu i un de més cooperatiu.

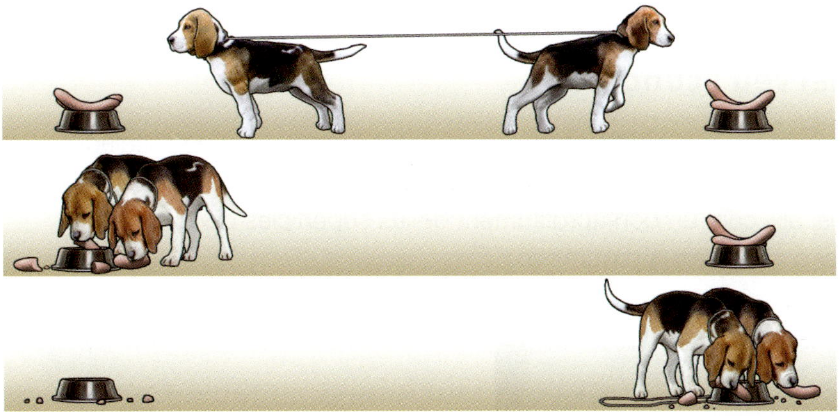

a | En el primer cas, com són les forces que fa cada un dels gossos per separat?
b | Què hauria de canviar perquè un dels dos pogués menjar? I perquè mengessin tots dos alhora?
c | Quina direcció té la força que exerceixen les dues persones sobre el carret? Per què creieu que és així?
d | Com calcularíeu la força total que estan exercint sobre el carret?

Feu una cerca

a | Esbrineu com s'anomena la força equivalent a la suma de totes les forces que actuen sobre un cos.
b | Com calcularíeu aquesta força en el cas de dues forces de la mateixa direcció i sentit? I si les dues forces tenen sentit contrari? I si les forces són perpendiculars?

ACTIVITATS

1. Per què magnituds com la temperatura o el temps no són magnituds vectorials? Com podries identificar una magnitud vectorial? Anomena tres magnituds vectorials més a part de la força.
2. Quines han de ser les característiques vectorials de dues forces que s'anul·len completament? N'hi ha prou que tinguin el mateix valor?
3. Fixa't en un objecte qualsevol que tinguis a sobre de la taula. Hi actua alguna força a sobre? Quantes? Com han de ser els seus valors?
4. Un company et diu: «Avui a classe han explicat que quan sobre un objecte hi actuen dues forces que tenen el mateix valor, el resultat és el mateix que si no hi hagués cap força sobre aquest objecte». Estàs d'acord amb la seva afirmació? Se t'acut alguna situació en què això no passi?
5. Sis gossos estiren un trineu. Cada gos fa una força de 60 N sobre el trineu en la mateixa direcció i sentit.
   a) Quant val la força total que fan els gossos sobre el trineu?
   b) En moure's el trineu hi ha una força de fregament de 150 N. En quin sentit actua aquesta força? Fes una representació gràfica de totes les forces esmentades. Quina és la força total?

1.1 Tipus de forces

La presència de les forces al nostre entorn quotidià és constant. Quan caminem, quan agafem un objecte, en seure a una cadira... En totes aquestes situacions hi intervenen forces, bé de contacte, com la **tensió** o la **normal**, o a distància, com les **electromagnètiques**.

Observeu i concloeu

Aquestes imatges representen tres moments en l'ascensió d'un escalador a un cim. Un element imprescindible en la pràctica d'aquest esport són les cordes, així com un bon aprofitament de les superfícies de la roca per descansar o ajudar en la progressió.

a | Dibuixeu les forces que actuen en cada moment.
b | Com es diu la força que fa una superfície quan un cos s'hi recolza? Quines són les seves direcció i sentit?
c | Com s'anomena la força que fa la corda sobre l'escalador? Quina direcció i sentit té?

Observeu i deduïu

Els materials elàstics estan molt presents a la nostra vida quotidiana. En general, tots presenten un comportament similar, que té a veure amb la seva capacitat de recuperar la forma inicial en ser sotmesos a una deformació.

a | Què passarà quan la saltadora desplegui tota la corda?
b | Quin és el funcionament dels tensors per exercitar els músculs del braç?
c | Com varia la força que exerceix un material elàstic a mesura que augmentem la deformació?

Observeu i deduïu

Una de les principals característiques de les **forces magnètiques** exercides pels imants és que poden ser atractives o repulsives. A partir de l'anàlisi del vídeo que trobareu al web responeu les preguntes següents:

a | Què passa quan desplacem lleugerament un dels imants de la imatge de la posició que ocupa?

b | Com és la força que estan exercint els imants entre ells?

c | Hi ha alguna relació entre la figura que es crea i el fet que siguin imants idèntics?

d | Què creieu que passaria si un d'ells fos de mida diferent?

Experimenteu i deduïu

Analitzeu el comportament dels imants de nevera plans i flexibles que habitualment s'utilitzen com a records o en campanyes de publicitat o informació. Intenteu aconseguir-ne dos d'idèntics, i enfronteu les dues superfícies imantades. Podeu consultar el web.

Què succeeix? Feu una representació gràfica esquemàtica dels imants i redacteu un text breu amb l'explicació que proposeu.

Experimenteu i concloeu

La **força electrostàtica** és la que s'exerceix entre cossos carregats elèctricament, i una de les maneres més fàcils d'aconseguir carregar un objecte és mitjançant el fregament.

a | Fregueu un globus de plàstic amb un tros de llana o seda i intenteu atreure papers petits o els cabells d'algun company o companya.

b | Fregueu ara un bolígraf i apropeu-lo a un raig d'aigua d'una aixeta.

c | Expliqueu què creieu que està passant en cada cas mitjançant un text breu (5-8 línies) que contingui alguns dels termes següents: *plàstic*, *fregament*, *atracció*, *repulsió*, *càrrega*, *lleuger*.

d | Il·lustreu la vostra explicació amb els dibuixos o gràfics que cregueu aclaridors.

ACTIVITATS

6 Quin tipus de força s'exerceix en cadascun dels casos següents?

a) Una bicicleta frena en trobar un obstacle amb la roda de darrere bloquejada.

b) Se'ns posen els cabells de punta en pentinar-nos un dia de temps molt sec.

c) En una deixalleria, se separen llaunes de ferro i d'alumini amb un electroimant.

7 Dels tipus de forces que coneixes (elàstica, fregament, electrostàtica, tensió, normal, magnètica), quines poden ser d'atracció i repulsió?

1.2 Efectes de les forces

Prémer una tecla a l'ordinador, empènyer una porta per obrir-la o tancar-la o estirar algú per la samarreta perquè no marxi són exemples en què estem aplicant una força sobre un objecte. Ara bé, quin és l'efecte que provoquem?

Observeu i deduïu

Si la intensitat de la força resultant sobre un cos és nul·la, diem que aquest cos es troba en **equilibri mecànic:** si està aturat, continuarà en repòs, i si estava en moviment rectilini, continuarà movent-se tal com ho estava fent.

Observeu les imatges següents i indiqueu quin és l'objecte que s'està movent, i quin tipus d'efecte tenen respecte del seu moviment les forces que s'apliquen sobre ell.

Experimenteu i deduïu

Agafeu un objecte que llisqui amb facilitat (un cotxet de joguina amb rodes, un monopatí...). Busqueu una superfície llisa on disposeu d'uns quants metres lliures. Impulseu l'objecte i observeu què passa.

a | Descriviu el moviment de l'objecte des que ha deixat d'estar en contacte amb la mà.

b | Indiqueu els canvis en el seu estat de moviment al llarg de tota l'experimentació.

c | Mentre estava en moviment, com podríeu haver modificat la seva direcció?

d | En quin moment la resultant de forces sobre el cos ha estat nul·la?

ACTIVITATS

8 Raona si els casos següents representen un estat d'equilibri mecànic o no. Si no és un equilibri, quina força està actuant?

a) Un satèl·lit està en òrbita entorn de la Terra.

b) Un avió vola a 9.000 m d'altura a 850 km/h en vol horitzontal.

c) Un avió aterra, rodant per la pista i frenant.

d) Acabem de llançar una pilota de bàsquet i va cap a la cistella.

e) Un ascensor baixa de l'àtic a la planta baixa a una velocitat de 5 m/s.

Feu una cerca i definiu

Un cos també es troba en **equilibri mecànic** quan no experimenta cap canvi en la seva forma. Si experimenta deformacions, aquestes poden ser temporals o permanents, i en funció d'això podem classificar els materials en dues categories: **elàstics** o **plàstics.**

a | Cerqueu informació sobre les característiques dels materials elàstics i plàstics.

b | Indiqueu dos exemples de cada tipus de material.

Paràmetre: La variable que ens permet comprendre com varia una magnitud que estem mesurant.

Analitzeu un experiment

Les cordes que utilitzen els escaladors se sotmeten a proves molt rigoroses que mesuren diversos paràmetres. Una d'aquestes proves consisteix a anar-hi penjant cossos de diferent massa i veure quin és l'allargament que experimenten. Les gràfiques que s'obtenen són similars a la següent:

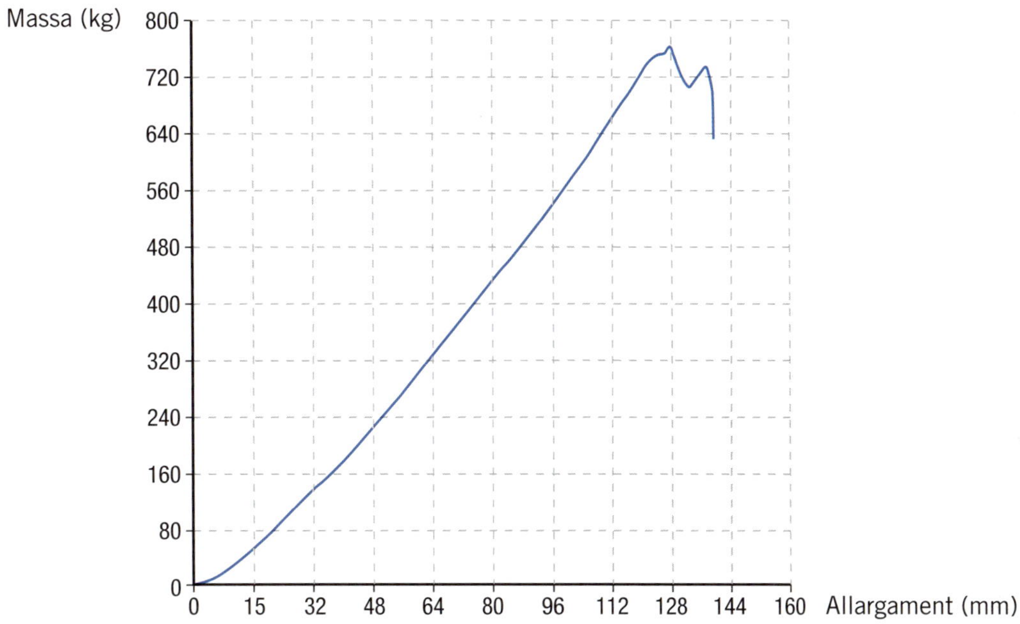

a | Com s'anomena, matemàticament, la relació que mostra la gràfica entre la massa penjada i l'allargament de la corda? Quina és l'expressió general d'aquesta relació?

b | L'allargament màxim que pot suportar una corda abans de perdre les seves propietats elàstiques s'anomena **límit d'elasticitat.** Quin és l'allargament màxim que va experimentar aquesta corda? Amb quina massa es va aconseguir aquest allargament?

c | Què creieu que hauria passat a la corda en penjar-li una massa de 900 kg?

d | Quin paràmetre podríeu definir per mesurar l'elasticitat d'una corda d'escalada?

e | Com creieu que seria la gràfica d'una corda el doble d'elàstica que l'anterior? I la d'una que fos la meitat d'elàstica?

ACTIVITATS

9. Explica si les afirmacions següents són certes o falses. Si són falses, explica quin és l'error:
   a) L'estirament dels materials elàstics és directament proporcional a la forma deformadora.
   b) Alguns materials elàstics es poden allargar indefinidament.

Activitats interactives
Activitat de síntesi

2. El moviment

Un dels efectes de les forces és modificar l'estat de moviment d'un cos. Així, un cos que deixem caure es precipita cap a terra, un objecte lliscant sobre el sòl acaba aturant-se, els satèl·lits giren al voltant del seu planeta de referència... Vegem ara en detall quina és la relació entre força i moviment i les magnituds bàsiques que identifiquen un moviment.

Reflexioneu i concloeu

Per situar la posició d'un objecte necessitem establir un sistema de paràmetres, que configuren l'anomenat **sistema de referència**: origen, sentit del moviment i unitat de mesura.

Imagineu que teniu una sortida amb la classe i agafeu un autobús que surt de l'institut. Seieu, l'autobús arrenca i observeu des del vostre seient la resta de companys que hi ha a l'autobús.

Indiqueu en quines situacions us moveu i en quines no si preneu com a referència...

a | el vostre seient.
b | el vostre seient mentre camineu pel passadís.
c | un arbre que hi ha a la carretera.
d | un company que camina pel passadís.

Analitzeu informació gràfica

Estació	Hora de pas	Posició (km)
Barcelona el Clot-Aragó	9:08	0
Barcelona Sant Andreu Comtal	9:14	3
Montcada i Reixac	9:20	9
La Llagosta	9:23	12,5
Mollet-Sant Fost	9:27	16,5
Montmeló	9:31	21
Granollers Centre	9:40	28

Analitzeu la informació que trobeu en un panell informatiu de l'operador de rodalies per respondre les qüestions següents:

a | Quina estació escollim com a origen del nostre sistema de referència?
b | El recorregut de les vies del tren, què ens determina, la trajectòria o el desplaçament?
c | Quin tram és el més curt?
d | Quin tram triga menys temps a recórrer el tren?
e | Coincideixen els dos trams anteriors? Quina explicació podeu donar a aquest fet?
f | Representeu en una gràfica posició-temps les dades de la taula.
g | Expliqueu com, a partir de la gràfica, es pot dir si el tren s'ha mogut sempre a la mateixa velocitat o no.

ACTIVITATS

10 Un radar de carretera fa dues fotografies a un vehicle en un interval de 0,2 segons; en aquest temps el vehicle ha recorregut 1,93 metres. Si el límit de velocitat en aquest tram de carretera és de 80 km/h, el vehicle ha superat aquest límit?

11 Calcula la velocitat lineal de translació de la Terra en m/s. La distància Sol-Terra és $1,5 \cdot 10^{11}$ m. Considera que aquesta distància és el radi de la circumferència que descriu la Terra al voltant del Sol.

2.1 Anàlisi de moviments

Arrencar en un semàfor, frenar en arribar a un pas de vianants, girar en una cruïlla, circular per una rotonda... És clar que no tots els moviments són iguals, i que, per descriure'ls, no en tenim prou de donar informació de la posició de l'objecte en un instant determinat.

Elaboreu un gràfic i concloeu

Dos amics fan una passejada curta, enfilats en els seus cavalls. El primer cavall ha recorregut els primers seixanta metres en 5 segons, però s'ha aturat durant 7 segons i ha continuat a ritme constant durant 6 segons més fins a completar els 200 metres del trajecte. Per contra, el segon cavall ha fet tot el camí d'una tirada sense variar el seu ritme de galop, i ha trigat 18 segons.

Representeu en un únic gràfic els dos moviments que es descriuen en el text anterior.

a | Quin dels dos cavalls ha arribat abans?

b | La **velocitat mitjana** (v_m) és el quocient entre el desplaçament i el temps emprat, i les seves unitats en el sistema internacional són els **metres per segon** (**m/s**). Calculeu la velocitat mitjana del primer cavall en cadascun dels trams en què es pot dividir el seu moviment.

c | Quina ha estat la velocitat mitjana de cadascun dels cavalls al llarg de tot el recorregut?

d | Representeu gràficament tots dos moviments en una gràfica posició-temps. Quina relació hi ha entre la velocitat mitjana i el pendent?

Extraieu informació d'una gràfica

Un company de classe us ha dit que en una distància curta, com per exemple 20 metres, ell arribaria abans corrents a la meta que un de vosaltres amb la bicicleta. Per comprovar-ho, heu fet una cursa a la sortida de l'institut. En representar les dades de la taula, obteniu el gràfic següent:

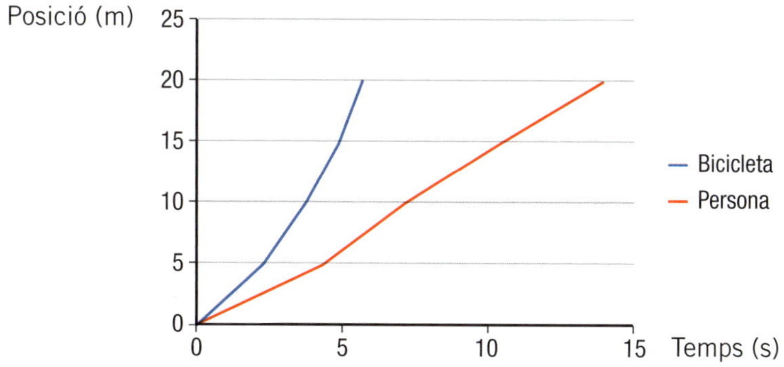

Posició (m)	0	5	10	15	20
Temps (s) persona	0	4,34	7,18	10,44	13,96
Temps (s) bicicleta	0	2,30	3,73	4,90	5,7

a | Qui tenia raó?

b | Diríeu que tots dos s'han mogut a ritme constant? Justifiqueu la resposta.

c | Com descriuríeu el moviment seguit pel ciclista?

Els radars de trànsit detecten la velocitat instantània dels vehicles mitjançant l'emissió d'ones electromagnètiques i el canvi de la seva freqüència en ser reflectides per objectes en moviment.

Com funcionen els radars de tram? Quina velocitat mesuren?

2.2 Anàlisi de gràfiques velocitat – temps

La velocitat mitjana ens dóna una informació global sobre el moviment en un tram determinat, però no ens permet saber les característiques del moviment en un instant determinat. La magnitud que ens informa de la velocitat del mòbil en un moment concret és la **velocitat instantània** (***v***), i en el sistema internacional d'unitats també s'expressa en **metres per segon** (**m/s**).

Interpreteu una gràfica i deduïu

La gràfica següent correspon als resultats d'un test de valoració de les prestacions d'un turisme. En aquest cas, es mesura, en km/h, la velocitat màxima assolida en cadascuna de les marxes.

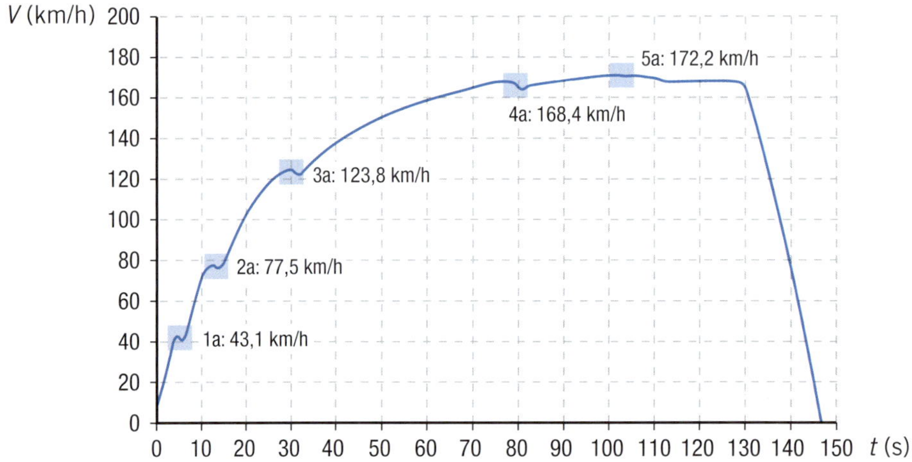

a | Quina és la velocitat aproximada a la qual comença el test?

b | Quina és la màxima variació de velocitat assolida? En quina marxa?

c | La relació entre la variació de velocitat i el temps emprat en assolir-la s'anomena **acceleració mitjana**, i en el sistema internacional d'unitats s'expressa en **m/s²**. Quina ha estat l'acceleració mitjana en cada una de les marxes?

Utilitzeu una simulació i feu prediccions

Obriu l'enllaç que teniu al web i familiaritzeu-vos amb l'aplicació que trobareu. Al cap d'una estona, i quan ja sapigueu fer servir la simulació, intenteu reproduir la situació següent:

Un motorista engega la moto i augmenta la velocitat fins a assolir el màxim permès en zones urbanes (50 km/h). Manté aquesta velocitat fins que arriba a una zona de pacificació del trànsit (velocitat màxima 30 km/h), i avança a aquesta velocitat fins que arriba a prop de casa seva, on deixa anar el gas fins que s'atura.

a | Copieu la gràfica *v*-*t* que apareix a la pantalla.

b | Feu una predicció de quina seria la representació gràfica de la posició en funció del temps per a aquest moviment. Pareu atenció a l'eix del temps perquè coincideixin els diversos trams del moviment amb els corresponents de la gràfica *v*-*t*.

ACTIVITATS

12 Un nedador es llença a l'aigua quan s'engega el cronòmetre i avança amb estil papallona durant 31 segons fins a arribar a l'altre extrem de la piscina de 50 m. Llavors gira capbussant-se i torna en 32 segons.

a) Quin ha estat el desplaçament del nedador?

b) Quina ha estat la velocitat mitjana del nedador en cada tram de 50 m?

c) Creus que ha batut el rècord català de 100 m papallona masculí en piscina de 50 m, si la rapidesa mitjana del rècord és d'1,67 m/s?

13 Un avió fa el trajecte Barcelona-Zuric en una hora i 45 minuts. La velocitat de creuer de l'avió és gairebé constant, i de 700 km/h. Quina és la distància que separa les dues ciutats, si podem considerar que dedica, en total, al voltant de 25 minuts a les maniobres d'enlairament i aterratge?

14 Dues alumnes estan discutint sobre quina camina més ràpid. Per aclarir-ho, parlen sobre el temps que triguen a arribar a l'escola: la primera surt de casa a les 7:50 i arriba a les 7:58. La segona diu que surt a tres quarts de vuit i que arriba a les 8 en punt. Si la primera viu a 1600 m de l'institut, i la segona a 2 km i 800 m, quina és la que camina més ràpid?

15 A partir de la taula de valors següent:

t (s)	0	1	2	3	4	5	6	7	8
x (m)	0	2	4	6	6	6	7	8	9

a) Representa gràficament la posició del mòbil en funció del temps.

b) Quants trams diferents té el moviment?

c) Quina durada té cada tram?

d) Quin desplaçament es fa en cada tram?

e) Quin valor té la velocitat en cada tram?

16 El Gran Premi de Catalunya de MotoGP es corre al circuit de Montmeló, que té una longitud total de 4727 m. Els corredors han de fer 25 voltes al circuit. En la darrera cursa, el 14 de juliol del 2015, Jorge Lorenzo va resultar guanyador amb un temps aproximat de 42 minuts i 53 segons. Quina va ser la seva velocitat mitjana, expressada en km/h?

17 Una patrulla dels mossos d'esquadra ha observat que un cotxe ha recorregut 120 metres en només 4 segons. En aquest tram de carretera hi ha un senyal de limitació de 90 km/h. El conductor superava el límit de velocitat?

18 Mirant la representació gràfica,

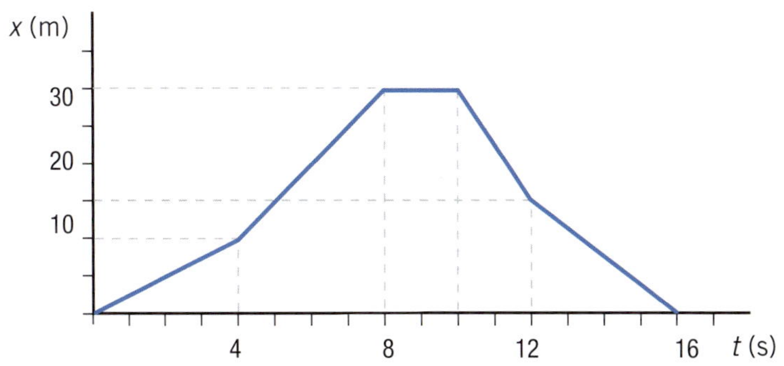

a) Calcula la velocitat mitjana de tot el recorregut.

b) Calcula la velocitat de cada interval.

c) Representa la corresponent gràfica *v*-*t*.

Rapidesa: És el quocient entre la distància total recorreguda i el temps.
Es mesura en m/s, igual que la velocitat.

Activitats interactives
Activitat de síntesi

3. Les forces de fregament

Has provat de caminar sobre el gel? Què fa que un cos que llisca sobre el terra s'acabi aturant? Sempre que dos cossos presenten superfícies en contacte, el moviment relatiu entre ells es veu dificultat per una força que s'oposa a aquest desplaçament. Aquesta força rep el nom de **força de fregament** o **fricció**, i és un cas particular de força de contacte. Com modifica la fricció el moviment d'un cos?

Analitzeu un experiment

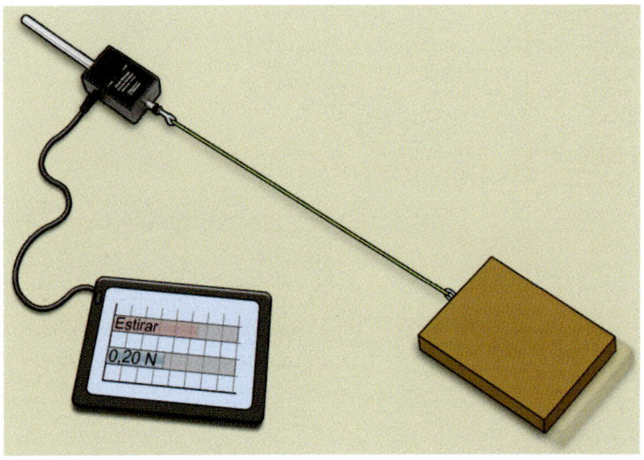

Volem analitzar experimentalment la força de fregament entre dues superfícies. Disposem d'una placa de fusta, un cordill, elements de fixació i un sensor que ens mesura la força necessària per arrossegar a velocitat constant la placa de fusta.

a | Fes un esquema de les forces que actuen sobre la placa de fusta.

b | Com és la resultant d'aquestes forces?

c | Quina relació té la força que mesurem amb el sensor amb la força de fregament?

La força de fregament entre dues superfícies depèn de si aquestes estan en repòs relatiu o bé es desplacen l'una respecte de l'altra. Això fa que puguem parlar de **fregament estàtic** i de **fregament dinàmic**. En general, aquesta força sempre té un valor inferior a la fricció estàtica.

d | Com canviarà la mesura del sensor si modifiquem la superfície i n'utilitzem una de més rugosa?

e | I si n'utilitzem una de més llisa?

f | Fes una predicció de quina seria la gràfica força-temps que registraria el sensor en els tres casos.

ACTIVITATS

19 Quan comença la temporada d'esquí, molts practicants d'aquest esport porten els seus esquís a tallers especialitzats perquè els facin una «posada a punt». En què creus que consisteixen aquestes tasques de manteniment?

20 Quina relació creus que existeix entre les superfícies sobre les quals es practiquen diversos esports i les soles del calçat que s'hi utilitza? Justifica en un text breu (3-5 línies) per què necessites un calçat específic per a la pràctica d'algun d'aquests esports: futbol, vòlei o hoquei herba.

21 La fricció també està present quan un cos es desplaça en un fluid (líquid o gas). Això ho deus haver notat si et desplaces en bicicleta. Com varia la força que oposa l'aire a mesura que augmentes la teva velocitat?

22 Les cadenes per a la neu s'han de col·locar a les rodes motrius del vehicle en presència de neu o gel a la carretera. Busca altres exemples de situacions quotidianes que requereixin augmentar la fricció entre dues superfícies.

Activitats interactives
Activitat de síntesi

4. La força gravitatòria

Una de les quatre forces fonamentals de la natura és la força gravitatòria. Científics com Galileu, Newton o Einstein van dedicar bona part de les seves vides a intentar explicar la força que exerceix la Terra sobre un cos situat a prop de la seva superfície, el que habitualment anomenem **pes**. Malgrat que en el llenguatge quotidià utilitzem els conceptes de massa i pes com a equivalents, no ho són. Ara estudiarem quina és la diferència entre massa i pes i què és el que causa la força pes.

Compareu dades i traieu conclusions

L'atracció gravitatòria entre dos cossos és menor com més allunyats estan els cossos i més gran com més grans són les seves masses respectives. En el cas que un objecte es trobi a la superfície d'un astre, aquest l'atrau amb una força directament proporcional a la massa de l'objecte. El paràmetre de proporcionalitat s'indica amb la lletra **g**, i té unitats de N/kg. La força gravitatòria, llavors, s'anomena **pes** de l'objecte.

Expresseu analíticament la relació entre massa i pes i completeu les dades que falten a la taula següent:

	Terra	Lluna	Mart	Júpiter	Sol	Neptú
g (N/kg)	9,8		3,7	24,8		10,9
m (kg)	60	60			40	
Pes (N)	588	96	111	1.488	16.440	654

Directament proporcional: dues magnituds són directament proporcionals si en multiplicar-ne o dividir-ne una per un nombre, l'altra queda multiplicada o dividida per aquest mateix nombre.

ACTIVITATS

23 Quin error comets si dius la frase «quan em vaig tornar a entrenar, després de dos mesos lesionat, pesava 3 quilos més»?

24 Una pregunta típica als infants per fer-los veure la diferència entre la realitat i la percepció és «què pesa més, un quilo de ferro o un quilo de palla?» Quina resposta donaries tu?

25 Si el pes disminueix a mesura que ens allunyem de la Terra, qui pesarà menys, un habitant del Nepal o un de l'Equador, si tots dos tenen la mateixa massa?

26 Una de les característiques de l'atracció gravitatòria és que el seu abast és infinit. Això vol dir, per exemple, que la Terra continua atraient els astronautes de l'Estació Espacial Internacional, o ISS, que orbita a una alçada sobre la superfície de la Terra d'entre 330 i 435 km. Llavors per què sembla que els astronautes no pesen?

27 Utilitzeu els enllaços que trobareu al web per obtenir informació sobre les definicions de *metre* i *segon*, i sobre la proposta de redefinició del quilogram. Redacteu un correu electrònic formal al director de l'Oficina Internacional de Pesos i Mesures de París explicant els motius pels quals creieu que s'hauria de modificar la definició.

4.1 La caiguda lliure

Si deixem caure un objecte a prop de la superfície de la Terra, i no tenim en compte el fregament amb l'aire, diem que aquest cos cau lliurement. L'única força que hi actua és el pes o força gravitatòria i el cos varia la seva velocitat de manera constant: s'accelera. Aquesta acceleració, per distàncies properes a la superfície de la Terra, té un valor de 9,8 m/s^2 i està dirigida cap al centre de la Terra.

Analitzeu i deduïu

Visualitzeu atentament el vídeo que trobareu al web i responeu les qüestions següents:

a | Feu una estimació de les masses de la bola i d'una de les plomes. Calculeu el seu pes a la superfície terrestre.

b | Per què no cauen igual en el primer llançament?

c | Per què sí que ho fan en el segon llançament?

d | Què ha canviat entre els dos llançaments?

e | Quina força s'ha eliminat?

f | Si suposem un temps de caiguda d'1,5 segons, a quina velocitat arriba la bola a la plataforma? Indiqueu-la en km/h.

ACTIVITATS

28 Estem estenent roba al balcó de casa, i ens cau una agulla d'estendre al carrer.

a) Quina velocitat portarà al cap de 2 segons?

b) Si xoca a terra amb una velocitat de 25 m/s, quant de temps ha estat caient?

29 Llancem verticalment cap amunt una pilota amb una velocitat de 10 m/s. Quan assoleix el punt més alt de la seva trajectòria:

a) Quina és la seva velocitat?

b) I la seva acceleració?

c) Quant de temps trigarà a arribar a aquest punt?

30 Amb uns amics hem anat d'excursió a la Garrotxa i hem fet una ascensió amb globus aerostàtic. Durant uns instants, la barca del globus queda en repòs, i mentre estem admirant el paisatge, per una distracció, ens cauen les ulleres de sol. Justifica quina de les gràfiques següents creus que pot representar la variació de la seva velocitat fins que arriben a terra.

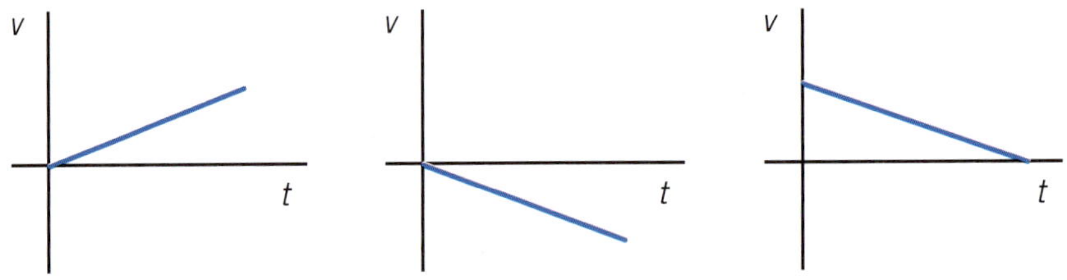

31 L'acceleració de la gravetat a la superfície de la Lluna és d'1,6 m/s^2. Si en un futur, uns astronautes deixen caure una pedra i aquesta tarda 0,3 s a tocar la superfície del satèl·lit, amb quina velocitat impactarà?

32 Un famós experiment fet per astronautes a la Lluna va consistir a deixar caure simultàniament una ploma i un martell des de la mateixa altura. Tots dos objectes van arribar a terra alhora. Al planeta Terra això no pot passar. Podeu explicar per què? Us ajudarà veure l'experiment al web.

4.2 El moviment de planetes i satèl·lits

Fins al segle XVII es pensava que la caiguda d'un cos a prop de la superfície terrestre i el moviment dels planetes i els seus satèl·lits responien a lleis diferents. Una de les principals contribucions d'Isaac Newton a la comprensió del nostre Univers va ser proposar un model que permetia explicar-los conjuntament de forma satisfactòria: la **llei de gravitació universal**.

La teoria de Newton va permetre explicar diversos fenòmens naturals com a manifestacions d'una mateixa causa: el moviment dels astres (planetes, llunes, cometes...), la caiguda dels cossos i les marees.

Investigueu i relacioneu informació

El 1676, Isaac Newton va escriure «*Si he pogut veure més lluny, és perquè he pujat a espatlles de gegants*». Malgrat que es referia als seus descobriments en òptica, podem traslladar aquesta reflexió als avenços científics en general, i en particular a la cosmologia.

Busqueu informació sobre les aportacions de Copèrnic, Galileu i Kepler a l'avenç de l'astronomia i relacioneu-les entre elles. Situeu també en una línia temporal les dates de naixement i mort dels tres científics anteriors juntament amb les de Newton.

Cosmologia: La part de la Física que estudia l'Univers i la seva evolució.

Utilitzeu una simulació i deduïu

Dirigiu-vos a l'enllaç que trobareu al web i familiaritzeu-vos amb el funcionament de l'aplicació. Un cop conegueu el significat dels diversos símbols i els paràmetres que permet modificar, responeu les qüestions següents:

a | Quina és la forma geomètrica de les òrbites dels planetes i dels seus satèl·lits?

b | Cap on ha d'estar dirigida la força que fa girar els planetes al voltant del Sol?

c | Escolliu un planeta que tingui diversos satèl·lits, com per exemple Júpiter o Saturn.
Quina relació hi ha entre la velocitat orbital d'un dels satèl·lits i la distància al planeta?
Diríeu que això passa en tots els casos?

d | Fixeu-vos ara en un astre (planeta o satèl·lit) que descrigui una òrbita força el·líptica.
Creieu que la seva velocitat orbital es manté constant?
En quins punts de la seva òrbita es desplaça més lentament?
En quins ho fa més ràpidament?

ACTIVITATS

33 Com és la trajectòria dels cometes entorn del Sol? En quins punts de la trajectòria els cometes tenen més velocitat?

Activitats interactives
Activitat de síntesi

PER ESTUDIAR

1. Les forces

Una força és una **interacció** entre dos cossos, i pot exercir-se per contacte o a distància.

La unitat de força en el sistema internacional d'unitats és el newton (N).

Les forces són **magnituds vectorials**, és a dir, tenen un cert valor, i un punt, una direcció i un sentit d'aplicació. Gràficament, es representen amb un segment orientat (fletxa).

S'anomena força **resultant** d'un conjunt de forces que actuen sobre un cos una única força que provoca el mateix efecte sobre el cos que totes les altres actuant simultàniament.

La força resultant de dues forces amb la **mateixa direcció i sentit** és una força amb la mateixa direcció i sentit i un valor obtingut de la suma dels valors de les dues forces.

La força resultant de dues forces amb la **mateixa direcció però sentits contraris** és una força que té la mateixa direcció i sentit que la força de valor superior, i un valor igual a la diferència entre els valors de les dues forces.

1.1 Tipus de forces

La força que experimenten les cordes quan són estirades s'anomena **tensió**, i sempre té la direcció de la corda i el sentit en què es produeix l'estirament.

La força que exerceix una superfície sobre un cos que s'hi recolza és una força de contacte i s'anomena **força normal**. La seva direcció sempre és la perpendicular a les superfícies de contacte.

Els materials elàstics tenen la capacitat de recuperar la forma inicial en deixar de ser sotmesos a una deformació. La **força elàstica** és una força de contacte directament proporcional a la deformació produïda.

Les forces magnètiques i electrostàtiques són exemples de forces que s'exerceixen a distància, i tant poden ser atractives com repulsives.

1.2 Efectes de les forces

Les forces produeixen canvis en el moviment i en la forma dels cossos.

Diem que un cos es troba en equilibri mecànic quan la intensitat de la força resultant que hi actua a sobre és nul·la.

Un cos en equilibri mecànic manté el seu estat de moviment: si estava aturat, continuarà aturat, i si estava en moviment rectilini continuarà movent-se en línia recta i com ho estava fent.

Un cos en equilibri mecànic també manté la seva forma. En funció del tipus del comportament dels cossos respecte les deformacions, podem classificar-los en:

- **Elàstics**, si recuperen la seva forma original en desaparèixer la força causant de la deformació. La deformació màxima que poden experimentar abans de perdre les seves propietats elàstiques s'anomena límit d'elasticitat.
- **Plàstics**, si la deformació que experimenten és permanent.

ACTIVITATS

1. Digues quines de les magnituds següents són vectorials i quines no: velocitat, temps, temperatura, acceleració, densitat.
2. Quin és el valor màxim que pot tenir la resultant de tres forces de 5 N que tenen la mateixa direcció? I el mínim? Fes un dibuix que representi cadascun dels casos.
3. Raona per què aquests cossos no estan en equilibri mecànic:
   a) Un got de llet escalfant-se al microones.
   b) Un cotxe aturant-se en arribar a un semàfor.
   c) Un corredor començant una cursa.
   d) Una pilota de bàsquet dirigint-se a la cistella.
4. Quina és la diferència fonamental entre els cossos elàstics i els plàstics? Posa un exemple de cada tipus de material.

2. El moviment

Per situar un objecte necessitem definir un **sistema de referència**, mitjançant l'elecció d'un punt d'origen, un sentit de moviment i una unitat de mesura. La **posició** de l'objecte vindrà determinada per la seva distància a l'origen en un moment determinat.

El **desplaçament** d'un objecte en un interval de temps equival a la diferència entre la seva posició final i la inicial, i pot ser positiu o negatiu.

2.1 Anàlisi de moviments

La **velocitat mitjana** d'un objecte es calcula mitjançant el quocient entre el desplaçament efectuat i el temps invertit en recorre'l. En el sistema internacional d'unitats, la unitat de velocitat és el **m/s**.

2.2 Anàlisi de gràfiques velocitat – temps

La **velocitat instantània** es defineix com la velocitat d'un objecte en un instant determinat, i la seva unitat en el sistema internacional també és el m/s.

Els moviments en què la velocitat es manté constant s'anomenen **moviments uniformes**.

La variació de la velocitat d'un mòbil és el que s'anomena **acceleració**. La seva unitat en el sistema internacional és el **m/s²**. L'**acceleració mitjana** es calcula amb el quocient entre la variació de velocitat i el temps emprat en assolir-la. L'acceleració pot ser positiva, si la velocitat augmenta, o negativa, si la velocitat disminueix.

ACTIVITATS

5. Un cargol recorre en un minut una distància de 80 cm, mentre que una tortuga fa en una hora 70 metres. Quin dels dos és més ràpid?

6. Els trens de l'AVE entre Madrid i Barcelona fan el recorregut en 2 h i 30 min.
   a) Si la distància que han de fer és de 620 km, a quina velocitat mitjana circulen? Expressa el resultat en km/h.
   b) Per arribar als 300 km des de la sortida d'una estació, triguen 6 minuts. Quina acceleració han de tenir? Expressa el resultat en m/s².

7. Una patrulla dels mossos d'esquadra ha observat que un cotxe ha recorregut 120 metres en només 4 segons. En aquest tram de carretera hi ha un senyal de limitació de 90 km/h. El conductor superava el límit de velocitat?

8. Observa els dos gràfics següents:

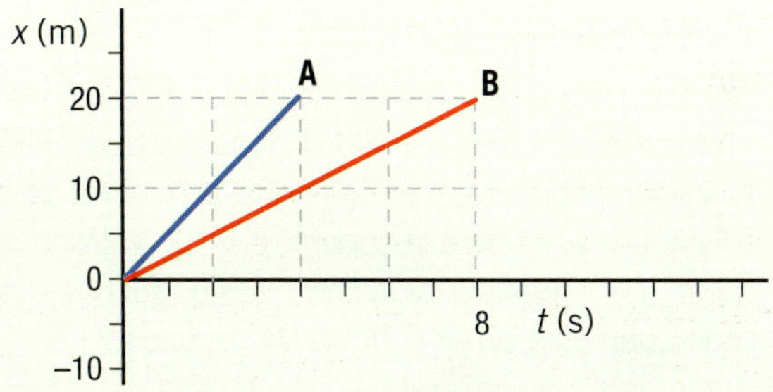

   a) Quina distància recorre el cotxe A en els primers 4 segons? I el B?
   b) Quin dels dos cotxes es desplaça més ràpid?
   c) Quina és la velocitat de cada cotxe?
   d) Calcula la distància que recorrerà cadascun al cap de 20 segons d'haver començat a moure's.

3. Les forces de fregament

Quan dos cossos presenten superfícies de contacte, el moviment relatiu entre ells es veu dificultat per una força que s'oposa a aquest desplaçament. Aquesta força rep el nom de **fricció** o **força de fregament**.

El valor de la força de fregament varia en funció de si els cossos estan en repòs relatiu (**fregament estàtic**) o si es mouen un respecte de l'altre (**fregament dinàmic**).

La força de fregament depèn de les característiques de les superfícies en contacte (materials, rugositat...).

La fricció també és present quan un cos es desplaça en el si d'un fluid (líquid o gas).

ACTIVITATS

9. Per què creus que es recomana reduir la velocitat quan se circula amb pluja?

10. Dibuixa totes les forces que actuen sobre un imant pla enganxat a la nevera i anomena-les. Quin és el valor de la força resultant?

11. Estem renovant una habitació i hem de moure un armari ple de roba. Indica quines accions podries fer per facilitar el seu desplaçament i quina relació té cadascuna amb la força de fregament.

12. Posa dos exemples d'accions quotidianes que no podríem dur a terme si no existís la força de fregament.

13. Podries explicar de quina manera pot frenar un vaixell?

4. La força gravitatòria

L'atracció gravitatòria entre dos cossos és més gran com més gran és la massa dels cossos, i disminueix amb la distància que els separa.

PER ESTUDIAR

L'atracció gravitatòria que exerceix un astre sobre els cossos situats a prop de la seva superfície rep el nom de **pes**.

El pes d'un cos depèn de les característiques de l'astre on es troba, i és **proporcional a la massa** del cos. La constant de proporcionalitat se simbolitza amb la lletra **g**, i té unitats de N/kg. A la Terra, el seu valor és 9,8 N/kg.

4.1 La caiguda lliure

Quan un cos cau lliurement a prop de la superfície d'un astre, i menyspreem la força de fregament, la seva velocitat augmenta de forma constant: el cos **s'accelera**.

En el cas de la Terra, l'acceleració deguda a la força de la gravetat, per distàncies properes a la superfície terrestre, té el valor de 9,8 m/s^2.

Aquest valor varia amb la distància a la superfície i és inversament proporcional al quadrat de la distància.

4.2 El moviment de planetes i satèl·lits

La llei de gravitació universal de Newton va permetre explicar satisfactòriament amb un únic model diversos fenòmens naturals: moviment dels astres, caiguda dels cossos, marees...

Aquesta llei ens diu que la força amb què dues masses s'atrauen és directament proporcional al producte de les masses i inversament proporcional al quadrat de la distància que les separa.

ACTIVITATS

14 En l'edició digital d'un diari d'informació nacional es llegeix la notícia següent relacionada amb els àpats nadalencs: «*Els habitants de Valladolid són els que més augmenten de pes amb 5 quilos de mitjana després dels ciutadans de les Balears...*». Què li diries al periodista encarregat de redactar-la?

15 Com afectarà al temps que triga a caure un objecte des d'un balcó el fet de no menysprear la força de fregament de l'aire? Augmentarà, o disminuirà, respecte al cas en què no tenim en compte el fregament?

16 Amb quina velocitat arriba a terra una pilota que es deixa caure des d'una alçada de 5 m, si triga 1,4 s a arribar a terra?

17 A quina distància de la Terra deixa d'actuar la seva atracció gravitatòria? Quin és llavors el valor del nostre pes?

18 Si en un planeta el valor de g és la meitat que el seu valor a la Terra, quin serà llavors el pes d'un objecte de 6 kg de massa? Quina és la massa d'un objecte que en aquest planeta pesa 4,9 N? Quina serà la seva massa a la Terra? I el seu pes?

19 Els planetes del sistema solar tenen masses ben diferents, per això el valor de l'acceleració de la gravetat varia. Imagina que pots visitar alguns dels planetes.

a) Omple el quadre següent indicant quant pesaries a la superfície de cadascun dels planetes.

Planeta	Valor de g	La teva massa	El teu pes
Mercuri	2,8 m/s^2		
Venus	8,9 m/s^2		
Mart	3,7 m/s^2		
Júpiter	23 m/s^2		
Saturn	9,1 m/s^2		
Urà	7,8 m/s^2		
Neptú	11 m/s^2		

b) Per què creus que els valors de l'acceleració de la gravetat no coincideixen?

c) Quantes vegades pesaries més a Júpiter que a la Terra?

d) Quantes vegades pesaries menys a Mart que a la Terra?

20 En el sistema solar, els planetes orbiten al voltant del Sol.

a) Quin tipus de trajectòria segueixen els planetes entorn del Sol?

b) Quin tipus de trajectòria segueixen els satèl·lits dels planetes?

c) Tots es mouen a velocitat constant?

21 Tenint en compte els valors de les acceleracions de la gravetat en els diferents planetes...

a) en quin d'ells tardaria més un objecte a impactar contra la superfície si cau des d'una altura de 10 m?

b) en quin tardaria menys?

Explica les respostes.

22 A mesura que ens allunyem de la superfície de la Terra el nostre pes disminueix, establint-se una raó de valor inversament proporcional al quadrat de la distància respecte a la superfície. Si un astronauta pesa a la superfície de la Terra 90 kg, quin és el seu pes quan està situat al doble de distància? I al triple de distància?

Comprova el que saps
Mapa conceptual

Mesurar la força magnètica que exerceix un imant

Objectiu

Mesurar experimentalment la força magnètica que exerceix un imant sobre un objecte metàl·lic i sobre un altre imant.

Coneixements previs

Les forces magnètiques s'exerceixen a distància i poden ser atractives o repulsives.

Materials

- Dos imants, si és possible iguals.
- Una balança digital, que ens informa de la massa.
- Diversos objectes metàl·lics (una cullera d'acer inoxidable, unes tisores...)

Procediment

1. **Acció de la força magnètica (I)**
   a) Situem cada objecte sobre la balança i anotem el que marca. Després, calculem el pes i la força normal exercida sobre cada objecte per la balança.
   b) Situem novament cada objecte sobre la balança, i hi apropem un dels imants, tal com mostra la figura.
   c) Fem un diagrama de forces on s'indiquin les direccions i sentits de les forces que actuen sobre l'objecte.
   d) A partir de la mesura de la balança, calculem el valor del pes aparent de l'objecte i de la força normal exercida per la balança.

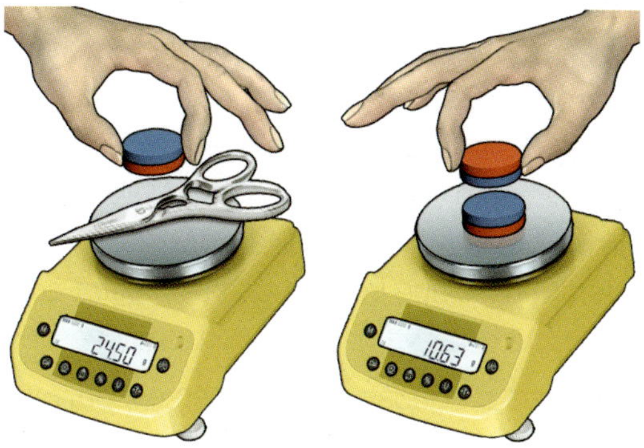

2. **Acció de la força magnètica (II)**
   a) Situem sobre la balança un dels imants, i anotem el valor de la seva massa.
   b) Hi acostem per sobre un altre imant idèntic orientat de forma que la força que s'exerceixen sigui de repulsió. Anotem el valor que indica la balança.
   c) Hi acostem per sobre un altre imant idèntic orientat de forma que la força que s'exerceixen sigui d'atracció. Anotem el valor que indica la balança.

Recollida de dades

Elabora unes taules on recullis les dades anteriors. Pots utilitzar un model com el següent:

Imant a la balança			
Massa (kg)	Pes (N)	Pes quan hi ha repulsió (N)	Pes quan hi ha atracció (N)

	Objectes metàl·lics a la balança		
	Massa (kg)	Pes (N)	Pes amb l'imant a prop (N)
Objecte 1			
Objecte 2			

ACTIVITATS

1. Què li passa a la mesura de la balança si anem allunyant lentament l'imant d'un objecte metàl·lic situat a sobre? I si l'anem apropant?
2. Com podries saber si la força magnètica varia linealment amb la distància entre l'imant i l'objecte? Dissenya un procediment experimental que et permetés analitzar-ho.
3. De quina manera canvia la força normal quan un imant s'apropa a un objecte metàl·lic damunt d'una taula de fusta?
4. De quina manera varia la força normal quan acostem un imant a un altre imant damunt d'una taula de fusta, segons que hi hagi repulsió o atracció entre els imants?

ACTIVITAT FINAL

Registrar dades a distància

Tothom sap cóm és d'important mantenir un control estricte de la velocitat del vehicle. Per això els automòbils més moderns estan proveïts de dispositius intel·ligents que detecten variacions durant la conducció: sensors de xoc, localitzadors de posició per fer marxa enrere, controladors que ens avisen si canviem de carril, etc. Però a més d'aquests ginys interns, s'han instal·lat a les carreteres els radars de tram que controlen el temps que tarda un vehicle a fer un determinat recorregut. Dividint la distància entre els dos extrems del tram $(x - x_0)$ i el temps trigat, es pot elaborar un registre de velocitat dels vehicles que passen per un punt determinat.

Mecànic consultant dades tècniques recollides mitjançant aplicacions telemètriques.

Aquesta tècnica de recollida de dades s'ha convertit en habitual en l'àmbit esportiu, especialment en motociclisme o automobilisme. El sistema de control d'un vehicle de competició en ple rodatge transmet informació constantment sobre múltiples paràmetres a l'equip de control, amb l'objectiu que els enginyers puguin comprovar-ne el funcionament, preveure'n les fallades tècniques i millorar-ne els reglatges. Durant la celebració del Gran Premi de Malàisia de Motociclisme, l'octubre de 2015, es va produir un incident entre dos dels pilots, Valentino Rossi i Marc Márquez, en la lluita pel primer lloc de la cursa. El segon va anar a terra, i les imatges feien pensar que la caiguda havia estat conseqüència d'un contacte voluntari per part del pilot italià. L'escuderia de Marc Márquez va esgrimir com a proves les dades de telemetria registrades per l'equip durant la cursa.

En el cas d'aquestes disciplines esportives les dades que es recullen són un bon grapat, totes amb la seva escala de temps. Multitud de sensors, distribuïts per tot el cos del vehicle, capturen dades d'acceleració, inclinació, velocitat de gir de cadascuna de les rodes, temperatures... I tot amb una precisió extrema, de manera que, per exemple, els sensors de posicionament permeten superposar les diferents trajectòries del vehicle i comparar-les superposades.

Com un exemple més de com determinades innovacions que s'experimenten en els esports d'alta competició després acaben estenent-se entre la societat en general, aquest tipus de programes de recollida i anàlisi de dades de comportament dels vehicles ja poden descarregar-se com a *app* pels *smartphones*, per tal d'aconseguir una millora en les característiques de la conducció a la via pública.

Finalment, cal no oblidar que la telemetria no només s'utilitza en els àmbits esmentats anteriorment, sinó que la recollida i enviament de dades en «temps real» a distància es troba present en disciplines tan dispars com la biomedicina, l'oceanografia, la climatologia o l'exploració astronòmica.

ACTIVITATS

1. Quin és el desplaçament que realitza un corredor en completar una volta a un circuit?
2. En quins punts del circuit creus que es produirà una variació més gran de velocitat?
3. Hi ha algun tram en què el conductor varïi la velocitat de forma constant?
4. Quines forces actuen sobre el conductor quan el seu vehicle es desplaça en una recta? Fes un dibuix indicant la direcció i el sentit de cadascuna d'elles.
5. En quines unitats es mesura l'acceleració lateral? Busca informació sobre quina és l'acceleració màxima que pot suportar el cos humà sense patir conseqüències irreversibles.
6. Si la massa del conductor d'un vehicle és de 65 kg, quin és el «pes lateral» màxim que experimenta?
7. Quan assoleix l'acceleració lateral els valors més alts, en les rectes o en les corbes? Per què creus que passa això?
8. Quina força és la responsable que l'automòbil pugui descriure les corbes amb seguretat?
9. Quines dades creus que seria interessant transmetre per telemetria respecte de la situació física del conductor? Cita tres exemples i justifica'ls.

Autoavaluació

REVISTA DE CIÈNCIA

UNA CONDUCCIÓ SEGURA

A la carretera, i en un vehicle, evitar un accident pot dependre en gran mesura del temps de reacció del conductor davant d'un incident. Però no és l'únic factor, també hi intervé la distància de reacció, la distància de frenada i els possibles ginys de què disposi el vehicle i que faciliten la conducció.

El temps de reacció és el període des que el conductor veu un incident fins que reacciona. El cansament, l'edat, alguns medicaments i el consum d'alcohol o altres drogues, com la marihuana i la cocaïna, alteren el temps de reacció dels conductors, que de mitjana és de 0,75 segons.

Una conducció segura implica mantenir una distància de seguretat prudencial amb el vehicle que ens precedeix.

Conduir sota l'efecte de les drogues és arriscat, ho hem sentit tots, però això no treu que molts conductors, especialment joves de sexe masculí entre 18 i 24 anys, ho facin les nits del cap de setmana. Algunes d'aquestes drogues, com la cocaïna, estimulen el sistema nerviós central i provoquen una sensació d'eufòria i de seguretat, de manera que la percepció del risc disminueix i augmenta la probabilitat de cometre imprudències. Aleshores, entra en acció el temps de reacció i la capacitat per respondre de manera encertada a una situació de risc al volant; tots dos, factors que es veuen afectats negativament a causa de les drogues.

La presència de gel a la carretera pot multiplicar per 10 la distància de frenada.

Incrementar el temps de reacció pot no semblar un problema, però si es viatja a velocitats elevades, durant aquest període de temps la distància recorreguda serà més gran. En conseqüència, es redueix el marge que necessitem per frenar, que depèn de la velocitat a la qual se circula, de l'estat dels pneumàtics i de l'asfalt.

Una conducció segura implica mantenir una distància de seguretat prudencial amb el vehicle que ens precedeix. La distància de seguretat dependrà també de múltiples factors (velocitat, condicions meteorològiques adverses, etc.). Una de les normes que s'haurien de seguir és la de deixar un espai mínim que correspongui a l'espai que avança el nostre vehicle durant tres segons; això permetria disposar d'un marge de maniobra que cobreix el temps de reacció i el de frenada.

Però no sempre conduïm de manera segura, ja ho hem vist, i per posar-hi remei, actualment, hi ha una sèrie de sistemes de seguretat que detecten l'entorn i que controlen aquests i altres paràmetres. Aquests sistemes ajuden el conductor i poden servir per corregir errors, però no són infal·libles, de manera que disposar d'aquests sistemes no ha de servir per conduir al límit...

COMPRENSIÓ LECTORA I REFLEXIÓ

1. Què és el temps de reacció?
2. Com afecten les drogues al temps de reacció?
3. Com definiries una conducció segura?
4. Quins altres factors creus que determinen una conducció segura?
5. Creus que són eficaces les campanyes publicitàries a favor d'una conducció segura? Inventa't un eslògan a favor de la conducció segura.

UNITAT 8

ELS ELECTRONS EN MOVIMENT

L'electricitat és molt present en la nostra vida diària.

- Elabora una llista d'aparells que facis servir habitualment i que funcionin amb electricitat.

Pels cables hi circula el corrent elèctric, que juntament amb altres elements elèctrics, com ara els endolls o els interruptors, formen la instal·lació elèctrica dels habitatges.

- Saps amb quins materials estan fabricats els cables elèctrics? Per què estan fets d'aquests materials? Què significa que un aparell s'ha de connectar a 220 V?

A la instal·lació elèctrica hi podem connectar aparells elèctrics tan diferents com una rentadora o una torradora. Encara que disposem fàcilment d'electricitat, a casa tenim un màxim disponible d'energia elèctrica, que depèn de la potència dels aparells de connectem.

- Saps quins aparells necessiten més energia elèctrica per funcionar i com es relaciona amb la potència de l'aparell?

Foto: El bon funcionament d'un concert requereix un bon coneixement de l'electricitat i de les seves aplicacions.

EN AQUESTA UNITAT APRENDRÀS...

1 La relació dels fenòmens elèctrics amb l'estructura de la matèria.

2 Com s'origina un corrent elèctric i quin és el camí pel qual pot circular.

3 Quines magnituds s'acostumen a mesurar en els circuits elèctrics.

4 Els avantatges de col·locar els elements d'un circuit en sèrie o en paral·lel.

5 Com es calcula quanta energia necessita un aparell elèctric en un període de temps determinat.

I SERÀS CAPAÇ DE...

- Entendre fenòmens de la natura mitjançant l'experimentació.
- Interpretar i analitzar esquemes i gràfics de circuits elèctrics.
- Aplicar els coneixements sobre circuits elèctrics per entendre com es distribueixen les càrregues elèctriques.
- Calcular valors de les magnituds elèctriques que descriuen un circuit.

1. Fenòmens elèctrics

Els fenòmens elèctrics s'expliquen a partir de les partícules elementals que formen els àtoms. Ara bé, quina és la relació dels fenòmens elèctrics amb l'estructura de la matèria?

1.1 La naturalesa elèctrica de la matèria

Sabem que **els àtoms són elèctricament neutres**. Tot i així, poden perdre o guanyar electrons.

Cerqueu informació i dibuixeu un model

a | Recordeu quines són les partícules fonamentals que formen els àtoms? Com s'anomenen?

b | Totes aquestes partícules tenen càrrega elèctrica? Indiqueu quines en tenen i el signe de cadascuna.

c | Què significa l'afirmació següent?: «Els àtoms són elèctricament neutres».

d | Dibuixeu un model d'àtom elèctricament neutre.

e | Si un àtom guanya electrons, quina càrrega adquireix? I si en perd?

1.2 L'electrització de la matèria

L'electrització de la matèria pot assolir-se, per exemple, per fregament. Així, si freguem dos cossos elèctricament neutres, un d'ells guanyarà electrons i l'altre en perdrà.

Experimenteu i concloeu

Comproveu els efectes de l'electrització de cossos per fregament amb un regle de plàstic i un drap de llana. Consulteu el web.

a | Abans de fer l'experiment, quina càrrega té el regle? I el drap?

b | Fregueu el regle amb el drap de llana. Què suposeu que passa?

c | Per saber si el regle ha quedat carregat elèctricament, el podeu acostar a uns trossets de paper. Què observeu?

d | Els trossets de paper no estaven carregats, però en acostar-hi el regle, sense tocar-los també han adquirit càrrega. De quines dues maneres es pot carregar un objecte?

e | Els objectes amb càrrega negativa han guanyat electrons. D'on provenen aquests electrons?

f | Si un objecte perd electrons, amb quina càrrega queda?

ACTIVITATS

1. Si els àtoms estan formats per partícules amb càrrega elèctrica, explica per què són elèctricament neutres.
2. Infla un globus i frega'l amb una peça de roba de llana. Apropa'l a trossets de paper. Què et sembla que passarà? Per què?
3. En quines situacions de la vida quotidiana has experimentat l'electrització per fregament? Intenta explicar per què t'has electritzat.

1.3 Tipus de càrrega elèctrica

El fet que els cossos electritzats s'atreguin o es repel·leixin entre ells fa pensar en l'existència de dos tipus de càrrega elèctrica: **positiva** i **negativa**.

Analitzeu un experiment

Observeu què succeeix quan acostem bales electritzades. Consulteu el web.

a | Freguem dues bales de vidre amb un drap de seda, com en la figura esquerra. Què ocorre?

b | Freguem dues bales de plàstic amb un drap de llana, com en la figura central. Què passa?

c | Apropem una bala de vidre electritzada i una bala de plàstic electritzada, com en la figura de la dreta. Què succeeix?

d | Si anomenem positiva el tipus de càrrega que té el vidre, i negativa el tipus de càrrega que té el plàstic, quina conclusió podem treure respecte a l'atracció o repulsió de les càrregues elèctriques? Comproveu experimentalment la vostra conclusió.

1.4 La unitat de la càrrega elèctrica

En el SI, la unitat de càrrega elèctrica és el **coulomb** (**C**), que equival a la càrrega de més de 6 trilions d'electrons: 1 C = $6{,}24 \cdot 10^{18}$ electrons.

Deduïu i calculeu

a | Us sembla que la càrrega d'un cos electritzat serà més gran que la càrrega d'un àtom? Per què?

b | Per què penseu que 1 C equival a una quantitat tan gran d'electrons?

c | Escriviu el factor de conversió que ens permet expressar en coulombs la càrrega d'1 electró i calculeu-la.

1 electró · ______________ = C

d | Escriviu les frases següents amb la paraula adequada en cada cas:

- Un cos neutre adquireix una càrrega de +1 C quan ha *perdut* / *guanyat* 1 C = $6{,}24 \cdot 10^{18}$ electrons.
- Un cos neutre adquireix una càrrega de –1 C quan ha *perdut* / *guanyat* 1 C = $6{,}24 \cdot 10^{18}$ electrons.

ACTIVITATS

4. També s'utilitzen els submúltiples del coulomb: el mil·licoulomb (mC) i el microcoulomb (μC). A quants coulombs equival cadascuna d'aquestes unitats?
5. Quina càrrega tindrà un cos neutre que ha guanyat 10^6 electrons?
6. Quants electrons ha guanyat un cos que té una càrrega de –200 C?

1.5 L'electrització a la natura: els llamps

Els núvols s'electritzen per fregament entre ells i amb l'aire, de manera que se separen les càrregues positives de les negatives. Generalment, a la capa superior del núvol s'hi acumulen les positives, i a la inferior les negatives. La proximitat dels electrons fa que s'acumulin càrregues positives al terra.

Interpreteu un esquema i feu una cerca

L'esquema següent mostra **com s'originen els llamps**.

a | Descriviu la situació de les càrregues elèctriques en els núvols de tempesta.

b | Al terra també hi ha una separació de càrregues com en els núvols? Per què us sembla que el terra i les parts elevades, com ara els arbres i les cases, queden carregades positivament?

c | Per què us sembla que es produeix un llamp?

d | Expliqueu com es produeixen els llamps entre dos núvols. I entre un núvol i el terra? I dins d'un mateix núvol?

e | Per tal d'evitar que la caiguda d'un llamp produeixi danys a les construccions o a les persones, s'utilitza un dispositiu anomenat **parallamps**. Descriviu-ne el funcionament.

Feu una cerca i relacioneu

Esbrineu en què consisteix l'efecte de les puntes i justifiqueu la recomanació següent com a mesura de precaució contra els llamps:

Eviteu romandre en zones elevades i no us refugieu sota els arbres, especialment si estan sols.

Per conèixer altres mesures de precaució, podeu visitar el web.

ACTIVITATS

7. És el mateix llamp que llampec? Esbrina'n les diferències.
8. Explica què entenem per tro.
9. Sabem que el so viatja per l'aire a uns 340 m/s, mentre que la llum d'un llamp ho fa a 300.000 km/s. Si veiem la descàrrega elèctrica i comptem sis segons fins que sentim el tro, a quants quilòmetres ha caigut el llamp de nosaltres?

Activitats interactives
Activitat de síntesi

2. El corrent elèctric

El **corrent elèctric** es produeix quan les càrregues elèctriques negatives, els electrons, es mouen per un conductor. Ara bé, com s'origina el corrent elèctric i quin és el camí pel qual pot circular?

2.1 El circuit elèctric

Un **circuit elèctric** és el camí tancat a través del qual es poden desplaçar els electrons lliures com a conseqüència de l'energia que se'ls aporta.

Observeu i relacioneu

La imatge de l'esquerra representa **un circuit hidràulic** i la de la dreta **un circuit elèctric**. Al circuit hidràulic, hi ha una circulació contínua de molècules d'aigua. En canvi, al circuit elèctric hi ha un moviment constant d'electrons lliures. Compareu els dos circuits i contesteu les preguntes següents:

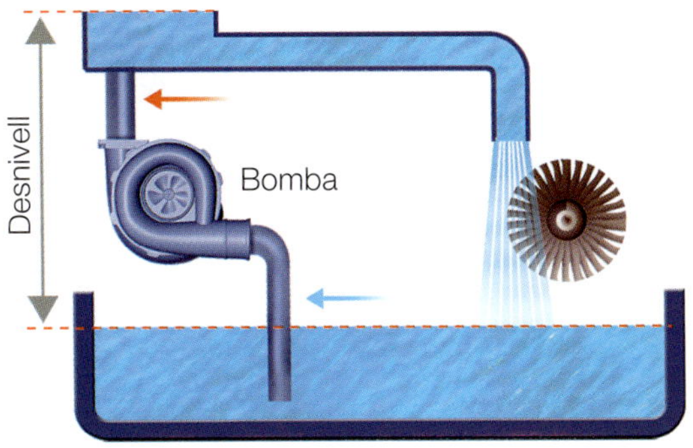

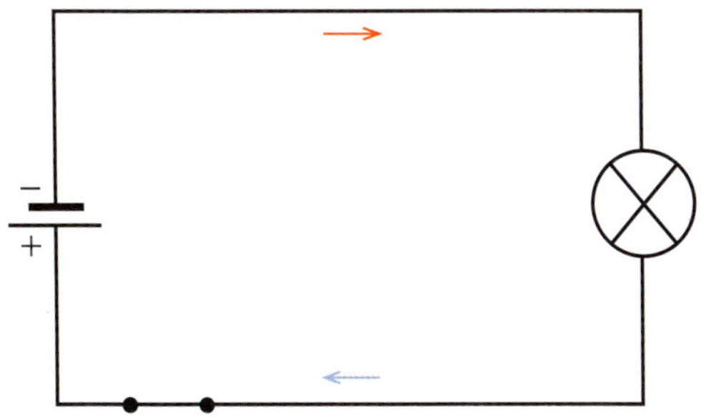

- **a** | Què és el que dóna energia a l'aigua perquè venci el desnivell?
- **b** | Quina funció té el **generador elèctric**? Com el definiríeu? Anomeneu algun generador elèctric que feu servir habitualment.
- **c** | Els generadors tenen dos pols, positiu (+) i negatiu (–). En quin sentit es mouen els electrons?
- **d** | Compareu el conducte amb aigua amb el **conductor elèctric**. Quines semblances hi veieu? Com definiríeu què és un conductor elèctric?
- **e** | Quin efecte té l'aigua sobre la turbina? I el corrent elèctric sobre la bombeta?
- **f** | La bombeta, en aquest cas, és un element del circuit que anomenem receptor elèctric. Per què us sembla que se l'anomena així? Definiu **receptor elèctric**.
- **g** | Acabeu d'identificar tres dels quatre elements del circuit elèctric. Observeu-lo bé i indiqueu quin us sembla que serà el quart element.
- **h** | Dibuixeu al vostre quadern els símbols que representen els elements d'aquest circuit.
- **i** | L'interruptor ens permet obrir o tancar un circuit. Expliqueu quan està obert un circuit i quan està tancat. Dibuixeu l'esquema d'un circuit obert i del mateix circuit quan està tancat. Podeu consultar-ho al web.
- **j** | Quan enceneu el llum de la vostra habitació, activeu un circuit elèctric. Digueu quins elements formen aquest circuit elèctric.

ACTIVITATS

10 Dibuixa l'esquema d'un circuit elèctric que contingui una pila, un interruptor tancat i una bombeta. Després, dibuixa el mateix circuit amb l'interruptor obert.

2.2 Reaccions químiques que generen corrent elèctric

El científic italià Alessandro Volta va descobrir l'any 1799 que posant en contacte dos metalls diferents es produïa un corrent elèctric. Saps quina és la composició de les piles actuals?

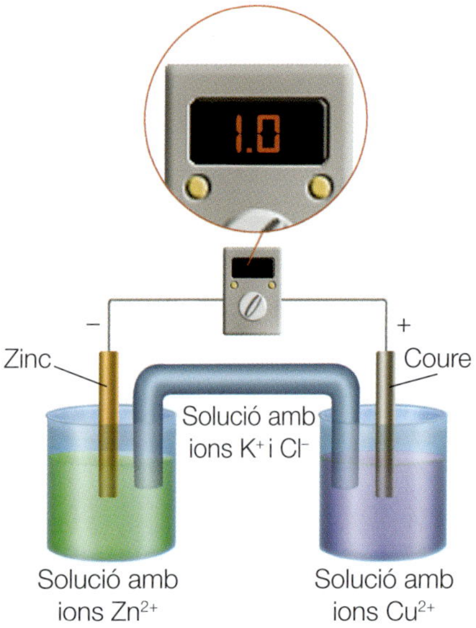

Observeu i deduïu

Observeu el muntatge d'una pila basada en les reaccions químiques entre els metalls zinc i coure.

A mesura que es produeixen dues reaccions químiques simultànies es va generant corrent elèctric:

$$Zn \rightarrow Zn^{2+} + 2\ e^- \quad \text{i} \quad Cu^{2+} + 2\ e^- \rightarrow Cu$$

a | Quin és el metall que va perdent electrons? Quin ió guanya electrons?

b | Quina és la substància que s'oxida? Quina és la que es redueix?

c | Una pila es basa en una reacció d'oxidació-reducció. Per què us sembla que arriba un moment en què les piles «s'acaben» i ja no generen més corrent elèctric?

d | Per què el zinc és el pol negatiu? Quin és el sentit de circulació dels electrons?

2.3 Conductors i aïllants

Experimenteu i concloeu

a | Amb aquests elements, dissenyeu un circuit elèctric per comprovar si un material és conductor o és aïllant. Dibuixeu-ne l'esquema.

b | Quins dels materials que componen els objectes següents us sembla que són conductors i quins són aïllants?

- Unes arracades de plata
- Un tap de suro
- Un rotlle de cel·lo
- La mina d'un llapis
- El recobriment de plàstic d'un cable elèctric
- La part metàl·lica d'un cable elèctric
- El vidre d'una finestra
- Unes claus
- La llana d'un jersei
- Una cullereta de plàstic
- Una goma d'esborrar
- Un anell d'or

c | Comproveu-ho experimentalment. Coincideix la vostra previsió amb els resultats que heu obtingut?

d | Expliqueu les característiques dels materials conductors i dels materials aïllants. La vostra explicació ha de contenir la paraula *electrons*.

ACTIVITATS

11 Les anomenades «piles de combustible» funcionen amb els gasos hidrogen i oxigen. Les molècules d'hidrogen, H_2, perden electrons i es transformen en ions H^+. Aquests ions, juntament amb els electrons, reaccionen amb les molècules d'oxigen, O_2, per formar aigua. En aquesta pila, quina substància és la que s'oxida? Per què es diu que la pila de combustible amb hidrogen és l'única que no contamina el medi ambient?

Activitats interactives
Activitat de síntesi

3. Les magnituds elèctriques

Per estudiar el funcionament dels circuits elèctrics cal conèixer algunes magnituds elèctriques. Saps quines magnituds s'acostumen a mesurar en els circuits elèctrics?

3.1 La intensitat del corrent elèctric

La **intensitat** del corrent elèctric (***I***) és la càrrega (*q*) que travessa una secció d'un conductor per unitat de temps (*t*). Podeu consultar-ho al web.

Apliqueu una definició

Quin dels models següents representa el conductor en què circula la intensitat de corrent elèctric més alta? Justifiqueu la resposta.

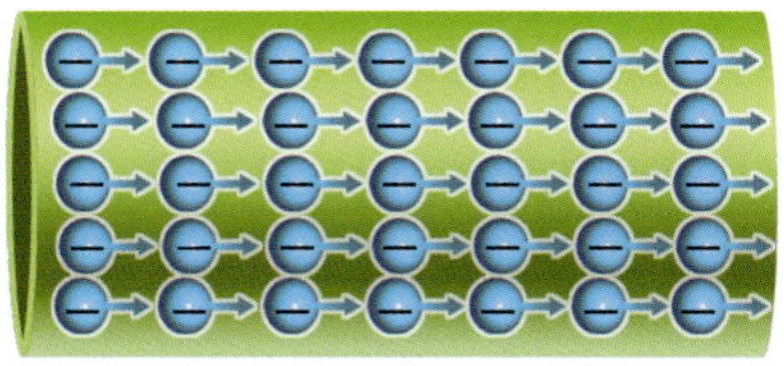

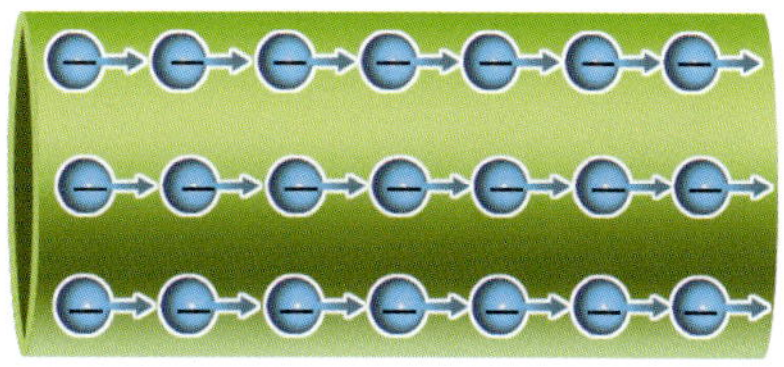

Deduïu una fórmula

a | Com expressaríeu amb una fórmula matemàtica la intensitat del corrent elèctric?

b | Quina és la unitat de càrrega elèctrica en el SI? I la unitat de temps?

c | Si en el SI la unitat d'intensitat de corrent elèctric és l'**ampere** (A), tenint en compte el que heu respost en l'apartat anterior, com definiríeu què és un ampere (1 A)?
Com que l'ampere és una unitat molt gran, sovint s'utilitzen el **mil·liampere** (1 mA = 10^{-3} A) i el **microampere** (1 μA = 10^{-6} A).

Experimenteu i deduïu

Munteu un circuit com el de la figura i responeu les preguntes:

a | Què us sembla que mesura l'**amperímetre**?

b | Per què està connectat al circuit d'aquesta manera? Com s'anomena aquesta manera de connectar un element en un circuit?

c | Dibuixeu l'esquema d'aquest circuit amb els símbols convencionals.

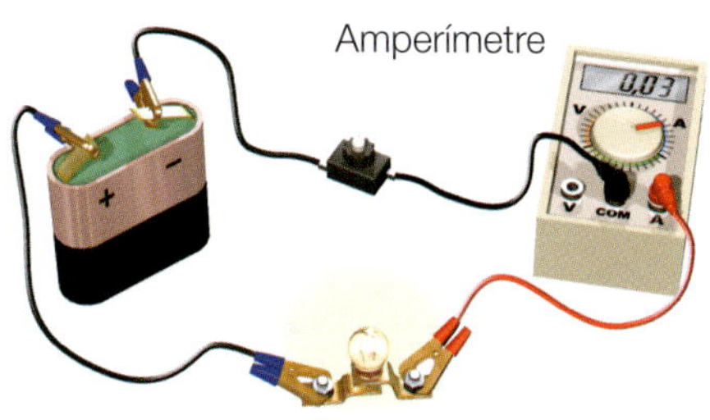

ACTIVITATS

12 Per una bombeta hi passa una intensitat de corrent de 0,2 A.

a) Quina quantitat de càrrega hi ha passat en 1 hora?

b) Quants electrons hi hauran passat en aquest temps?

13 Quina quantitat de càrrega elèctrica passa per un conductor en 5 minuts si la intensitat de corrent és de 16 mA?

14 Per una ràdio encesa durant una hora hi han circulat $2{,}5 \cdot 10^{22}$ electrons. Quina intensitat de corrent la travessa?

3.2 La diferència de potencial

La **diferència de potencial** (*V*) entre dos punts d'un circuit és l'energia necessària (*E*) per desplaçar una unitat de càrrega elèctrica (*q*) entre els dos punts. També s'anomena **tensió** o **voltatge**. Podeu consultar-ho al web.

Interpreteu un esquema i dibuixeu un model

Una pila subministra energia per fer circular els electrons pel circuit. Ara, en el mateix circuit, canviem la pila per una altra i observem que hi circulen molts més electrons que abans.

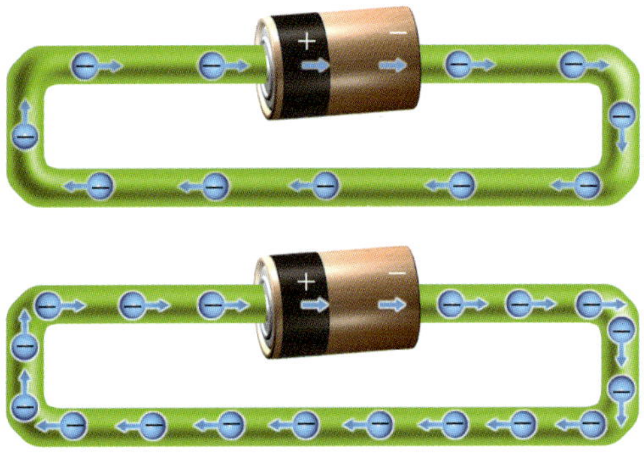

a | Quin model representa el circuit amb una diferència de potencial més gran? Justifiqueu la resposta.

b | Així, doncs, com més gran sigui la diferència de potencial, la intensitat del corrent serà més gran o més petita?

c | Què succeeix quan la pila s'esgota? Dibuixa un model que representi aquesta situació.

Apliqueu una definició i deduïu una fórmula

Per moure una càrrega de 4 C entre dos punts d'un circuit elèctric es necessita una energia de 100 J.

a | Quina és la càrrega total que es vol moure? Quina energia cal per fer-ho?

b | Quina operació hem de fer per saber l'energia que cal per desplaçar una unitat de càrrega? Com s'anomena la magnitud elèctrica que acabes de calcular?

c | Si en el SI la unitat de diferència de potencial és el **volt** (**V**), quina és la diferència de potencial en aquest cas?

d | Com expressaríeu amb una fórmula matemàtica la manera de calcular la diferència de potencial entre dos punts d'un circuit?

Experimenteu i deduïu

Munteu un circuit com el de la figura i responeu les preguntes:

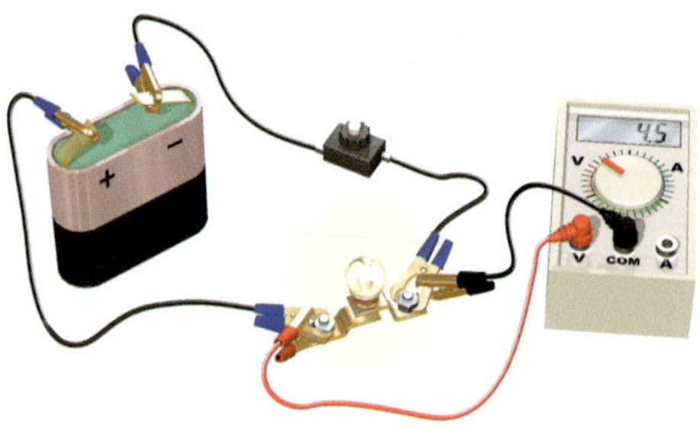

a | Què us sembla que mesura el **voltímetre**?

b | Per què està connectat al circuit d'aquesta manera? Com s'anomena aquesta manera de connectar un element en un circuit?

c | Dibuixeu l'esquema d'aquest circuit amb els símbols convencionals.

ACTIVITATS

15 Explica què signifiquen els valors 1,5 V, 4,5 V o 9 V que duen inscrits les piles.

16 Quina energia es necessita per traslladar una càrrega de 2 C entre dos punts d'un circuit si la diferència de potencial entre aquests dos punts és de 40 V?

3.3 La resistència elèctrica

Els electrons lliures que travessen un element d'un circuit xoquen constantment amb els àtoms del conductor, que ocupen posicions fixes. Aquests xocs són la causa que provoca que qualsevol element conductor s'escalfi pel pas del corrent elèctric. La **resistència elèctrica** (***R***) d'un conductor mesura la dificultat que ofereix al pas del corrent elèctric.

Observeu i deduïu

Tenim quatre circuits, A, B, C i D, tots connectats a piles de la mateixa diferència de potencial per mitjà de conductors de coure. Cada circuit té un tram on hi ha un element que ofereix una certa resistència elèctrica. Podeu consultar-ho al web.

a | Compareu els elements de resistència dels circuits A i B. Quin element tindrà la resistència elèctrica més gran? Per què?

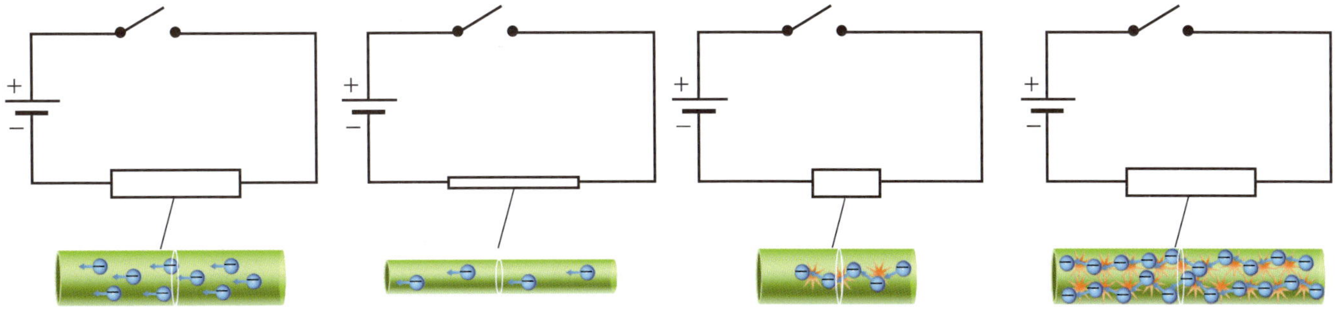

A. Element conductor gruixut. Per una secció hi passen molts electrons.

B. Element conductor molt prim. Per una secció hi passen molt pocs electrons.

C. Element conductor de poca longitud. Els electrons xoquen amb els àtoms en un tram curt.

D. Element conductor de gran longitud. Els electrons experimenten nombrosos xocs amb els àtoms quan passen per aquest tram.

b | Compareu els elements de resistència dels circuits C i D. Quin element tindrà la resistència elèctrica més gran? Per què?

c | Els metalls són bons conductors perquè tenen una estructura amb electrons lliures. Encara que tots condueixen el corrent, hi ha metalls millors conductors que d'altres. Quins són els metalls més bons conductors?

d | A més del tipus de metall, de quins altres dos factors depèn la resistència elèctrica d'un conductor?

e | La resistència elèctrica d'un element conductor és directament o bé inversament proporcional a la longitud del conductor? La resistència elèctrica d'un element conductor és directament o bé inversament proporcional a la secció (o gruix) del conductor?

La unitat de resistència en el SI és l'**ohm** (Ω). Un conductor connectat a una diferència de potencial d'1 volt, pel qual circula una intensitat d'1 ampere, té una resistència d'1 Ω.

ACTIVITATS

17 Tenim un tros d'un fil metàl·lic de 10 m de longitud que volem usar com a element de resistència d'un circuit. Què podem fer per aconseguir que la resistència d'aquest fil sigui més baixa?

18 Quina resistència té un conductor per on circula una intensitat de 0,5 A, connectat a una pila d'1 V?

19 Les bombetes de «filament» tenen un fil conductor del metall tungstè molt prim i de gran longitud, enrotllat de manera que no ocupi gaire espai. Perquè facin molta llum, la seva resistència ha de ser gran o petita?

3.4 La llei d'Ohm

Si en un circuit elèctric hi ha un generador que aporta una diferència de potencial que provoca que les càrregues es desplacin amb una intensitat a través d'un conductor que ofereix una determinada resistència al pas del corrent, sembla lògic pensar que totes tres magnituds estan relacionades. Aquesta relació la va comprovar experimentalment l'any 1827 el físic alemany Georg Simon Ohm.

Analitzeu un experiment

Muntem aquest circuit i anem canviant la pila per altres que donen diferents voltatges. Mesurem en cada cas, mitjançant l'amperímetre, la intensitat de corrent que circula i anotem els resultats a la taula següent:

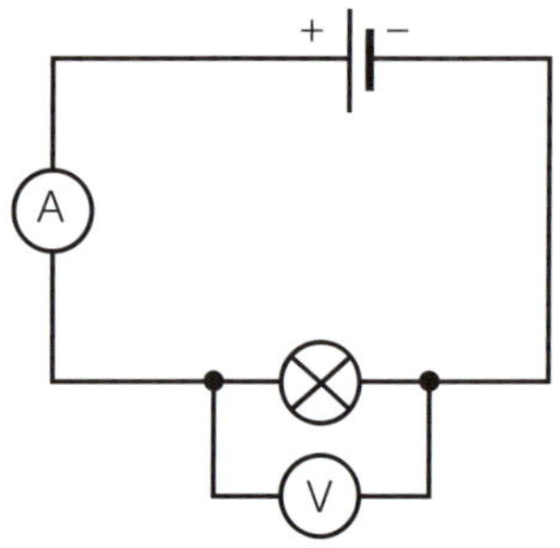

Diferència de potencial (*V*)	Intensitat (*I*)	$\frac{V}{I}$
4,5 V	0,45 A	
9 V	0,90 A	
13,5 V	1,35 A	

a | En quin cas la bombeta farà més claror? Raoneu la resposta.

b | Completeu la taula. Quina relació observeu entre la diferència de potencial i la intensitat?

c | Representeu en una gràfica els valors de la diferència de potencial (eix vertical) i la intensitat (eix horitzontal). A partir de la gràfica, quin tipus de proporcionalitat deduïu que hi ha entre la diferència de potencial i la intensitat?

d | Ara, completeu aquesta frase, que correspon a l'enunciat de la **llei d'Ohm:**

La diferència de potencial entre dos punts d'un circuit i la intensitat de corrent són ______________ proporcionals. La constant de proporcionalitat s'anomena **resistència**.

La llei d'Ohm la podem expressar així: ***V*** **=** ___ · ___ o bé ***R*** **=** ——

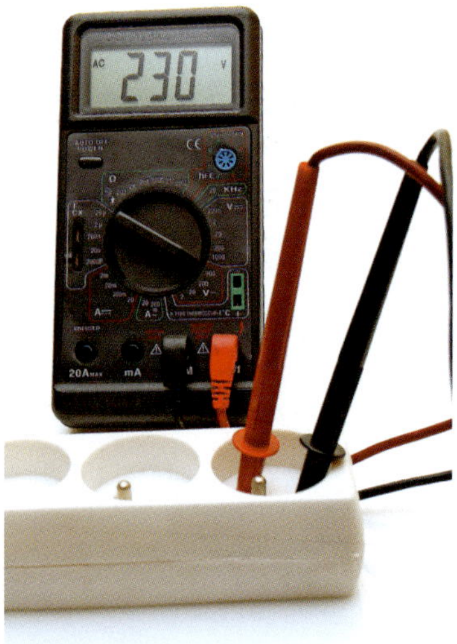

El **polímetre digital** té una roda que segons la posició que adopta ens permet mesurar intensitats, diferències de potencial i resistències.

Saps, però, com s'anomena l'aparell que serveix per mesurar resistències?

ACTIVITATS

20. Calcula la intensitat de corrent que circula per un equip de música que té una resistència de 2.250 Ω si el connectem a 220 V.
21. Calcula la resistència elèctrica d'un ordinador sotmès a una diferència de potencial de 24 V si la intensitat de corrent que hi circula és de 0,12 A.
22. Calcula la diferència de potencial entre dos punts del circuit d'una planxa que té una resistència de 10 Ω per la qual passa un corrent d'intensitat 4 A.
23. A casa hem comprat un frigorífic que té una resistència de 300 Ω. Volem saber quina intensitat de corrent hi ha de circular perquè funcioni correctament.
24. Quina intensitat tindrà el corrent elèctric generat per la bateria d'un cotxe teledirigit de 9 V si la resistència de l'aparell és de 3 Ω?
25. Quina és la diferència de potencial en una resistència d'1,1 kΩ si hi circula un corrent de 0,2 A? (1 kΩ = 10^3 Ω).

Activitats interactives
Activitat de síntesi

4. Connexions i càlculs en circuits elèctrics

Els diversos elements d'un circuit poden estar connectats entre ells de diverses maneres. Saps, però, quins són els avantatges de col·locar els elements d'un circuit en sèrie o en paral·lel?

4.1 Resistències connectades en sèrie

Per connectar en sèrie els elements d'un circuit cal col·locar-los l'un a continuació de l'altre, de manera que la intensitat elèctrica que hi circuli sigui la mateixa. És a dir, que no hi ha d'haver cap bifurcació.

Observeu i deduïu

Per estudiar aquest tipus de connexions, muntem el circuit següent amb una pila i dues bombetes iguals. Podeu consultar-ho al web.

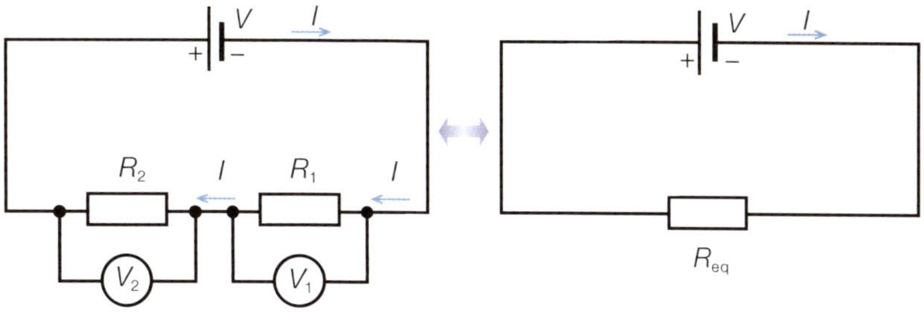

a | La intensitat de corrent que passa per les dues bombetes és la mateixa o és diferent? Raoneu la resposta.

b | Quina magnitud elèctrica caracteritza el filament de les bombetes? Si hi ha dues bombetes, quantes resistències hi ha?

c | La diferència de potencial (V) varia d'uns punts a uns altres perquè cada element necessita la seva per funcionar. A què serà igual la suma de les diferències de potencial, V_1 i V_2, entre els extrems de cadascuna de les resistències? Escriviu-ne l'expressió matemàtica.

d | Apliqueu la llei d'Ohm i digueu quina és la diferència de potencial entre els extrems de la resistència R_1. I entre els extrems de la resistència R_2? Quina serà la diferència de potencial total? Escriviu-ne l'expressió matemàtica.

e | Compareu els esquemes dels dos circuits. Què us sembla que s'anomena **resistència equivalent** (R_{eq})?

f | A partir d'aquesta expressió $V = IR_1 + IR_2 = I(R_1 + R_2)$, deduïu l'expressió matemàtica per calcular la resistència equivalent de diverses resistències muntades en sèrie.

ACTIVITATS

26 Una tira de llums de Nadal té 24 bombetes de 50 Ω cadascuna, connectades en sèrie. Dibuixa l'esquema de la connexió a un endoll de 220 V.

a) Calcula'n la resistència total.

b) Què passaria si una bombeta es fongués?

27 Dibuixa un circuit amb dues resistències en sèrie (R_1 = 20 Ω i R_2 = 10 Ω) connectades a una pila de 9 V. Calcula:

a) La resistència equivalent.

b) La intensitat que passa pel circuit.

c) La diferència de potencial als extrems de R_1 i R_2.

d) Comprova que $V = V_1 + V_2$.

5. Energia i potència elèctriques

Els aparells elèctrics necessiten energia per funcionar. Aquesta energia depèn de la potència que tinguin i de l'estona que estiguin funcionant. Sabries calcular quanta energia necessita un aparell elèctric per funcionar un temps determinat?

5.1 L'efecte Joule

Experimenteu i investigueu

a | Toqueu la carcassa d'un assecador de cabells abans d'engegar-lo i després de fer-lo servir durant dos minuts. Quina diferència hi noteu? Us sembla que aquest canvi està relacionat amb el corrent elèctric?

b | Investigueu i relacioneu el que s'anomena **efecte Joule** amb el que heu experimentat.

c | Quina és la causa de l'escalfament dels conductors?

d | Expliqueu com funciona un assecador de cabells.

Interpreteu un esquema

L'esquema següent representa el funcionament d'un ventilador.

Utilitzeu aquest esquema per explicar l'afirmació següent: *Segons el principi de conservació de l'energia, en qualsevol transferència, la quantitat total d'energia es manté constant. Això passa també en els circuits elèctrics, però una part de l'energia que hi entra es transfereix a calor.*

5.2 L'energia elèctrica

L'**energia elèctrica** és l'energia subministrada pel generador per moure les càrregues elèctriques que circulen entre dos punts d'un circuit entre els quals hi ha una diferència de potencial.

Deduïu una fórmula

Ja sabeu que la diferència de potencial (V) entre dos punts d'un circuit és l'energia necessària (E) per desplaçar una unitat de càrrega elèctrica (q) entre els dos punts. Es pot calcular així:

$$V = \frac{E}{q}$$

A partir de l'expressió anterior, justifiqueu els passos que se segueixen per arribar a l'expressió que ens permet calcular l'energia elèctrica consumida pels generadors i els aparells elèctrics.

$$E = V \cdot q \rightarrow \boldsymbol{E = V \cdot I \cdot t}$$

En el SI, l'energia es mesura en **joules** (**J**).

5.3 L'energia calorífica dissipada per l'efecte Joule

Deduïu una fórmula

A partir de l'expressió que ens permet calcular l'energia transferida pels generadors i els aparells elèctrics, podem arribar a deduir l'expressió matemàtica de la **llei de Joule**: «L'energia calorífica dissipada en una resistència elèctrica és directament proporcional al valor de la resistència, el quadrat de la intensitat que la travessa i el temps que circula el corrent.»

Justifiqueu els passos que se segueixen per arribar a l'expressió matemàtica de la llei de Joule.

$$E = V \cdot q \rightarrow E = V \cdot I \cdot t \rightarrow E = I \cdot R \cdot I \cdot t \rightarrow \mathbf{E = R \cdot I^2 \cdot t}$$

5.4 La potència elèctrica

Quan llegim les característiques d'una làmpada o d'aparells com un aspirador o un calefactor, ens fixem particularment en la **potència elèctrica**, que és l'energia que consumeix per unitat de temps.

$$\mathbf{P = \frac{E}{t}}$$

Al SI, la potència elèctrica es mesura en **watts** (**W**). Així, si mesurem la intensitat en amperes i la diferència de potencial en volts, la potència s'expressa en watts: 1 W = 1 A × 1 V. També se sol utilitzar un dels seus múltiples, el quilowatt, **kW** (1 kW = 10^3 W).

Calculeu i deduïu

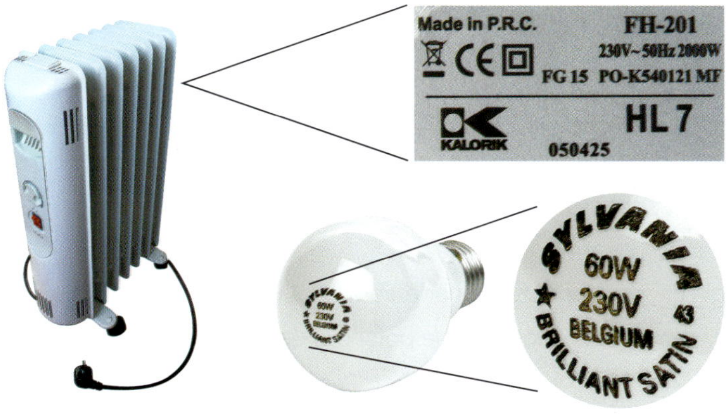

a | Quin dels dos aparells té més potència?

b | Si tots dos aparells funcionen durant el mateix temps, quin necessita més energia?

c | Si tots dos aparells funcionen durant 1 hora, quanta energia entra en cadascun?

d | Us heu deixat encès el llum de la vostra habitació durant dues hores i mitja. Què faríeu per calcular quanta energia elèctrica s'ha transferit?

Deduïu una fórmula

Justifiqueu els passos que se segueixen per arribar a l'expressió de la potència en funció de la diferència de potencial (V) i la intensitat (I).

$$P = \frac{E}{t} = \frac{V \cdot I \cdot t}{t} = V \cdot I$$

Per tant:

$$\mathbf{P = V \cdot I}$$

Observeu i deduïu

A la factura de la llum, el consum elèctric ve indicat en **quilowatts hora** (**kWh**).

a | Quina magnitud us sembla que mesura aquest comptador de corrent d'un habitatge, l'energia elèctrica o la potència elèctrica?

b | En quina unitat expressa el valor de la mesura? Proposeu una definició d'aquesta unitat.

c | Sabent que 1 W = 1 J/1 s, trobeu l'equivalència entre el quilowatt hora i el joule:

$$1\ \text{kWh} = 1.000\ \text{W} \cdot 3.600\ \text{s} = \ldots$$

Exercici resolt

1. **Per a una estufa elèctrica de 1.200 W i 220 V, calcula:**

a) **La intensitat de corrent que hi circula quan està funcionant.**

b) **La resistència de l'estufa.**

c) **L'energia en forma de calor que es desprèn en 1,5 hores de funcionament.**

d) **L'energia subministrada expressada en kWh.**

a) $P = V \cdot I \rightarrow I = \frac{P}{V} = \frac{1.200\ \text{W}}{220\ \text{V}} = 5{,}5\ \text{A}$

b) Apliquem la llei d'Ohm: $R = \frac{V}{I} = \frac{220\ \text{V}}{5{,}5\ \text{A}} = 40\ \Omega$

c) Expressem el temps en la unitat del SI (segons) i apliquem la llei de Joule: $1{,}5\ \cancel{\text{h}} \cdot \frac{3.600\ \text{s}}{1\ \cancel{\text{h}}} = 5.400\ \text{s}$

$E = R \cdot I^2 \cdot t = 40\ \Omega \cdot (5{,}5\ \text{A})^2 \cdot 5.400\ \text{s} = 6.534.000\ \text{J} = 6{,}534 \cdot 10^6\ \text{J}$

d) $P = \frac{E}{t} \rightarrow E = P \cdot t = 1.200\ \text{W} \cdot 1{,}5\ \text{h} = 3.000\ \text{Wh} = 3\ \text{kWh}$

ACTIVITATS

37 Fes una llista d'aparells elèctrics que aprofitin la calor que es desprèn quan hi passa el corrent elèctric.

38 Un forn d'1,8 kW es connecta a la xarxa de 220 V.

a) Quina intensitat de corrent circula pel forn?

b) Quanta energia necessita per funcionar durant una hora?

39 Per un motor connectat a una diferència de potencial de 220 V hi passa una intensitat de corrent de 4 A.

a) Calcula l'energia que necessita per funcionar durant 45 minuts.

b) Troba la potència del motor.

40 A la línia elèctrica d'una llar hi circula una intensitat de corrent de 20 A amb un voltatge de 220 V. Quina és la potència màxima que es pot connectar en aquesta línia?

41 Una torradora de pa té una potència de 750 W. Calcula la intensitat que hi circula si està connectada a la xarxa domèstica de 220 V.

42 Calcula l'energia, en J, que pot arribar a tenir la bateria del mòbil si, quan està carregada, pot funcionar amb una intensitat de corrent de 800 mA durant una hora i amb un voltatge de 3,7 V.

Activitats interactives
Activitat de síntesi

1. Fenòmens elèctrics

Els fenòmens elèctrics s'expliquen a partir de les partícules elementals que formen els àtoms.

1.1 La naturalesa elèctrica de la matèria

La matèria està constituïda per àtoms, en els quals:

- El **nucli** està format de **protons**, partícules amb càrrega positiva, i **neutrons**, partícules sense càrrega elèctrica.
- L'escorça està formada per **electrons**, que tenen càrrega elèctrica **negativa**.
- L'àtom és elèctricament **neutre**: el nombre d'electrons de l'escorça és igual al nombre de protons del nucli. Per tant, la matèria composta per àtoms també és neutra.

1.2 L'electrització de la matèria

- Si freguem un cos, pot adquirir càrrega elèctrica si guanya o perd electrons.
- El fet que els cossos **electritzats** s'atreguin o es repel·leixin entre ells és conseqüència de la presència de **càrregues elèctriques**.
- El **nombre d'electrons guanyats per un cos és igual al nombre d'electrons perduts per l'altre**, de manera que la càrrega elèctrica total del sistema és sempre la mateixa.

1.3 Tipus de càrrega elèctrica

- La càrrega elèctrica pot ser **positiva** o **negativa**.
- Les càrregues elèctriques **del mateix signe es repel·leixen**, i les càrregues elèctriques **de signe diferent s'atrauen**.

1.4 La unitat de càrrega elèctrica

Una càrrega q, positiva o negativa, es pot expressar com el producte del nombre d'electrons (n) per la càrrega d'un electró (e): $q = \pm n \cdot e$

Com que la càrrega de l'electró és molt petita, en el SI es fa servir el **coulomb** (**C**) com a unitat de càrrega elèctrica. **1 C = $6{,}24 \cdot 10^{18}$ electrons.**

També s'utilitzen els submúltiples del coulomb: el **mil·licoulomb (1 mC = 10^{-3} C),** el **microcoulomb (1 μC = 10^{-6} C)** i el **nanocoulomb (1 nC = 10^{-9} C).**

1.5 L'electrització a la natura: els llamps

Els núvols, quan es mouen, freguen entre ells i amb l'aire i s'electritzen, és a dir, es carreguen d'electricitat.

Quan tenen molta càrrega elèctrica es descarreguen, de manera que desplacen una part de la seva càrrega cap a terra, cap a un altre núvol o bé cap a les capes altes de l'atmosfera.

La descàrrega elèctrica que es produeix, el **llamp**, origina una resplendor, el **llampec**, que va acompanyada sovint d'un **tro**.

Per tal d'evitar que la caiguda d'un llamp produeixi danys a les construccions o a les persones, s'utilitza un dispositiu anomenat **parallamps**.

En cas de tempesta i davant la possibilitat que es produeixin llamps, si som dins d'un edifici convé desconnectar els aparells elèctrics, l'antena de la televisió i evitar corrents d'aire; si som a l'aire lliure, ens hem d'allunyar dels arbres, posts, estructures metàl·liques, zones elevades, rius, llacs i superfícies humides, i si anem en cotxe, convé tancar les portes i finestres i no tocar l'exterior de les parts metàl·liques.

ACTIVITATS

1. Indica dos fenòmens elèctrics que hagis observat en la teva vida quotidiana que no estiguin relacionats amb aparells elèctrics.
2. Si els àtoms estan formats per partícules amb càrrega elèctrica, explica per què són elèctricament neutres.
3. Si un àtom té 4 neutrons, 4 protons i 5 electrons, quin signe té la seva càrrega? Expressa aquesta càrrega en C i mC.
4. Quants electrons ha guanyat un cos que té una càrrega de –5 mC?
5. Quina càrrega elèctrica té un cos que ha perdut 10^6 electrons? Expressa el resultat en C i μC.
6. Per què durant una tempesta no és segur refugiar-se sota una arbre?

2. El corrent elèctric

El **corrent elèctric** es produeix quan les càrregues elèctriques negatives, els electrons, es mouen per un conductor.

2.1 El circuit elèctric

Un **circuit elèctric** és el camí tancat a través del qual es poden desplaçar els electrons lliures com a conseqüència de l'energia que se'ls aporta.

Un circuit està format per diversos elements, com ara:

- Una **pila** o **generador**, que aporta l'energia necessària perquè els electrons es puguin desplaçar.
- Uns **conductors elèctrics**, que són el mitjà a través del qual es desplacen els electrons.
- Uns **receptors elèctrics**, que són els aparells que transfereixen l'energia a altres dispositius, com bombetes, resistències, motors...

Els circuits poden incloure altres elements, com ara interruptors i amperímetres i voltímetres.

2.2 Reaccions químiques que generen corrent elèctric

Una pila produeix corrent elèctric a partir d'una reacció química entre dues substàncies. Una de les substàncies va cedint electrons, mentre que l'altra substància els va recollint. Es tracta, per tant, d'una reacció d'oxidació-reducció. La substància que s'oxida cedeix electrons a la substància que es redueix. Una de les piles més senzilles consisteix a posar en contacte el metall zinc amb una solució d'ions coure(II). Les reaccions són:

$$Zn_{(s)} \rightarrow Zn^{2+}_{(aq)} + 2e^-$$

$$Cu^{2+}_{(aq)} + 2e^- \rightarrow Cu_{(s)}$$

Perquè la reacció química ens sigui «útil» caldrà que les substàncies no estiguin en contacte directe sinó mitjançant un medi adequat. Així tindrem la possibilitat de connectar uns cables entre les dues substàncies que reaccionen i aprofitar la circulació d'electrons pels cables per obtenir un treball elèctric útil. Per això les piles consten d'un oxidant, un reductor i un medi anomenat *electròlit*. Les piles amb forma cilíndrica tenen com a substància reductora el metall zinc i com a oxidants el clorur d'amoni i el diòxid de manganès.

2.3 Conductors i aïllants

Els materials que permeten el pas de les càrregues elèctriques a través seu s'anomenen **conductors**. Tots els metalls, el grafit i les sals dissoltes presenten propietats conductores.

Els materials que no permeten el pas de les càrregues elèctriques a través seu s'anomenen **aïllants**. La fusta, el suro, el plàstic i el vidre en són alguns exemples.

ACTIVITATS

7. Les piles subministren energia mitjançant una reacció química entre dos reactius. Com interpretes el fet que una pila "s'esgoti"?
8. Classifica els materials següents en aïllants o conductors: plata, vidre, cautxú, alumini, fusta, seda, aigua de mar, plàstic, grafit, llana, llet, cartró, marbre.
9. Per apagar els incendis als boscos, els bombers utilitzen aigua. Els incendis que afecten circuits elèctrics, s'han d'apagar amb aigua? Els extintors dels edificis contenen aigua al seu interior? Per què?
10. De quin material estan fets els cables per transportar electricitat? Per què?

3. Les magnituds elèctriques

3.1 La intensitat del corrent elèctric

La **intensitat** del corrent elèctric (***I***) és la càrrega, *q*, que travessa una secció d'un conductor en la unitat de temps:

$$I = \frac{q}{t}$$

Al SI, la unitat d'intensitat de corrent elèctric és l'**ampere** (**A**).

Com que l'ampere és una unitat molt gran, sovint s'utilitzen el **mil·liampere** (**1 mA = 10^{-3} A**) i el **microampere** (**1 μA = 10^{-6} A**).

La intensitat de corrent que passa per un element del circuit es mesura amb un **amperímetre**.

3.2 La diferència de potencial

La **diferència de potencial** (***V***) entre dos punts d'un circuit és l'energia necessària (*E*) per desplaçar una unitat de càrrega elèctrica (*q*) entre els dos punts. També s'anomena **tensió** o **voltatge**.

$$V = \frac{E}{q}$$

Al SI l'energia es mesura en **joules** (**J**) i la diferència de potencial en **volts** (**V**).

La diferència de potencial en un element del circuit es mesura amb un **voltímetre**.

3.3 La resistència elèctrica

La **resistència elèctrica** (***R***) d'un conductor mesura la dificultat que ofereix al pas del corrent. La resistència d'un conductor depèn de:

- La **longitud** (**L**) del conductor: com més longitud, més resistència.
- La **secció** o **gruix** (**S**) del conductor: com més secció, menys resistència.
- La **naturalesa del conductor**, que depèn del material de què està fet.

Així, la resistència elèctrica d'un conductor és directament proporcional a la longitud del conductor i inversament proporcional a la seva secció.

3.4 La llei d'Ohm

La diferència de potencial entre dos punts d'un circuit i la intensitat de corrent són directament proporcionals. La constant de proporcionalitat s'anomena **resistència**.

La llei d'Ohm la podem expressar així:

$$V = R \cdot I \quad \text{o bé} \quad R = \frac{V}{I}$$

La unitat de resistència elèctrica, al SI, és l'**ohm** (**Ω**).

ACTIVITATS

11 Quina intensitat passa per un element d'un circuit si el travessen 250 C de càrrega en 40 s?

12 Quant temps ha de passar un corrent de 5 A per un conductor perquè hi hagi circulat una càrrega de 800 C?

13 Per moure una càrrega de 5 C entre dos punts d'un circuit es necessita una energia de 250 J. Quina és la diferència de potencial que hi ha entre els dos punts?

14 Hem fet mesures de la diferència de potencial en un fil conductor i de la intensitat que hi circula.

Intensitat (A)	0,05	0,10	0,15	0,20	0,25	0,35	0,40
Diferència de potencial (V)	1,0	2,0	3,0	4,0	5,0	7,0	8,0

a) Representa aquestes dades en una gràfica. Digues si es compleix la llei d'Ohm. Calcula el valor de la resistència.

b) Quina intensitat de corrent circularia pel conductor en el cas que la diferència de potencial fos de 0,020 V?

15 Quina diferència de potencial hem de proporcionar a un circuit de 4 Ω de resistència si hi han de passar 150 C de càrrega en 30 s?

4. Connexions i càlculs en circuits elèctrics

4.1 Resistències connectades en sèrie

Per connectar en sèrie els elements d'un circuit cal col·locar-los l'un a continuació de l'altre.

- La **intensitat** que circula per les resistències connectades en sèrie és la mateixa que la del circuit:

$$I = I_1 = I_2 = ... = I_n$$

- La **diferència de potencial** als extrems de cada resistència és més petita que l'aportada pel generador, ja que es reparteix entre les resistències:

$$V = V_1 + V_2 + ... + V_n$$

- La **resistència equivalent** (R_{eq}) és la resistència que pot substituir el conjunt de les resistències de l'associació sense canviar les altres magnituds. En general es compleix que:

$$R_{eq} = R_1 + R_2 + R_3...$$

4.2 Resistències connectades en paral·lel

Per connectar en paral·lel els elements d'un circuit cal unir-ne els extrems amb punts comuns.

- La **intensitat** que arriba a les resistències es divideix entre totes:

$$I = I_1 + I_2 + ... = I_n$$

- La **diferència de potencial** és la mateixa per a tots els elements del circuit:

$$V = V_1 = V_2 = ... = V_n$$

- En general es compleix que:

$$\frac{1}{R_{eq}} = \frac{1}{R_1} + \frac{1}{R_2} + \frac{1}{R_3}...$$

4.3 Resistències en un circuit mixt

En aquest cas, el que hem de fer és:

1. Calcular les resistències equivalents de cada associació.
2. Calcular la resistència equivalent de totes les associacions.
3. Fer els càlculs d'altres magnituds.

ACTIVITATS

16 Observa aquest circuit i calcula:

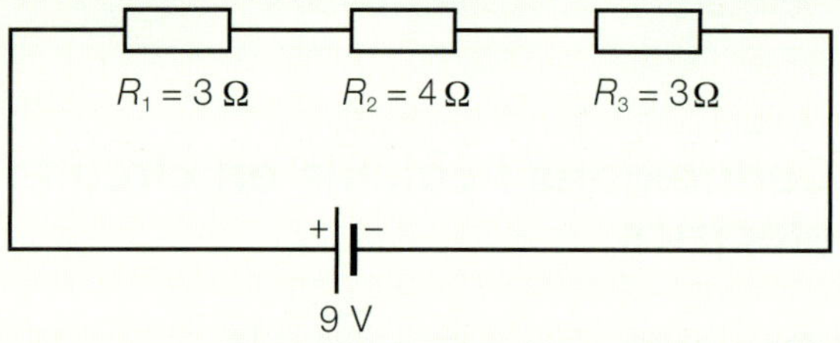

a) La resistència equivalent del circuit.

b) La intensitat que passa per les resistències.

c) La diferència de potencial als extrems de R_1, R_2 i R_3.

17 Observa aquest circuit i calcula:

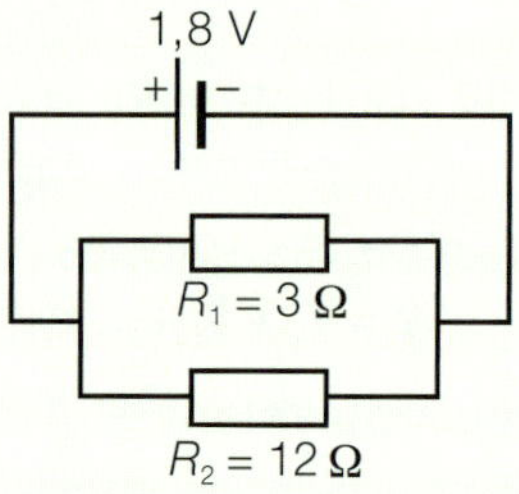

a) La resistència equivalent del circuit.

b) La diferència de potencial als extrems de R_1 i R_2.

c) La intensitat que passa per les resistències.

18 Per a aquest circuit, calcula:

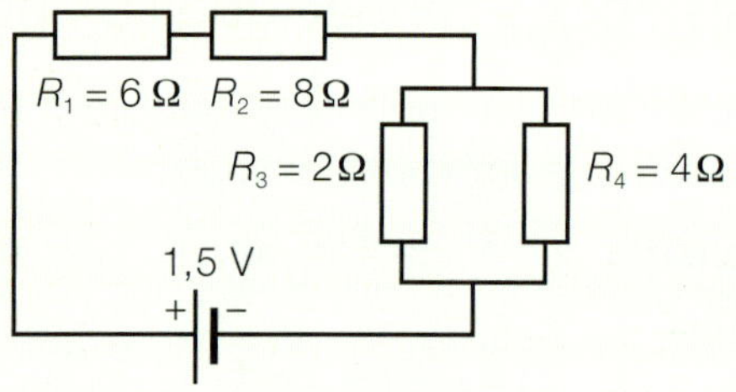

a) La resistència equivalent.

b) La intensitat general del circuit

5. Energia i potència elèctriques

Els aparells elèctrics necessiten energia per funcionar. Aquesta energia depèn de la potència que tinguin i de l'estona que estiguin funcionant.

5.1 L'efecte Joule

Quan el corrent circula per un conductor, es produeix un escalfament a causa dels xocs dels electrons en moviment amb els àtoms que formen el conductor. Aquest fenomen, anomenat **efecte Joule**, fa que una part de l'energia subministrada pel generador elèctric es dissipi en forma de calor i escalfi el circuit. L'altra part es transfereix en els receptors en altres tipus d'energia.

5.2 L'energia elèctrica

L'**energia elèctrica** (***E***) subministrada pel generador per moure les càrregues (q) que circulen entre dos punts d'un circuit entre els quals hi ha una diferència de potencial V és: $\boldsymbol{E = V \cdot q}$

També es pot expressar així:

$$E = V \cdot I \cdot t$$

5.3 L'energia calorífica dissipada per l'efecte Joule

La **llei de Joule**: l'energia calorífica dissipada en una resistència elèctrica és directament proporcional al valor de la resistència, el quadrat de la intensitat que la travessa i el temps que hi circula el corrent: $\boldsymbol{E = R \cdot I^2 \cdot t}$

En el SI, l'energia es mesura en **joules** (**J**).

5.4 La potència elèctrica

La **potència elèctrica** és l'energia que un aparell consumeix per unitat de temps:

$$P = \frac{E}{t}$$

També es pot expressar així: $\boldsymbol{P = V \cdot I}$

Al SI, la potència elèctrica es mesura en **watts** (**W**). També s'utilitza el seu múltiple, el quilowatt, **kW** (1 kW = = 10^3 W).

ACTIVITATS

19 Una bombeta de 60 W està connectada a una tensió de 220 V. Calcula la intensitat de corrent que passa per la bombeta i la resistència de la bombeta.

20 Transforma a les unitats que s'indiquen les quantitats següents:

a) 50 kWh a J

b) $7{,}2 \cdot 10^8$ J a kWh

c) 1 kWh a kWmin

21 Una estufa elèctrica de 2 kW es connecta a 220 V. Calcula la intensitat de corrent que la travessa, la seva resistència elèctrica i l'energia calorífica que produeix en 6 hores, expressada en kWh i J.

22 Una bombeta de 100 W està connectada a una tensió de 220 V. Calcula:

a) La intensitat de corrent que travessa la bombeta.

b) Si la bombeta ha estat encesa durant 3 hores, quants kWh d'energia s'han consumit?

Comprova el que saps
Mapa conceptual

Construcció d'un electroscopi

Objectiu

Construir un instrument capaç d'identificar cossos carregats elèctricament i el signe de les seves càrregues.

Coneixements previs

Un cos pot adquirir càrrega elèctrica en guanyar o perdre electrons. Les càrregues elèctriques del mateix signe es repel·leixen, i les càrregues elèctriques de signe diferent s'atrauen.

Material

- Un flascó de vidre amb la tapa de suro, plàstic o aïllant.
- Una làmina de paper d'alumini i fil de coure.
- Una barra d'ebonita, un drap de llana i una vareta de vidre.

Procediment

1. Construcció de l'electroscopi

a. Fem un forat a la tapa, de manera que hi puguem introduir el fil de coure.

b. Enrotllem un dels extrems del fil de coure i dobleguem l'altre en forma de L (90º).

c. Tallem un tros llarg i estret de paper d'alumini (depenent de les dimensions del flascó) i el dobleguem per la meitat.

d. Fem el muntatge que mostra la figura, anant amb compte per tal d'evitar que l'alumini caigui.

2. Utilització de l'electroscopi

a. Freguem la vareta de vidre amb el drap de llana (la vareta queda carregada positivament), apropem la vareta a l'extrem superior de l'electroscopi sense arribar a tocar-lo. Observem que les tires se separen, ja que la càrrega de la vareta exerceix una influència sobre el fil de coure, les càrregues del qual es reordenen: les càrregues negatives se situen a l'extrem superior i les positives a l'extrem inferior. Si separem la vareta, les tires tornaran a la seva posició inicial.

b. Finalment, toquem l'extrem amb la barra electritzada. Observem que les tires se separen.

c. Descarreguem l'electroscopi, per fer-ho n'hi ha prou de tocar-lo amb el dit: com que el nostre cos és conductor les càrregues elèctriques de les làmines passen a terra, on es compensen.

ACTIVITATS

1. En quin moment de l'experiència es produeix una electrització per fregament? I quan es produeix una electrització per contacte?
2. Fes dos dibuixos que expliquin la distribució de les càrregues al fil de coure quan l'electroscopi està descarregat i quan la vareta de vidre l'ha tocat.
3. Explica què passarà si repetim el mateix procés amb l'ebonita fregada amb el drap de llana...
   a) amb l'electroscopi descarregat.
   b) sense descarregar l'electroscopi.

L'enllumenat elèctric

Fins al segle XIX els carrers de les ciutats s'il·luminaven amb fanals de gas, cosa que requeria que un encarregat anés encenent o apagant cada fanal, un per un. Cap al 1870 van aparèixer fanals elèctrics. La llum es generava fent saltar grans guspires elèctriques entre dos elèctrodes, però necessitaven generadors de molt alt voltatge.

El pas fonamental en la història de l'enllumenat elèctric va ser la invenció de la bombeta de filament. Es diu que el nord-americà Thomas Edison en va ser l'inventor, però en realitat la idea ja era coneguda i el físic anglès Joseph Swan fabricava bombetes amb un filament fet amb un fil de carbó uns quants anys abans que Edison. L'inconvenient era que el carbó cremava al cap de pocs minuts perquè no s'havia aconseguit eliminar tot l'oxigen de la bombeta. Edison va perfeccionar el dispositiu amb un filament fet de fil de cotó carbonitzat i havent extret el màxim d'aire de la bombeta.

Així era la bombeta inventada per Edison.

Per fer arribar el corrent elèctric a les cases es van construir centrals elèctriques a cada barri de Nova York, amb xarxes de cables, interruptors, comptadors i fusibles per a cada casa i habitació.

A partir del 1890 l'electricitat es va anar utilitzant cada vegada més i amb més aparells connectats. La intensitat de corrent que es necessitava era cada vegada més gran, motiu pel qual creixien les pèrdues per efecte Joule; de manera que estendre la xarxa elèctrica més enllà d'uns quants quilòmetres de les centrals era impossible. Es va suggerir d'augmentar el voltatge de manera que, per la mateixa potència, la intensitat fos menor, però a molta gent els voltatges que es feien servir els espantaven, fins i tot els 110 Volts que feien servir els generadors d'Edison els semblaven mortals. A més, els sistemes de distribució de l'electricitat es feien en corrent continu, que no permet canviar el voltatge a valors més alts, amb la conseqüent reducció de la intensitat. La solució va venir amb el canvi a corrent altern. Les bombetes feien la mateixa intensitat de llum que amb corrent continu, però gràcies a una sèrie de transformadors, es podia fer arribar l'electricitat a grans distàncies.

L'enllumenat actual encara es fa amb bombetes de filament, actualment és de tungstè i en atmosfera de gas inert amb petites quantitats d'un halogen, que permet allargar la seva vida útil milers d'hores. Altres mètodes d'il·luminació es basen en descàrregues elèctriques en un gas com el vapor de mercuri, en el cas dels fluorescents i de les bombetes de baix consum o en dispositius basats en l'electrònica com són els LED.

ACTIVITATS

1. Quins inconvenients tenien les primeres bombetes elèctriques de Swan i d'Edison?
2. Una de les primitives bombetes, es connectava a 110 V i un cop encesa la intensitat que hi circulava era de 2,5 A. Quina era la resistència del filament encès? Si es connectaven 10 bombetes en paral·lel a quina resistència total corresponia? En aquest cas, quina intensitat circulava quan s'encenien totes a la vegada?
3. Quins eren els principals inconvenients de les primeres instal·lacions elèctriques amb bombetes?
4. Quines millores s'han introduït en les bombetes de filament actual respecte a les primeres del segle XIX? Quins altres sistemes d'enllumenat tenim actualment?

Autoavaluació

REVISTA DE CIÈNCIA

Els parallamps

Actualment, si veiéssim un home passejant pel camp un dia de tempesta amb un estel fet de filferro i un fil de seda del qual pengés una clau ens posaríem les mans al cap i el titllaríem d'irresponsable. Potser, en el seu moment, l'any 1752 i a França, els que el van veure també ho va pensar.

Era Benjamin Franklin, uns dels pares de la Constitució americana, el que corria sota la tempesta amb l'estel; va tenir molta sort perquè un llamp l'hauria pogut matar. Tot per demostrar que als núvols s'acumula electricitat i que els llamps són descàrregues elèctriques. Potser si hagués sabut la intensitat que pot tenir un llamp, que en alguns casos arriba als 350.000 ampers, no ho hauria fet... Els llamps són perillosos i poden provocar, en les persones, aturades cardíaques o respiratòries a conseqüència de l'electrocució. Si cauen sobre les infraestructures també provoquen danys i poden ocasionar incendis.

De l'experiment de Franklin sota la tempesta, n'hem sortit tots beneficiats perquè va inventar el parallamps.

En els seus inicis, el parallamps era no més que un pal punxegut metàl·lic i un fil conductor que connectava amb el terra. Actualment la majoria de parallamps no han canviat gaire, tret que alguns incorporen un dispositiu d'encebament, que pot ser electrònic o no, per ampliar-ne el radi de cobertura.

Cada any, a la Terra, cauen més de 3.000 milions de llamps.

La recerca de nous sistemes de protecció contra els llamps es va incentivar després que un llamp provoqués l'aturada de l'ordinador de l'Apol·lo XII en el moment de l'enlairament, fet que va posar en perill la missió que havia de permetre l'allunatge per segona vegada l'any 1969. En aquest cas, la primera descàrrega elèctrica es va produir a conseqüència de la fricció de la superfície del coet mullat amb l'aire, que va generar un llamp entre el coet i la torre de llançament. Segons després, un altre llamp va impactar sobre la nau i va inutilitzar aparells tan importants com el giroscopi i l'altímetre.

Aquest incident va fer que s'investiguessin nous mètodes de protecció contra els llamps i que es dissenyessin nous models de parallamps. En la majoria de parallamps, els coneguts com a parallamps tipus Franklin o els parallamps amb dispositiu d'encebament, el que s'aconsegueix és ionitzar l'aire per tal de crear un "camí" pel qual es condueix la descàrrega del llamp cap a un cable connectat amb la presa de terra. Un altre sistema totalment diferent són els parallamps CTS que actuen de manera oposada: desionitzen l'aire i creen una zona elèctricament estable en la qual baixa la possibilitat de formació de llamps.

COMPRENSIÓ LECTORA I REFLEXIÓ

1. Què són els llamps?
2. Com va demostrar Franklin que els llamps tenien una naturalesa elèctrica?
3. Quina és la finalitat dels parallamps?
4. Com actuen els parallamps?
5. Coneixes alguna situació en la qual els llamps hagin malmès alguna infraestructura o algun aparell electrònic? Explica-ho.

UNITAT 9

IMANTS I CORRENT ELÈCTRIC

El magnetisme es coneix des de fa molts segles, però només en els últims cent anys tenim màquines que funcionen gràcies al magnetisme.

- Coneixes algunes màquines que funcionin amb imants?

El magnetisme i el corrent elèctric són fenòmens relacionats entre si i són el fonament dels electroimants, dels generadors i dels motors elèctrics.

- Saps quin és el fonament de tots aquests aparells?

Estem tan acostumats a l'ús de l'electricitat, que de vegades no ens adonem de com ens arriba a casa ni dels problemes que representa.

- Pots explicar de quina manera s'aconsegueix que el corrent generat en una central arribi a les llars?

Foto: El Maglev és un tren que levita magnèticament. La suspensió i la propulsió es fan per forces de repulsió i d'atracció entre imants.

EN AQUESTA UNITAT APRENDRÀS...

1 Les característiques dels imants i com actuen les forces magnètiques.

2 La relació del magnetisme amb l'electricitat.

3 Com es produeix l'energia elèctrica i com arriba a les nostres llars.

4 Els riscos i les maneres d'estalviar corrent elèctric.

I SERÀS CAPAÇ DE...

- Entendre fenòmens de la natura mitjançant l'experimentació.
- Interpretar i analitzar els resultats de diferents experiments.
- Aplicar i comprendre en fets els coneixements apresos.
- Prendre consciència de la necessitat de fer un ús responsable de l'energia elèctrica.

1. Fenòmens magnètics

Fins ara has estudiat els efectes d'atracció i repulsió entre càrregues elèctriques i que aquestes càrregues en moviment creen el corrent elèctric. A la naturalesa actuen altres tipus de forces d'atracció i repulsió que tenen una relació molt important amb el corrent elèctric. Són les forces entre imants. Saps quines són les característiques dels imants i com actuen les forces magnètiques?

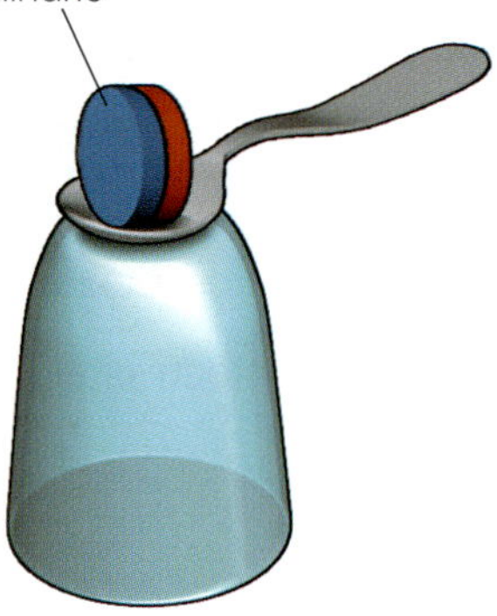

Experimenteu i deduïu

Diu una llegenda que fa molts segles a la Xina es va descobrir una pedra màgica que tenia la propietat de quedar orientada de tal manera que els viatgers que la usaven sabien sempre quina era la direcció nord-sud.

Repetiu l'experiment amb objectes de casa: en una cullera poseu un imant i manteniu-la en equilibri sobre un vas. La cullera s'orienta sola i sempre queda amb el mànec marcant la mateixa direcció.

a | Per què creieu que la cullera queda orientada sempre en una determinada direcció?

b | Quin aparell es basa en aquest mateix experiment?

c | La força que actua sobre la cullera i sobre l'imant és del tipus de contacte o a distància?

d | Hi ha un mineral que presenta propietats magnètiques. Com s'anomena aquest mineral i quina és la seva composició?

Interpreteu un experiment i concloeu

La Terra es comporta com un imant. La zona propera al nord geogràfic de la Terra s'anomena *pol nord*. La zona propera al sud de la Terra és el *pol sud*. Els imants també tenen dos pols. Observeu el muntatge següent.

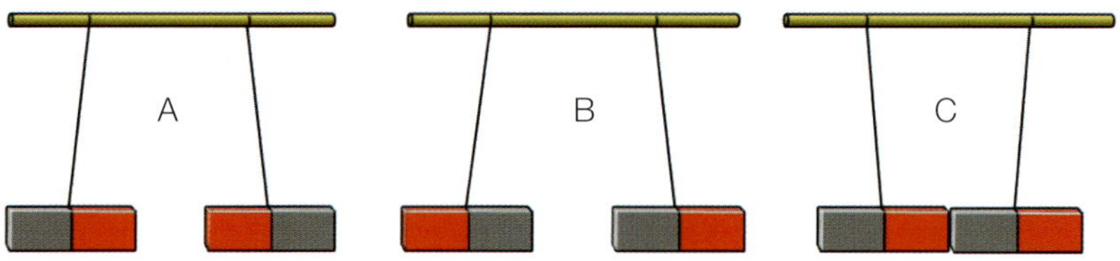

a | Hem penjat dos imants de dos fils. En quins casos els imants experimenten forces de repulsió i en quin o quins forces d'atracció? Com estan orientats els pols dels imants en cadascun dels casos?

b | Si el mànec de la cullera de l'experiment anterior s'orienta cap al pol nord de la Terra, quin ha de ser el pol de l'imant atret?

ACTIVITATS

1. Si en lloc de posar l'imant cilíndric a la cullera tombat, el posem dret en vertical, creus que també s'orientaria com abans?
2. Segur que a casa tens algun imant. Per què es fan servir?
3. Indica tres metalls que tinguin propietats magnètiques.

Activitats interactives
Activitat de síntesi

2. El camp magnètic

Els imants s'atrauen o repel·leixen entre si i també amb determinats objectes metàl·lics. Saps quina és la causa de l'existència d'aquestes forces magnètiques? Coneixes la relació del magnetisme amb l'electricitat?

Analitzeu un experiment

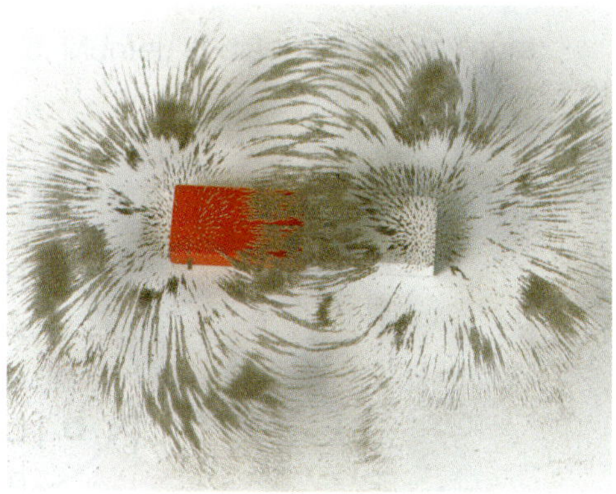

Disposem unes llimadures de ferro damunt d'un vidre pla i a sota col·loquem un imant, tal com mostra la fotografia. Obtenim el que s'anomena **espectre magnètic de l'imant**.

a | Descriviu de quina manera es disposen les llimadures de ferro. Com s'anomenen les línies en què es disposen les llimadures?

b | En quines zones les llimadures de ferro queden més concentrades?

c | En quines zones la força entre l'imant i les llimadures és més intensa?

d | Si ara aixequem lentament la placa de vidre, allunyant-la de l'imant, observarem alguna diferència en la disposició de les llimadures?

e | Com creieu que varia la força de l'imant sobre les llimadures amb la distància?

f | A què s'anomena **camp de forces magnètic**? Coneixeu altres camps de forces?

g | Passaria el mateix si a sota del vidre on hi ha les llimadures hi col·loquem, en lloc de l'imant, un paper d'alumini o una forquilla d'acer?

h | Com explicaríeu a un altre company o companya el que és un camp de forces magnètic, sense tenir cap imant a prop?

Observeu i concloeu

Obriu la simulació d'un camp de forces entorn d'un imant al web. A la pestanya *Bar Magnet* cliqueu *Show field.*

a | Moveu l'imant i observeu i descriviu quins moviments fan les petites brúixoles. Què indiquen aquestes brúixoles?

b | Copieu el dibuix de l'imant i traceu algunes de les línies en què quedarien les llimadures de ferro en aquesta simulació.

c | Cliqueu ara a *Flip Polarity*. Què és el que canvia en l'imant i en el camp magnètic?

ACTIVITATS

4 Alguns imants tenen forma de ferradura. Com es distribuirien les llimadures de ferro entorn d'un imant de ferradura? Fes-ne un dibuix.

5 Observa les dues imatges. En quina de les dues els imants estan enfrontats amb pols iguals i en quina amb pols diferents? Explica com ho pots saber. Pots consultar el web.

a)

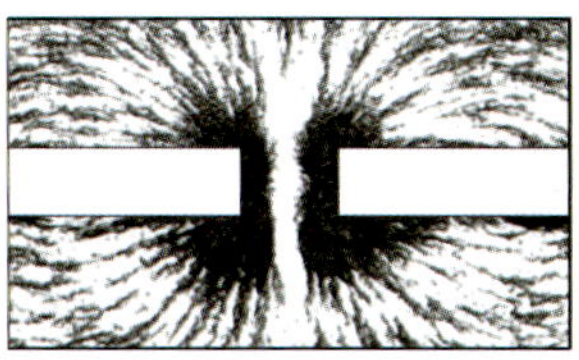

b)

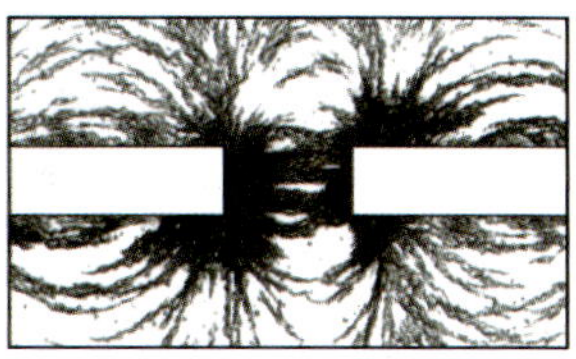

2.2 Corrents elèctrics produïts per camps magnètics

Si un corrent elèctric crea un camp magnètic en l'entorn del conductor pel qual circula, no seria possible l'efecte invers, és a dir, que un camp magnètic generés un corrent elèctric? Això és el que va investigar el físic Michael Faraday al segle XIX.

Analitzeu un experiment

Connectem una bobina a un amperímetre. Primer mantenim immòbil un imant a prop o dins la bobina. Després, movem l'imant per dins la bobina.

A continuació repetim l'experiment, però ara mantenim immòbil l'imant i el que movem és la bobina.

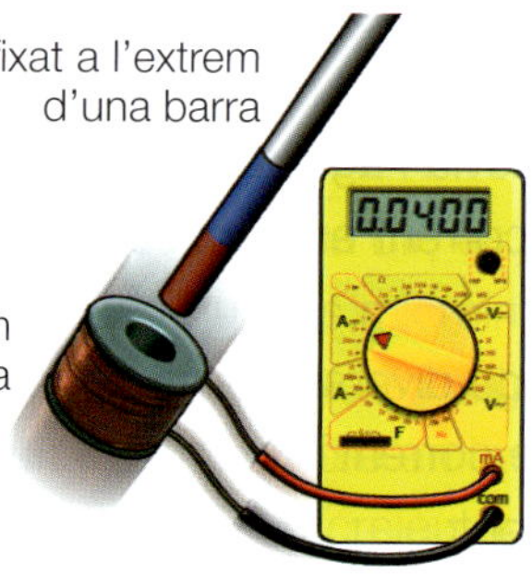

a | En quin o quins casos es genera un corrent elèctric?

b | Quines condicions són indispensables perquè es generi un corrent si tenim un imant i una bobina?

c | Què hauríem de fer per investigar si la intensitat del corrent es pot augmentar?

d | El corrent que es genera, té un sentit quan un dels pols de l'imant s'acosta a la bobina i sentit contrari quan se n'allunya. Això ho veiem perquè l'amperímetre marca corrent en sentit positiu i negatiu alternativament. Si movem contínuament l'imant o la bobina, el corrent generat serà continu (sempre en un sentit) o altern?

ACTIVITATS

11 Quines són les condicions indispensables perquè es generi un corrent si tenim un imant i un fil conductor?

12 Raona si són certes o no les frases següents:

a) Es pot generar un corrent elèctric si s'aconsegueix que a prop o a l'interior d'una bobina es variï la intensitat d'un camp magnètic.

b) Un imant que té un camp magnètic molt intens pot generar un corrent si se situa molt a prop d'una bobina de moltes espires.

c) Si enganxem un imant a una bobina i els deixem caure en caiguda lliure, per la bobina es generarà un corrent.

Observeu i concloeu

Obriu la simulació del web. Observeu que l'aparell de mesura ens marca el voltatge del corrent generat.

a | Descriviu el que passa quan, amb el cursor, moveu l'imant passant-lo per dins de la bobina.

b | Si canvieu la velocitat en què moveu l'imant, com canvia la brillantor de la bombeta i els valors del voltatge?

c | Compareu què passa quan l'imant travessa una bobina de poques espires o quan en travessa una de moltes espires.

d | Què canvia quan canvieu la posició dels pols de l'imant?

e | Completeu les frases següents:

- En augmentar el nombre d'espires de la bobina, s'aconsegueix augmentar ___________ generat.
- En moure l'imant més a poc a poc, el corrent generat és de ______ intensitat.

Observeu una aplicació pràctica i raoneu

Per fer funcionar el llum d'una bicicleta, es pot acoblar a una de les rodes un generador elèctric que s'anomena **dinamo**. Observa l'esquema de com està construït aquest generador.

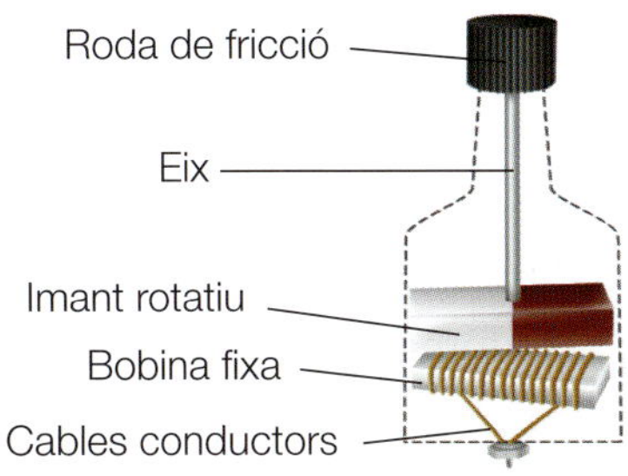

a | Com es fa girar l'imant?

b | Com s'aconsegueix que es generi un corrent elèctric?

c | De què depèn que la bombeta de la bici brilli més o menys?

ACTIVITATS

13. Cerca informació sobre Michael Faraday i els seus descobriments sobre com es pot generar un corrent elèctric. Fes-ne un resum.
14. Els corrents generats per variacions d'un camp magnètic s'anomenen *corrents induïts*. Explica què significa la paraula *induït*.
15. Un vespre, pedalant amb una bicicleta que tenia una dinamo acoblada a la roda, un noi va arribar a fondre la bombeta de la llum de la bicicleta en una forta baixada. Explica què va poder passar per arribar a fondre la bombeta.
16. Ordena les etiquetes següents de manera que formin una frase que resumeixi el que has vist fins ara.

corrent elèctric | **imant** | **moviment**

conductor elèctric | **genera** | **proper**

Activitats interactives

Activitat de síntesi

3. La producció i distribució de l'energia elèctrica

L'energia elèctrica es produeix en grans quantitats a les **centrals elèctriques**. Però, sabeu com es produeix l'energia elèctrica i com arriba a les nostres llars?

3.1 Producció de corrent elèctric a les centrals elèctriques

Observeu i interpreteu

Corrent continu: els electrons sempre es desplacen en el mateix sentit.

Corrent altern: els electrons canvien regularment el sentit de desplaçament.

A la majoria de les centrals elèctriques s'utilitza el **sistema turbina-alternador** per produir electricitat. El corrent elèctric generat en els alternadors s'anomena corrent altern; en canvi, el generat per les piles o bateries, s'anomena corrent continu.

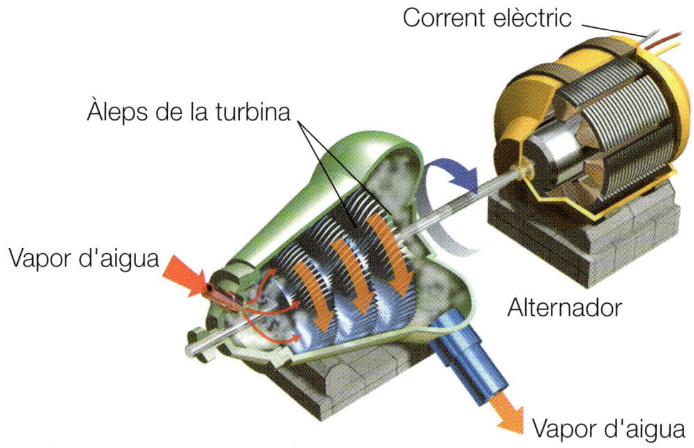

a | Quina funció té el vapor d'aigua que entra a la turbina?

b | Quin tipus d'energia s'obtè quan es mou l'eix de l'alternador?

c | En quin descobriment es basa el funcionament d'un sistema turbina-alternador?

d | Resumiu en un text breu el funcionament del sistema turbina-alternador.

e | Per què diem que amb aquest sistema l'energia mecànica es transfereix a electricitat?

3.2 Les cadenes energètiques

Per fer girar l'eix de l'alternador per produir electricitat podem utilitzar diferents fonts d'energia. Aquestes fonts d'energia produeixen **energies primàries,** que no es poden transformar directament en energia elèctrica.

Observeu i deduïu

La transformació de l'energia primària en energia elèctrica constitueix les anomenades **cadenes energètiques**.

Completeu la cadena energètica següent que s'esdevé en el sistema turbina-alternador:

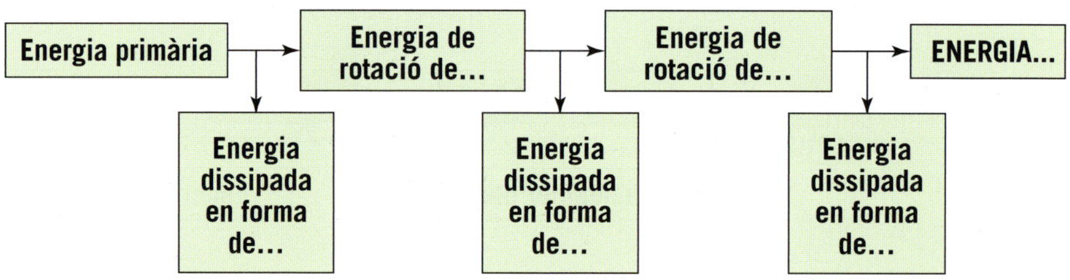

3.3 Principals processos de producció d'energia elèctrica

Segons la font d'energia que utilitzen per fer girar l'eix de l'alternador per produir electricitat, hi ha diferents tipus de centrals elèctriques.

Observeu i deduïu

Aquest esquema recull **els principals processos d'obtenció d'energia elèctrica**. Consulteu el web.

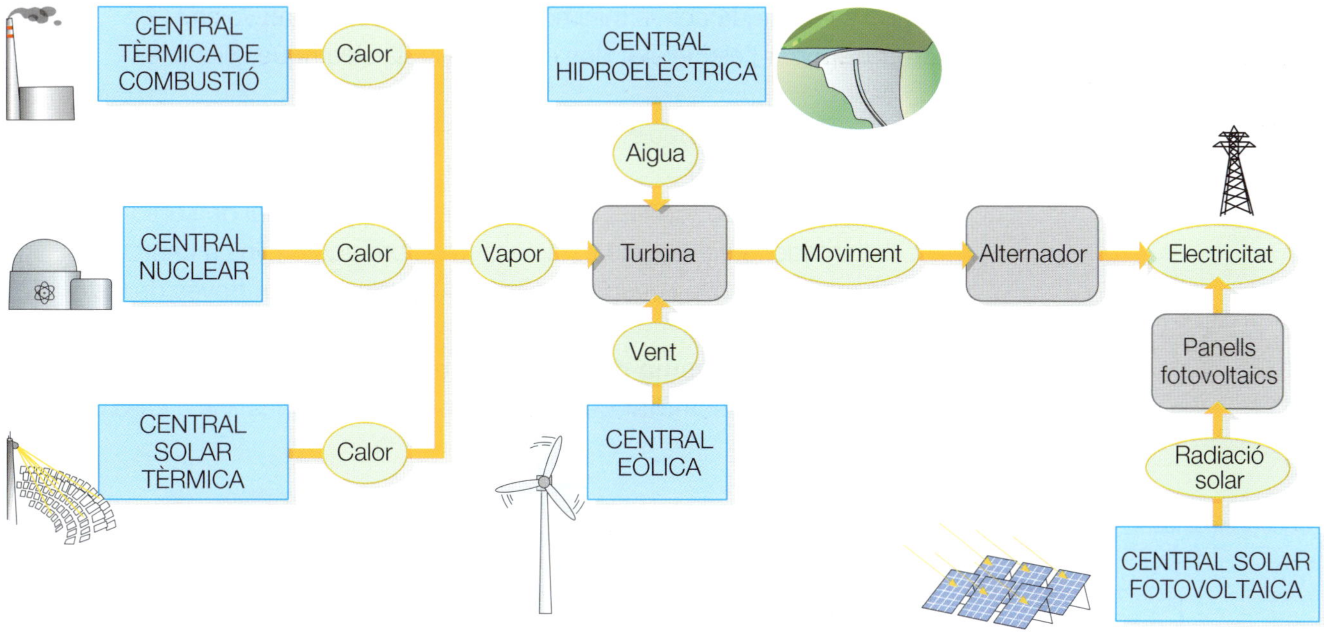

a | Classifiqueu les fonts d'energia que utilitzen les centrals elèctriques en renovables i no renovables.

b | Quins tipus de centrals elèctriques es basen en el sistema turbina-alternador?

c | Descriviu les transferències d'energia que tenen lloc en cada una d'aquestes centrals elèctriques. Per exemple, en el cas d'una central tèrmica de combustió:

Energia química → **Energia tèrmica** → **Energia cinètica** → **Energia elèctrica**

d | Anomeneu alguns dels possibles impactes ambientals que es poden derivar de la producció d'energia elèctrica en els diversos tipus de centrals.

ACTIVITATS

17 Quines semblances hi ha entre la central solar tèrmica i la central tèrmica de combustió? I entre una central solar tèrmica i una central solar fotovoltaica? Raona la resposta.

18 La *biomassa* és matèria orgànica d'origen animal o vegetal que es pot aprofitar per a la producció d'energia elèctrica. Esbrina com es pot aprofitar aquest recurs energètic i en quin tipus de centrals elèctriques es fa servir la biomassa.

3.4 Transport de l'energia elèctrica

L'energia elèctrica es transporta mitjançant línies d'alta tensió, que són cables conductors pels quals circula el corrent elèctric.

Interpreteu un esquema

a | Quin efecte del corrent elèctric s'esdevé en un conductor a causa del pas del corrent elèctric?

b | Us sembla que convé minimitzar aquest efecte quan volem transportar l'electricitat des de les centrals elèctriques fins a les cases?

c | Segons la llei de Joule, de què depèn l'energia calorífica dissipada en un conductor?

d | Per què penseu, doncs, que la diferència de potencial de sortida de l'alternador s'eleva a les estacions transformadores fins a centenars de milers de volts i després es transporta el corrent a través de les línies d'alta tensió?

e | Observeu l'**esquema del transport d'energia elèctrica** i expliqueu com arriba l'electricitat des de les centrals elèctriques fins a casa nostra.

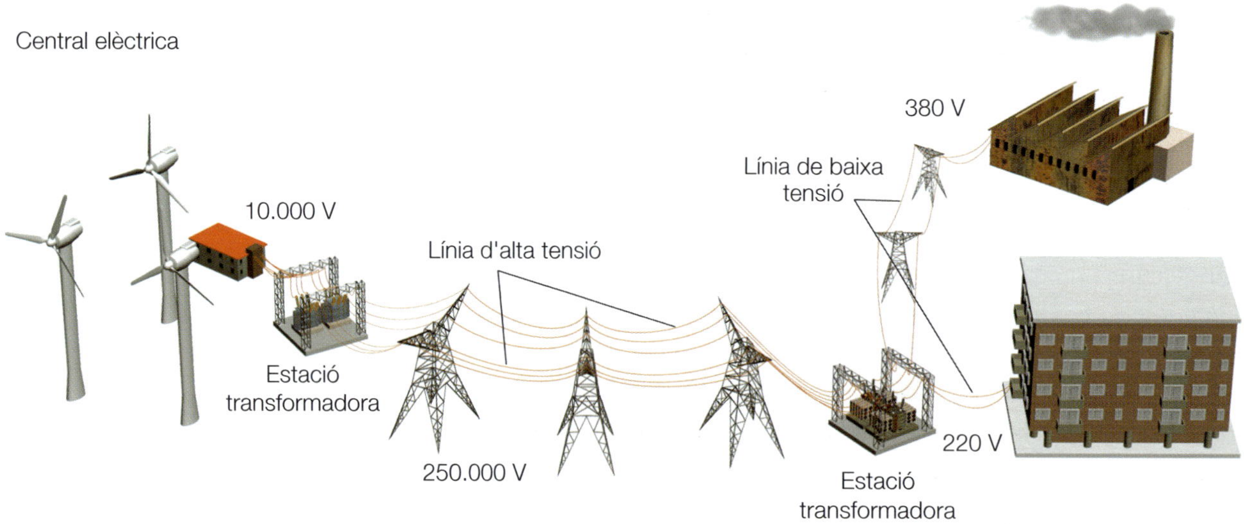

ACTIVITATS

19 Aquesta activitat et servirà per entendre per què el corrent elèctric es transporta per línies d'alta tensió.

a) Una central elèctrica té una potència de 500 MW ($500 \cdot 10^6$ W) i els seus alternadors generen un voltatge de 10.000 V. Quina intensitat de corrent circula pels cables a la sortida de la central?

b) A la sortida de la central hi ha una estació transformadora que eleva el voltatge fins a 250.000 V. Si la potència és la mateixa, quina intensitat circularà pels cables de la línia d'alta tensió?

c) Quant s'ha reduït la intensitat del corrent respecte a la que circulava pels cables just a la sortida dels alternadors?

d) Si la intensitat es redueix, es dissiparà més o menys calor als cables per efecte Joule?

e) Resumeix en poques frases els avantatges del transport del corrent elèctric mitjançant les línies d'alta tensió.

20 Les estacions transformadores tenen uns dispositius anomenats *transformadors*, els quals poden canviar el voltatge del corrent altern a valors més alts o més baixos. Si augmenta el voltatge, la intensitat augmentarà o disminuirà? I si disminueix el voltatge? Suposa que no hi ha dissipació de l'energia i que l'energia es conserva.

Activitats interactives
Activitat de síntesi

4. L'electricitat a la llar

L'energia que proporciona la xarxa elèctrica s'utilitza per dur a terme les tasques domèstiques i proporcionar comoditat i confort.

Feu una cerca i responeu

A l'entrada de la instal·lació hi ha un **comptador** que mesura el consum d'energia elèctrica. A l'interior de l'habitatge hi ha un **quadre de comandament i protecció** com el que es mostra a continuació.

A partir del quadre de comandament i protecció es distribueixen una sèrie de circuits independents.

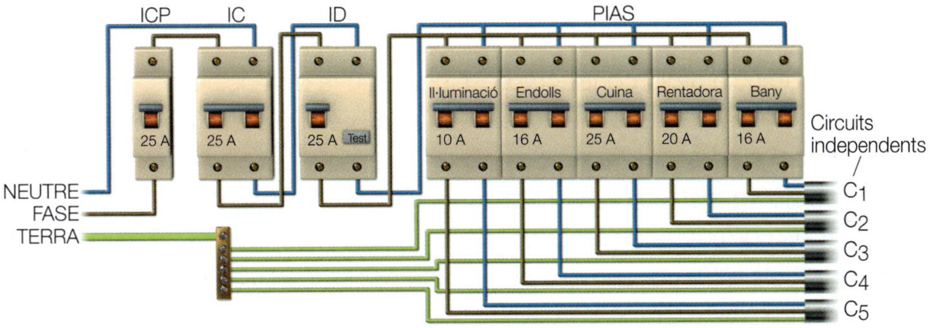

a | Cerqueu informació al web sobre la funció dels diversos components del quadre de comandament i protecció: l'**interruptor de control de potència**, l'**interruptor general automàtic**, l'**interruptor diferencial** i els **petits interruptors automàtics**.

b | Com us sembla que estan connectats els diferents circuits, en sèrie o en paral·lel? Justifiqueu la resposta. Com ho podríeu comprovar?

c | Si voleu canviar una bombeta, quin interruptor desconnectareu? Per què? Raoneu la resposta.

4.1 Seguretat en l'ús de l'electricitat

La manipulació d'una instal·lació elèctrica o d'aparells elèctrics comporta riscos importants que cal conèixer i mirar d'evitar. Un dels riscos principals en l'ús de l'electricitat és el **xoc elèctric.**

Investigueu

a | Què és el xoc elèctric? De què depenen els seus efectes?

b | Quan pot ser mortal un xoc elèctric?

c | Quin element de la instal·lació elèctrica protegeix del xoc elèctric?

ACTIVITATS

21 El cos humà pot patir un xoc elèctric si a través seu circula una intensitat de l'ordre de 100 mA (0,1 A). Si tenim les mans mullades, la resistència elèctrica del cos és d'uns 650 Ω; si les tenim seques, és d'uns 1.500 Ω. Un electricista, en un moment de distracció, toca cables que estan a 220 V. Fes un càlcul per decidir si patirà els efectes d'un xoc elèctric en el cas que tingui les mans seques i en el cas que les tingui mullades.

4.2 L'estalvi d'energia

Per evitar exhaurir els recursos naturals de la Terra, hem de fer un consum responsable de l'energia. Analitzem el que consumim a casa i pensem com podem afavorir l'estalvi energètic.

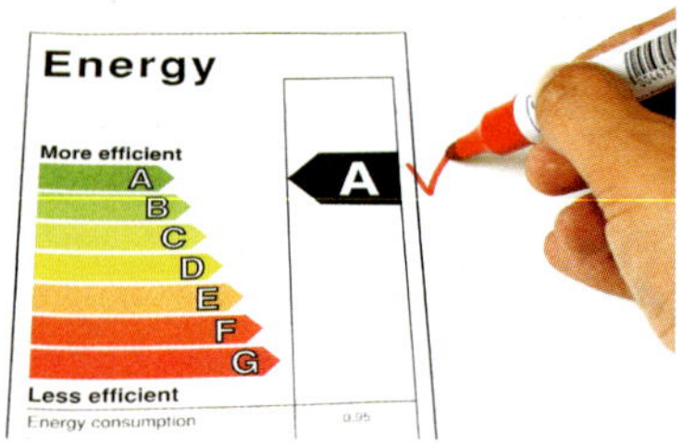

L'**etiqueta energètica** és una informació per al consumidor que s'ha d'exhibir obligatòriament en cada electrodomèstic que es posi a la venda.

Saps, però, per a què serveix conèixer aquesta informació?

Analitzeu i deduïu

La quantitat d'energia elèctrica que consumim apareix a la nostra factura de la llum. S'hi detallen una sèrie de conceptes, com ara la potència contractada, l'energia consumida, el lloguer d'equips de mesura i control o els impostos. Al web trobareu ajut per entendre la factura de la llum.

Agafa l'última factura de la llum de casa teva i compara-la amb la del teu company o companya.

a | Quina potència teniu contractada? Consulteu la potència dels aparells elèctrics que teniu a casa i feu una llista dels que poden estar funcionant alhora.

b | Quanta energia elèctrica heu consumit en el període facturat? A quant de temps correspon aquest període?

c | A partir dels kWh consumits i el que heu pagat, calculeu a quin preu surt el kWh. Compareu-ho amb el preu del kWh que indica la companyia i justifiqueu la diferència.

d | Observeu el diagrama de barres de la factura i expliqueu què representa. En quin període heu consumit més electricitat? Per què?

Feu una cerca i responeu

Fixeu-vos en les dues primeres recomanacions d'un **decàleg d'estalvi energètic** per estalviar energia a la llar. Completeu-lo amb els altres consells que us semblin més importants:

a | Utilitzeu la llum natural, minimitzant l'artificial, sempre que sigui possible.

b | Feu servir bombetes de baix consum.

ACTIVITATS

22 Fes els càlculs d'energia consumida en tots els aparells elèctrics de casa teva en un dia, considerant la potència i el temps de funcionament en cada cas. Tenint en compte els resultats obtinguts, proposa mesures que podríeu aplicar per reduir tant com sigui possible el consum d'energia elèctrica. Quin estalvi d'energia aconseguiríeu amb les mesures proposades? Com repercutiria aquest estalvi en la factura de la llum?

23 A continuació et presentem una llista amb diferents propostes que es poden aplicar en un habitatge. Digues quines representen un estalvi energètic i quines no. Raona les respostes.

a) Emprar una olla de pressió per cuinar en comptes d'una olla sense tapa.

b) Instal·lar aire condicionat per l'estiu, en lloc de muntar tendals per fer ombra i procurar crear corrents d'aire.

c) Posar un bon aïllament tèrmic a les parets quan s'ha de construir la casa.

d) Tenir una cuina elèctrica en comptes d'una de gas natural.

e) Canviar totes les bombetes incandescents per bombetes de baix consum.

f) Programar l'escalfador perquè subministri aigua calenta a 80 °C.

g) Deixar la porta de la nevera oberta a l'estiu, perquè així ens refrescarà la cuina.

Activitats interactives
Activitat de síntesi

1. Fenòmens magnètics

Des de fa molts segles es coneix la propietat d'alguns minerals i materials de magnetitzar-se. La **magnetita**, un òxid de ferro, és un mineral amb propietats magnètiques.

Els materials que són atrets pels imants s'anomenen **materials magnètics**. Hi ha alguns metalls magnètics: el ferro, el cobalt i el níquel són els més coneguts. Si es frega una barra d'acer amb un imant, l'acer es converteix en imant.

Els imants s'atrauen o repel·leixen entre si per forces a distància. La intensitat d'aquestes forces és inversament proporcional a la distància.

Un imant presenta dues zones anomenades **pols magnètics** en les quals les forces són més intenses.

Tradicionalment s'anomenen «pol nord» i «pol sud», per referència al que indica una brúixola.

Els pols magnètics diferents s'atrauen, mentre que els pols magnètics iguals es repel·leixen.

ACTIVITATS

1. Quines de les substàncies o materials següents són magnètics o poden magnetitzar-se? Níquel; alumini; acer; polietilè (un plàstic); magnetita; carboni.
2. Com podríem fabricar-nos una brúixola amb una agulla de cosir i un imant?
3. Completa les frases següents:
   Els fenòmens magnètics i els fenòmens elèctrics tenen coses en comú; ambdós es caracteritzen per camps de _______, que poden ser _______ o de _______. Les càrregues del mateix signe així com els _______ magnètics _______ es repel·leixen. Les _______ de signe _______ i els pols magnètics diferents _______.

2. El camp magnètic

Un **camp magnètic** és una zona de l'espai en el qual es nota l'acció de forces magnètiques. Per visualitzar un camp magnètic entorn d'un imant, es pot empolvorar amb llimadures de ferro. Les llimadures es magnetitzen i se situen seguint unes línies, anomenades **línies de força magnètica**. Aquestes línies són més concentrades al voltant dels pols de l'imant, la zona on el camp magnètic és més intens.

Si es talla un imant per la meitat o en trossos petits, cadascun dels trossos és un imant. No és possible tenir els pols magnètics separats independentment. Per interpretar aquest fet, s'ha proposat un model en el qual els àtoms dels metalls magnètics formen zones anomenades **dominis magnètics,** que són microimants. Inicialment estan desordenats, però un cop orientats tots els dominis en el mateix sentit, el metall mostra propietats magnètiques.

Quan un imant s'escalfa a alta temperatura es desordenen els dominis magnètics a causa del fet que augmenta l'energia cinètica dels àtoms, segons la teoria cineticomolecular, i perd les propietats d'imant, que recupera en refredar-se.

ACTIVITATS

4. Un tipus d'imants s'enganxen a objectes metàl·lics com la porta de la nevera. Explica què podríeu fer per posar en evidència com són les línies de força magnètica en aquests imants.
5. Fregant una agulla de cosir d'acer amb un imant, la podem convertir un una agulla imantada. Descriu quin és l'efecte de passar l'agulla sobre els microimants que té l'acer.
6. Explica per què no és possible tenir un únic pol magnètic per separat.

2.1 Camps magnètics produïts per corrents elèctrics

El físic Hans Öersted va descobrir els efectes que un corrent elèctric té sobre un imant. Va observar que quan per un conductor circula un corrent elèctric, l'imant experimenta una força. Quan el corrent deixava de circular, desapareixia aquesta força. En invertir el sentit del corrent, actuava la mateixa força, però en sentit contrari.

Els corrents elèctrics produeixen camps magnètics.

Una bobina és un conductor enrotllat en moltes espires. Quan hi circula un corrent, a l'interior es genera un camp magnètic, que és molt més intens si dins la bobina hi ha una peça de ferro. Això és el fonament dels **electroimants**. La polaritat dels electroimants es canvia en invertir el sentit del corrent que circula per la bobina.

ACTIVITATS

7. Un electroimant pot funcionar igual amb corrent elèctric continu o altern? Explica la resposta.
8. A un electroimant, li traiem la peça de ferro dolç. L'acostem a unes llimadures de ferro i hi fem passar un corrent elèctric. On se situaran la majoria de les llimadures de ferro? Explica per què.

9 De quina manera es pot canviar la polaritat d'un electroimant?

10 Escull la paraula correcta en cada frase:

a) A un nombre més gran d'espires en un electroimant *més/menys* intensitat del camp magnètic.

b) Si disminuïm la intensitat del corrent que passa per una bobina *augmenta/disminueix* la intensitat del camp magnètic.

2.2 Corrents elèctrics produïts per camps magnètics

El científic Michael Faraday va investigar la relació que hi ha entre els corrents elèctrics i els camps magnètics. Per fer-ho va utilitzar imants i bobines que no estaven connectades a cap generador elèctric ni a cap pila. Les seves experiències el van portar a concloure que:

- En acostar o allunyar un imant a una bobina o a un fil conductor es detectava el pas d'un corrent elèctric, mentre l'imant s'estava movent. El sentit del corrent en acostar-li l'imant és oposat al sentit del corrent quan l'imant s'allunya.
- Si es manté l'imant fix i es mou la bobina o el conductor el resultat és el mateix.

És a dir: mentre hi hagi un moviment relatiu entre imant i conductor, apareixerà un corrent. Aquests corrents s'anomenen **corrents induïts** i el fenomen, **inducció electromagnètica.**

La intensitat del corrent induït i el seu voltatge depenen de la velocitat en la qual es mou l'imant o la bobina i del nombre d'espires de la bobina.

El fenomen de la inducció electromagnètica és la base dels generadors de corrent elèctric basats en moviment d'imants i bobines, com per exemple les dinamos o els alternadors.

ACTIVITATS

11 Fes un dibuix d'una espira i un imant i del sentit del corrent induït quan:

a) l'imant s'apropa a l'espira.

b) l'imant s'allunya de l'espira.

c) l'espira s'allunya de l'imant.

12 Suposa que tenim una bobina, per la qual circula un corrent elèctric. Volem que per una segona bobina, per la qual no circula corrent, s'indueixi un corrent. Què podem fer?

13 Els automòbils tenen un alternador que gira per acció del motor de gasolina. Per què quan el motor gira a més revolucions, el corrent elèctric generat és de més voltatge?

14 Fem moure un imant per dins una bobina connectada a un aparell de mesura en volts.

Completa la taula, amb el que suposes que observaries:

Prova	Observació (voltatge obtingut)
Canvi per una bobina de més voltes	
L'imant passa a més velocitat	
L'imant queda quiet dins la bobina	
L'imant es manté quiet molt proper a la bobina	

3. La producció d'energia elèctrica

3.1 Producció de corrent elèctric a les centrals elèctriques

L'obtenció d'electricitat a partir del magnetisme és la base dels generadors d'electricitat, com ara els **alternadors**.

El corrent elèctric generat en els alternadors s'anomena **corrent altern** (els electrons canvien regularment el sentit de desplaçament); en canvi, el generat per les piles o bateries, s'anomena **corrent continu** (els electrons sempre es desplacen en el mateix sentit).

En general, a les centrals elèctriques s'utilitzen sistemes **turbina-alternador** per produir electricitat: els àleps de la turbina giren impulsats per la força de l'aigua o del vapor d'aigua; l'eix de la turbina està unit al de l'alternador, que en girar produeix electricitat.

3.2 Les cadenes energètiques

Per fer girar l'eix de l'alternador per produir electricitat podem utilitzar diferents fonts d'energia. Aquestes fonts d'energia produeixen **energies primàries** que no es poden transferir directament a energia elèctrica.

La transferència de l'energia primària en energia elèctrica constitueix les **cadenes energètiques**, en les quals hi ha pèrdues energètiques en forma de calor.

3.3 Principals processos de producció d'energia elèctrica

Segons el tipus de font primària, les centrals elèctriques poden ser:

- **Centrals termoelèctriques**. Produeixen energia a partir de la producció de vapor.
- **Centrals hidroelèctriques**. Aprofiten, mitjançant un desnivell, que pot ser natural o creat artificialment, l'energia gravitacional de l'aigua, que mou directament les turbines.

Hi ha altres tipus de centrals elèctriques que utilitzen altres fonts d'energia: **eòliques** (energia del vent), **tèrmiques solars** (energia solar), **fotovoltaiques** (energia solar), **mareomotrius** (energia de les marees), **geotèrmiques** (energia emmagatzemada al subsòl), etc.

3.4 Transport de l'energia elèctrica

L'energia elèctrica es transporta mitjançant línies d'alta tensió.

El voltatge de sortida de l'alternador, que és d'uns deu mil volts, s'eleva a l'estació transformadora de la central fins a uns quants centenars de milers de volts i l'energia es transporta mitjançant les línies d'alta tensió. Finalment, el voltatge que utilitzen els usuaris (380 V a les petites indústries i 220 V als habitatges) es redueix en estacions transformadores properes al lloc de consum.

ACTIVITATS

15. Fes un esquema que expliqui el funcionament de les centrals tèrmiques i les hidroelèctriques.
16. Quines centrals elèctriques contaminen menys?

4. L'electricitat a la llar

A l'entrada de la instal·lació hi ha un **comptador**, que mesura el consum d'energia elèctrica, i un **interruptor de control de potència** (**ICP**), per tallar el corrent quan el consum supera la potència contractada.

A l'interior de l'habitatge hi ha un **quadre de comandament i protecció**, que inclou:

- L'**interruptor general automàtic (IGA)**, que serveix per tallar el corrent a tot l'habitatge.
- L'**interruptor diferencial (ID)**, que talla el corrent si hi ha fuites. La seva finalitat és protegir les persones.
- Els **petits interruptors automàtics (PIA)**, que serveixen per tallar el corrent en cadascun dels circuits independents de l'habitatge.

4.1 Seguretat en l'ús de l'electricitat

- No connectis gaires aparells en un mateix endoll perquè l'endoll es pot reescalfar i provocar un incendi.
- Abans de manipular un aparell, s'ha de desconnectar de la xarxa elèctrica.
- No s'han d'utilitzar els aparells elèctrics amb les mans o els peus mullats.
- No deixis connectats els que es puguin sobreescalfar.
- No utilitzis cables trencats o pelats, ja que poden produir-te una descàrrega.

4.2 L'estalvi d'energia

- Feu servir la llum artificial només quan calgui.
- Utilitzeu bombetes de baix consum.
- Apagueu els llums de les habitacions i els recintes que no s'estiguin utilitzant.
- Eviteu deixar els aparells elèctrics en la posició *standby* (encesos però sense utilitzar).
- Empreu electrodomèstics de baix consum.
- Engegueu la rentadora i el rentavaixella amb la càrrega màxima i eviteu, sempre que sigui possible, els programes d'alta temperatura.
- Habiliteu les portes i finestres per millorar l'aïllament tèrmic de l'habitatge.
- Engegueu l'aire condicionat i els radiadors elèctrics només quan sigui estrictament necessari i ajusteu els termòstats a la temperatura de confort recomanada (24 °C a l'estiu i entre 18 °C i 21 °C a l'hivern).

ACTIVITATS

17. Actualment, en una llar hi ha dos tipus d'endolls: els normals i els de potència. Als de potència hi ha la presa de terra, un cable conductor en contacte amb el terra, pel qual, en cas de curtcircuit, circula corrent elèctric. En aquests endolls s'hi han de connectar els electrodomèstics que tenen una potència superior a 1 kW.
    a) Imagina't que la rentadora de casa teva no estés connectada a un endoll de potència i de manera accidental es produís una derivació de corrent. Què et passaria si toquessis la rentadora sense voler?
    b) Enumera alguns electrodomèstics que s'hagin de connectar a un endoll de potència.
18. Indica algunes maneres de reduir el consum elèctric a les llars.

Construcció d'un motor elèctric

Objectiu

Construir un motor elèctric i comprovar quin és el seu principi de funcionament.

Coneixements previs

Una bobina per la qual circula un corrent elèctric situada dins un camp magnètic generat per un imant, experimenta una força. Si aconseguim que el corrent circuli de manera adient, la bobina donarà voltes i tindrem un motor elèctric.

Materials

- Fil de coure envernissat de diàmetre 0,5 mm o una mica més
- Dos clips metàl·lics
- Una pila de 4,5 V
- Un imant potent
- Un cilindre de cartró, per fer la bobina amb el fil de coure
- Tisores i cinta per enganxar

Procediment

1. Doblegueu els dos clips tal com mostra la fotografia i enganxeu-los als dos pols de la pila emprant la cinta adhesiva.
2. Enrotlleu unes deu voltes del fil de coure envernissat al voltant del cilindre de cartró. Amb les tisores, traieu el vernís d'un dels extrems del fil de coure. De l'altre extrem, només traieu el vernís de la part del fil que no toca el clip.
3. Pengeu la bobina entre el dos clips. Acosteu-hi l'imant i el motor començarà a girar!

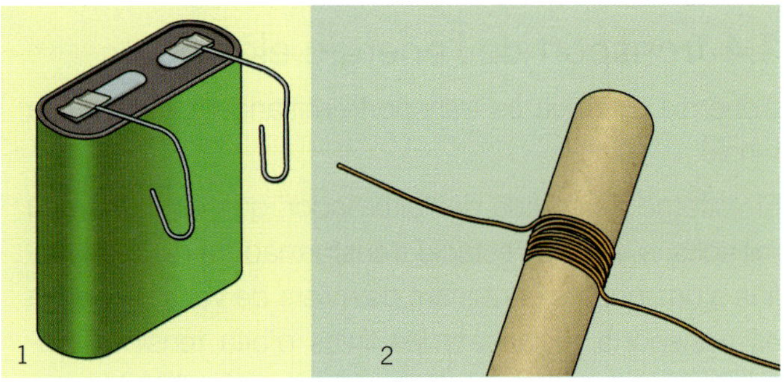

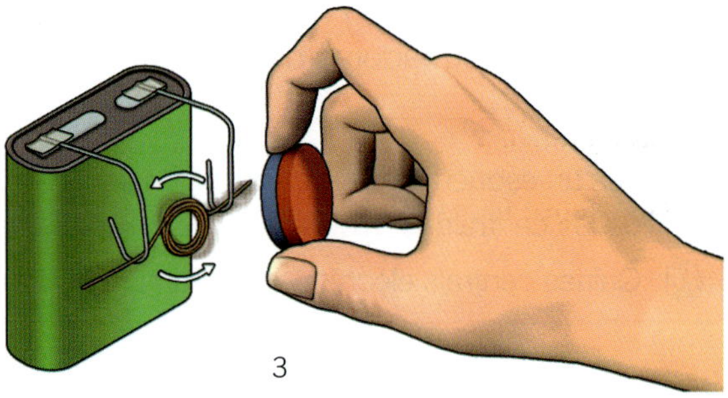

Per què hem de treure el vernís tal com es diu en el procediment?

D'aquesta manera ens assegurem que només hi haurà circulació de corrent elèctric per la bobina durant mitja volta, situació en la qual s'hi crea un parell de forces que la fan rodar en el mateix sentit.

Així, la bobina gira 180º sota l'acció d'un parell de forces, i els 180º que resten els gira a causa de la inèrcia.

ACTIVITATS

1. Per què el fil de coure de la bobina ha d'estar envernissat? Què passaria si no ho estigués?
2. Si el motor no gira en acostar-hi l'imant, el pots ajudar amb una petita empenta. Observa que si no ho fas, el fil de la bobina s'escalfa, cosa que no passa si està girant. Explica aquest fet des del punt de vista de l'energia elèctrica que subministra la pila i que es pot transferir a calor o a moviment.
3. Indica tres maneres de fer que el motor giri a més velocitat.
4. És la forma circular la millor per a la bobina? Pots provar si el motor funciona igual, millor o pitjor fent una segona bobina de forma quadrada.
5. No s'ha de deixar la bobina sense girar gaire estona. Pots explicar per què?
6. Explica totes les transferències d'energia que observes en aquest experiment.

Sembla que no, però...

La quantitat d'energia que utilitzem és tan enorme que mesurar-la en joules representa xifres difícils d'imaginar. Per exemple, a Catalunya durant l'any 2009 va ser d'$1,02 \cdot 10^{18}$ J o $2,83 \cdot 10^{11}$ kWh.

És per això que, per a grans valors d'energia, es fa servir una unitat anomenada *tona equivalent de petroli* (tep), que equival a la quantitat d'energia obtinguda per la combustió d'una tona de petroli. L'energia elèctrica obtinguda amb una tona de petroli és de l'ordre d'uns 0,4 tep. Però una part molt important d'aquesta energia es dissipa; recordeu que cada transferència d'energia representa una quantitat menor d'energia útil i que sempre es dissipa energia en una transferència. El valor de l'energia dissipada és tan gran que representa el 40% del total d'energia!

I a casa, realment fem tot el que podem per estalviar energia? Per exemple, tenim molts aparells que tenen una funció anomenada *standby* o temps d'espera. És molt còmode per a nosaltres, però l'aparell, encara que no ens ho sembli, continua funcionant... Quanta energia podríem estalviar si en lloc de tenir els aparells en temps d'espera els tinguéssim apagats quan no els necessitem? La taula següent presenta unes quantes dades perquè vegis si realment estem malbaratant energia...

	EN FUNCIONAMENT			EN ESPERA		
Aparell	**Potència**	**Temps**	**Consum diari**	**Potència**	**Temps d'espera**	**Consum diari**
TV	250 W	3 h/dia	0,75 kWh	3 W	21 h/dia	0,06 kWh
Vídeo	150 W	1 h/dia	0,15 kWh	8 W	23 h/dia	0,18 kWh
Router	30 W	7 h/dia	0,21 kWh	8 W	17 h/dia	0,14 kWh
Equip de música	75 W	1,5 h/dia	0,11 kWh	6 W	22,5 h/dia	0,14 kWh
Telèfon sense fil	40 W	-	-	4 W	24 h/dia	0,10 kWh
Ordinador	150 W	4 h/dia	0,6 kWh	5 W	20 h/dia	0,10 kWh
Portàtil	60 W	4 h/dia	0,24 kWh	4 W	20 h/dia	0,08 kWh
Impressora	100 W	0,25 h/dia	0,03 kWh	8 W	23,75 h/dia	0,19 kWh
Radiodespertador	15 W	-	-	7 W	24 h/dia	0,17 kWh
Microones	1.000 W	0,25 h/dia	0,25 kWh	4 W	23,75 h/dia	0,10 kWh
Cafetera	700 W	0,25 h/dia	0,18 kWh	5 W	23,75 h/dia	0,12 kWh
Total			**2,52 kWh**			**1,38 kWh**

ACTIVITATS

1. Calcula el tant per cent d'energia malbaratada en un dia.
2. Indica el tipus d'aparell que acostumes a deixar en espera, i amb les dades de la taula calcula l'estalvi d'energia elèctrica que suposaria deixar-lo totalment apagat.
3. Esbrina el preu que la teva companyia subministradora d'electricitat cobra per kWh consumit i calcula l'estalvi que suposaria en el proper rebut de casa teva no deixar electrodomèstics en espera.
4. Justifica la frase següent: «L'ús eficient de l'energia permet estalviar, i al mateix temps reduir, la contaminació.»

Autoavaluació

REVISTA DE CIÈNCIA

L'electricitat i la nostra manera de viure

Heu pensat alguna vegada com seria la nostra vida un dia qualsevol sense electricitat? És difícil d'imaginar, ja que des que ens llevem, encenem el llum, disposem d'aigua calenta, escalfem amb el microones, escoltem música, agafem el metro o el tramvia... tot o gairebé tot depèn de l'electricitat. N'hi ha prou de recordar com ha estat d'incòmoda la situació en aquelles ocasions en què ens hem quedat sense electricitat per una avaria i quin caos s'ha produït als carrers, sense semàfors, sense llums i amb les botigues a les fosques...

Els pioners de l'electricitat van ser físics com Volta, Ampère, Coulomb o Faraday, que no s'havien proposat un ús extensiu dels seus descobriments, sinó que per a ells eren fenòmens nous per estudiar. Aquests fenòmens no van ser ben compresos fins que l'any 1873 el físic britànic James C. Maxwell va establir la teoria electromagnètica, una rigorosa formulació matemàtica que, alhora que unificava electricitat i magnetisme, esdevenia una síntesi del treball de generacions de físics. Però són les aplicacions pràctiques i el seu ús quotidià els que han popularitzat l'electricitat i el magnetisme. Són la base de les telecomunicacions, dels electrodomèstics i, en general, d'una bona part de la tecnologia actual.

Gràcies a la facilitat de produir-la, transportar-la i consumir-la, l'electricitat es va popularitzar el

darrer quart del segle XIX i es va començar a considerar un mitjà per millorar el nivell de vida. Hi van contribuir inventors com Thomas A. Edison i Nikola Tesla. Entre ells dos es va establir una veritable rivalitat per imposar quin era el millor tipus de corrent per subministrar, el continu o bé l'altern.

Tesla, un enginyer nascut a Sèrbia i que treballava als laboratoris d'Edison, havia patentat el sistema de transport de corrent altern mitjançant transformadors.

Al principi, l'electricitat només es va fer servir per substituir els fanals de gas de l'enllumenat dels carrers.

Girona va ser la primera ciutat espanyola que va tenir llums elèctrics als carrers. En aquell moment, la distribució de l'electricitat es feia amb corrent continu. Per evitar la gran dissipació d'energia per efecte Joule dels conductors quan hi circulen intensitats de corrent elevades, Edison havia proposat que en cada barri es construís una central elèctrica.

Però els avantatges del transport en forma de corrent altern eren molts i per això es va acabar imposant. Això va permetre subministrar electricitat a les cases i va permetre utilitzar els primers aparells electrodomèstics. El 1913 es va posar a la venda als Estats Units la primera nevera elèctrica. A Europa no va arribar fins al 1931.

La gran millora en les comunicacions i en la transmissió d'informació ha estat una de les característiques de la segona meitat del segle XX i principis del XXI.

COMPRENSIÓ LECTORA I REFLEXIÓ

1. Per què l'electricitat, una forma d'energia, ha servit per millorar la nostra qualitat de vida?
2. Esmenta els diferents aparells elèctrics que has utilitzat avui des que t'has llevat fins ara.
3. Al text s'esmenten diversos científics i inventors que van estudiar l'electricitat. Quins són i quin va ser el seu camp de treball?
4. Els inventors i científics Edison i Tesla van rivalitzar respecte al millor sistema per transportar l'electricitat, en forma de corrent continu o de corrent altern. Quin és l'avantatge fonamental de transportar l'electricitat a grans distàncies en forma de corrent altern?
5. Ets capaç d'imaginar com es podia viure abans de l'era de l'electricitat? Redacta un breu relat centrat en un dia sense electricitat.

ANNEXOS

ANNEX I: **Les ciències experimentals**

ANNEX II: **Formulació**

ANNEX III: **Treball al laboratori**

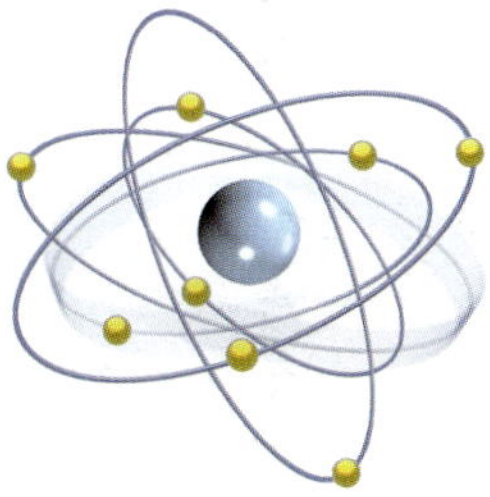

LES CIÈNCIES EXPERIMENTALS

1. Les ciències experimentals

Anomenem *ciència* el conjunt de lleis i teories que interpreten el món que ens envolta, i que s'obtenen a partir de l'observació i l'experimentació.

La física i la química fan servir el raonament objectiu i les experiències de laboratori per establir lleis comprovables en forma d'equacions. Són les principals ciències experimentals i els seus coneixements s'apliquen a totes les tecnologies que utilitzem actualment.

Per exemple, les noves tecnologies no haurien estat possibles sense les aportacions de la física i la química. Ordinadors, telèfons mòbils o iPods es basen en l'estudi fisicoquímic de la matèria.

- La **física** és la ciència que estudia les transformacions de la matèria que no en modifiquen la composició.

Els canvis de posició d'unes boles de billar o la fusió d'un metall són **canvis físics**: en ambdós casos, la matèria manté la mateixa composició.

- La **química** és la ciència que estudia la naturalesa de la matèria i les reaccions que es produeixen entre substàncies per donar lloc a altres substàncies diferents.

La combustió de la fusta o la reacció d'un metall amb l'oxigen (oxidació) són **canvis químics**: la matèria canvia de composició.

ACTIVITATS

1. Classifica els fenòmens següents segons si pertanyen al camp d'estudi de la física o de la química.
   El naixement de les estrelles, l'anàlisi de les aigües residuals, la preparació de medicaments, el moviment de gasos i líquids, l'estudi del comportament dels nuclis atòmics, el disseny i la construcció de circuits electrònics, el metabolisme dels greixos en el cos humà, els fenòmens elèctrics i magnètics.

Activitats interactives

2. Les etapes del mètode científic

El **mètode científic** és el procediment utilitzat per les ciències experimentals per donar resposta a les preguntes que ens fem quan observem els fenòmens de la natura.

El mètode científic inclou una sèrie d'etapes. Les més significatives consisteixen a:

1. **Fer-se preguntes** relatives a un fenomen que observem en el món físic que ens envolta.
2. **Plantejar** hipòtesis o possibles solucions a les preguntes que hem formulat. En molts casos, es pot proposar més d'una hipòtesi.
3. **Fer experiments** orientats a comprovar si la hipòtesi és certa: dissenyem experiències i les posem en pràctica per obtenir resultats en condicions determinades.
4. **Presentar i estudiar** les dades obtingudes amb l'ajuda de les matemàtiques. Per això utilitzem el càlcul, les taules, els gràfics i altres recursos.
5. **Establir lleis** que expliquin el fenomen estudiat. Aquestes lleis es dedueixen de les dades experimentals i generalment s'expressen en forma d'equacions. En el cas que enunciem diverses lleis relacionades amb un tipus de fenòmens, aconseguim un sistema de coneixements més ampli que anomenem **teoria**.

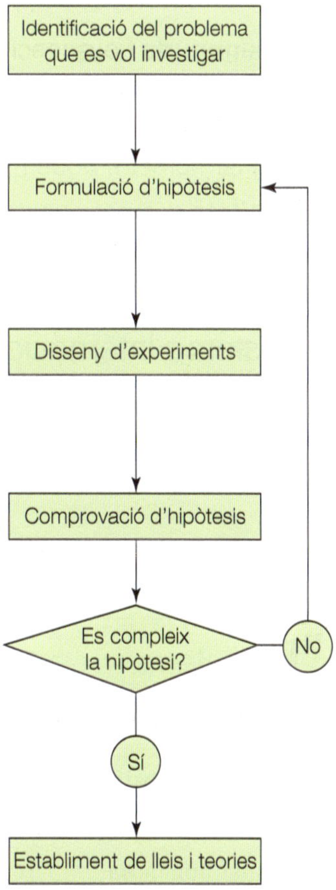

En l'actualitat, la recerca científica requereix grans instal·lacions, equips d'especialistes i programes informàtics de tractament de dades. Tot i així, el mètode utilitzat és bàsicament el que hem descrit, i el treball d'un bon científic es basa en l'observació, la imaginació i la constància.

Les publicacions científiques especialitzades, com *Scientific American*, *Nature* i altres, permeten divulgar els resultats de la recerca que es desenvolupa a tot el món, que moltes vegades és el fruit d'equips diferents de científics que treballen de manera coordinada.

L'**accelerador de partícules** LHC, a Suïssa, és el més gran i potent del món. Hi treballen 10.000 científics de molts països.

Saps què és un accelerador de partícules i què s'hi estudia?

ACTIVITATS

2. Pensa i proposa un mètode experimental per conèixer la velocitat de desplaçament d'una espècie determinada de formigues.
3. Justifica si l'afirmació següent pot constituir una hipòtesi científica: La pressió atmosfèrica depèn de la temperatura de l'aire.

Activitats interactives

Normes d'escriptura concretes de les unitats en el SI:

- Els noms s'escriuen sempre en minúscula.
- Els símbols s'escriuen en minúscula i sense punt final.
- Els símbols que provenen de noms propis s'escriuen en majúscula.

ALTRES UNITATS DE MAGNITUDS FONAMENTALS QUE NO PERTANYEN AL SI
Longitud
1 milla terrestre = 1.609 m
1 milla marina = 1.852 m
Massa
1 tona (t) = 1.000 kg
Temps
1 min = 60 s
1 h = 3.600 s
Temperatura
El grau Celsius (°C) x °C = (x + 273) K

ALTRES UNITATS DE MAGNITUDS DERIVADES QUE NO PERTANYEN AL SI
Superfície
1 hectàrea (ha) = 10.000 m^2
Volum
1 L = 1 dm^3; 1.000 L = 1 m^3
Densitat
1 g/L = 1 kg/m^3
Pressió
1 mmHg = 133,32 Pa
1 atm (atmosfera) = = 1.013,2 hPa
1 atm = 760 mmHg
Energia
1 kWh (quilowatt hora) = = $3{,}6 \cdot 10^6$ J

3. Magnituds i unitats

Per poder expressar dades experimentals cal:

- Conèixer les característiques de la matèria: les **magnituds**.
- Utilitzar els patrons de referència per a cada característica: les **unitats**.

Expressió dels resultats

Les **magnituds físiques** són les característiques o propietats de la matèria que es poden mesurar. Els resultats de les mesures s'expressen amb un nombre i una unitat. Per exemple, amb una proveta podem mesurar un volum de 20 cm^3 i en un termòmetre podem observar una temperatura de 12 °C.

Les **unitats** són patrons de referència triats prèviament per poder mesurar les diferents magnituds.

El sistema internacional d'unitats (SI). Magnituds fonamentals

Per unificar els valors de les dades experimentals a tot el món, es va crear un sistema internacional d'unitats (SI). Aquest sistema estableix set **magnituds fonamentals**:

Magnitud fonamental	Unitat	Símbol
Longitud	metre	m
Massa	quilogram	kg
Temps	segon	s
Temperatura	kelvin	K
Quantitat de substància	mol	mol
Intensitat de corrent	ampere	A
Intensitat lluminosa	candela	cd

Les magnituds derivades

La combinació de magnituds fonamentals ens permet expressar-ne d'altres que també s'utilitzen freqüentment. Són les anomenades **magnituds derivades**.

Magnitud derivada	Símbol	Unitat
Superfície	S	m^2
Volum	V	m^3
Densitat	d	kg/m^3
Velocitat	v	m/s
Acceleració	a	m/s^2
Força	F	N (newton) = $kg \cdot m/s^2$
Pressió	P	Pa (pascal) = N/m^2
Energia	E	J (joule) = $N \cdot m$

Coherència de les unitats

Quan treballem amb les equacions científiques, les unitats estan sotmeses a les mateixes operacions que els valors de les magnituds. Per exemple:

Volum d'un prisma = Àrea de la base × altura = 16 **m²** × 8 **m** = 128 **m³**

Densitat d'un cos = Massa : volum = 850 **kg** : 250 **m³** = 3,4 **kg/m³**

Espai recorregut = Velocitat × temps = 12 **m/s** × 20 **s** = 240 **m**

Si cal, les unitats de les diferents magnituds han d'adaptar-se per tal d'obtenir el resultat en les unitats que desitgem. En aquest sentit, hem de fer els canvis necessaris.

Exercici resolt

1. Calcula la densitat, en unitats SI, d'un cub metàl·lic que té una massa de 15.413,76 g i ocupa un volum de 1.728 cm³.

Com que volem trobar la densitat en unitats del SI (kg/m³), convertim les unitats de les dades i després apliquem l'equació de la densitat:

Massa: 15.413,76 g = 15,41376 kg

Volum: 1.728 cm³ = 0,001728 m³

$$d = \frac{15{,}41376\ \text{kg}}{0{,}001728\ \text{m}^3} = 8.920\ \frac{\text{kg}}{\text{m}^3}$$

ACTIVITATS

4 Anomena tres característiques de la matèria que es puguin mesurar i tres que no. Quines d'aquestes característiques són magnituds?

5 Digues quines magnituds i unitats es poden mesurar amb aquests instruments:

a) Un termòmetre
b) Una balança
c) Un cronòmetre

6 Expressa en segons les mesures de temps següents:

a) Mig minut
b) Un quart d'hora
c) Dues centèsimes de segon
d) Dues hores i 10 minuts

7 Efectua els canvis d'unitats següents:

a) 4 km a milles marines
b) 25 K a °C
c) 1.000 mg a kg
d) 4.827 m a milles terrestres
e) 0,85 t a kg
f) Mig dia a segons

8 Expressa les mesures següents en les unitats indicades:

a) 0,004 ha en m²
b) 8.900 L en m³
c) 755 mmHg en Pa

9 Troba l'espai recorregut per un cotxe que circula durant 15 minuts a 80 km/h. Expressa el resultat en:

a) km
b) m
c) Milles terrestres

4. Les mesures: sensibilitat, precisió i notació científica

Les característiques bàsiques que ens interessen d'un instrument són la precisió i la sensibilitat.

- La **precisió** d'un instrument és el valor mínim que podem apreciar quan mesurem una magnitud, i ve determinada per les unitats i divisions de la seva escala.
- La **sensibilitat** d'un instrument és la capacitat per detectar variacions de la magnitud que es mesura. Si pot detectar variacions molt petites, es tracta d'un instrument molt sensible. Per tant, la sensibilitat i la precisió estan molt relacionades.

Quan efectuem una mesura hem de ser conscients de les limitacions de l'instrument que fem servir i del marge d'error o incertesa que assumim.

Normalment, la **incertesa** d'una mesura es pot identificar amb la precisió de l'instrument. Per exemple, si un termòmetre té una precisió d'1 °C, la incertesa d'aquest instrument és de ±1 °C.

El **rellotge** i el **cronòmetre** ens permeten mesurar segons i centèsimes de segon, respectivament.

Quin d'aquests dos instruments té més precisió? I més sensibilitat?

La notació científica

La notació científica és molt útil per expressar quantitats molt grans o molt petites de manera breu i còmoda. Per exemple:

$$\text{Velocitat de la llum} \approx 300.000 \text{ km/s} = 3 \cdot 10^5 \text{ km/s}$$

$$\text{Diàmetre del virus de la grip} \approx 0{,}000000115 \text{ m} = 1{,}15 \cdot 10^{-7} \text{ m}$$

Per indicar dades o resultats en **notació científica**, escrivim les quantitats com un producte d'una xifra entera diferent de zero, seguida o no de decimals, per la potència de 10 que correspongui.

Múltiples i submúltiples

L'escala de múltiples i submúltiples del sistema internacional d'unitats ens permet expressar un camp de valors molt extens. També ens permet adaptar fàcilment resultats donats en notació científica a aquestes unitats.

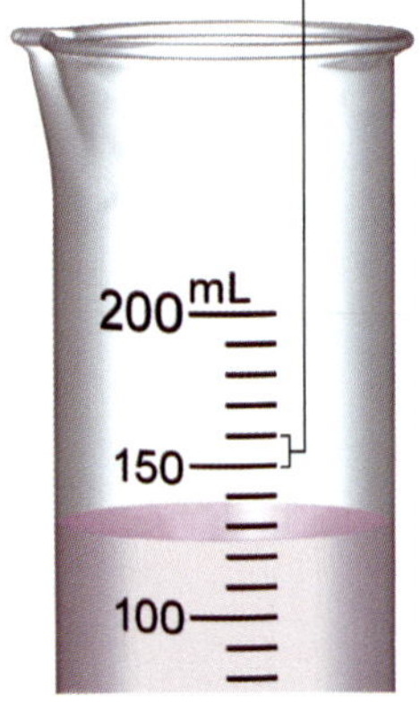

MÚLTIPLES DEL SI	
Prefix	**Factor**
yotta- (Y)	10^{24}
zetta- (Z)	10^{21}
exa- (E)	10^{18}
peta- (P)	10^{15}
tera- (T)	10^{12}
giga- (G)	10^{9}
mega- (M)	10^{6}
quilo- (q)	10^{3}
hecto- (h)	10^{2}
deca- (da)	10^{1}

SUBMÚLTIPLES DEL SI	
Prefix	**Factor**
deci- (d)	10^{-1}
centi- (c)	10^{-2}
mil·li- (m)	10^{-3}
micro- (μ)	10^{-6}
nano- (n)	10^{-9}
pico- (p)	10^{-12}
femto- (f)	10^{-15}
atto- (a)	10^{-18}
zepto- (z)	10^{-21}
yocto- (y)	10^{-24}

Exercicis resolts

2. Expressa la longitud de la molècula de glucosa ($7 \cdot 10^{-10}$ m) i la superfície de la Lluna ($3{,}8 \cdot 10^7$ m^2) amb el múltiple o submúltiple més adequat en cada cas.

Longitud de la molècula de glucosa:

$$7 \cdot 10^{-10}\ \text{m} = 700 \cdot \mathbf{10^{-12}}\ \text{m} = 700\ \mathbf{p}\text{m}$$

Superfície de la Lluna:

$$3{,}8 \cdot 10^{7}\ \text{m}^2 = 38 \cdot \mathbf{10^{6}}\ \text{m}^2 = 38\ \mathbf{M}\text{m}^2$$

3. Expressa les mesures següents en les unitats del SI de cada magnitud:

a) 58 μm

b) 350 Tg

c) 20.000 ns

a) 58 μm → $58 \cdot 10^{-6}$ m = $5{,}8 \cdot 10^{-5}$ m

b) 350 Tg → $350 \cdot 10^{12}$ g = $3{,}5 \cdot 10^{14}$ g

c) 20.000 ns → $20.000 \cdot 10^{-9}$ s = $2 \cdot 10^{-5}$ s

ACTIVITATS

10 Indica quina és la precisió en cada cas:

a) L'hora a la qual hem enviat un correu electrònic.

b) El nombre de revolucions del motor d'un cotxe.

11 Observa les escales graduades d'aquests instruments i indica la precisió i la incertesa de cadascun.

a)

b)

c)

12 Expressa en μm les mesures següents:

a) 0,00046 m b) 0,0000002 hm c) 2.000 nm

13 Expressa en m^3 les mesures següents:

a) 60.000 L b) 0,005 hm^3 c) 870.000 mL

14 Expressa en segons les mesures següents:

a) 5.400 ms b) 2 h 10 min c) 0,00095 Ms

15 La galàxia d'Andròmeda té una massa aproximada de $7{,}3 \cdot 10^{20}$ Et (exatones). Expressa aquesta dada en notació científica i en les unitats següents:

a) tones b) grams

16 Els insectes més petits dipositen ous de 200 ng de massa. Expressa aquesta dada en notació científica i en les unitats següents:

a) g b) kg c) pg

5. El tractament matemàtic de les dades

Quan fem servir lleis físiques o químiques en forma d'equacions utilitzem les matemàtiques. En aquest sentit, cal que:

- Dominem l'ús de la calculadora científica.
- Sapiguem canviar d'unitats amb factors de conversió.
- Recordem com s'aïlla una incògnita d'una equació.

La calculadora científica

Cal que coneguis molt bé les instruccions i el funcionament de la teva calculadora científica. L'hauràs d'utilitzar sovint per fer càlculs amb operacions bàsiques, incloses potències i arrels. També et caldrà treballar amb parèntesis i amb notació científica. Fixa't en els exemples següents:

Operació	Tecles que s'han de prémer	Resultat
$4 \cdot 10^{-6}$	4 EXP 6 - =	0,000004
$\frac{5}{2+7\cdot 10^{2}}$	5 ÷ (2 + 7 EXP 2) =	$\approx 7{,}12 \cdot 10^{-3}$

De vegades, convé fer operacions mentalment per estalviar-se passos amb la calculadora. Fixa't que la segona operació de l'exemple es pot resoldre com a: 5 : 702.

Canviem d'unitats: els factors de conversió

Quan resolguem problemes i ens interessi canviar d'unitat podem utilitzar un o més factors de conversió. Trobaràs exercicis resolts al web.

Un **factor de conversió** és una equivalència entre unitats expressada en forma de fracció, de manera que els valors del numerador i del denominador són equivalents. Per exemple, $\frac{1.000 \text{ m}}{1 \text{ km}}$ és un factor de conversió.

De fet, quan multipliquem per un factor de conversió estem multiplicant per 1, ja que els valors del numerador i el denominador són els mateixos, però expressats en unitats diferents.

Quan decidim els factors de conversió que hem d'utilitzar, hem de tenir en compte:

- **La unitat que volem canviar i la unitat que volem obtenir**. No és el mateix, per exemple, el factor de conversió $\frac{1.000 \text{ m}}{1 \text{ km}}$, que ens permet passar de km a m, que el factor de conversió $\frac{1 \text{ km}}{1.000 \text{ m}}$, que ens permet passar de m a km.
- **Si canviem unitats amb dues magnituds**. En aquest cas, hem d'utilitzar dos factors de conversió. Per exemple, quan vulguem transformar una densitat donada en g/cm^3 a kg/m^3, o una velocitat donada en km/h a la velocitat equivalent en m/s.
- **Expressar el resultat en unitats del SI**, en cas que no s'especifiqui en quines altres unitats s'ha de donar.

Exercicis resolts

4. La massa d'un glòbul vermell de la sang és, aproximadament, d'uns 90 pg. Expressa aquest valor en g.

Sabem que 1 pg = 10^{-12} g. El factor de conversió és: $\frac{10^{-12}\text{ g}}{1\text{ pg}}$

$$90\ \cancel{\text{pg}} \cdot \frac{10^{-12}\text{ g}}{1\ \cancel{\text{pg}}} = 90 \cdot 10^{-12}\text{ g} = 9 \cdot 10^{-11}\text{ g}$$

5. El límit de velocitat màxim per circular a les autopistes del nostre país és de 120 km/h. Expressa aquesta velocitat en m/s.

Sabem que 1 km = 1.000 m i que 1 h = 3.600 s. Els factors de conversió són: $\frac{1.000\text{ m}}{1\text{ km}}$ per passar de km a m i $\frac{1\text{ h}}{3.600\text{ s}}$ per passar d'hores a segons.

$$120 \cdot \frac{\cancel{\text{km}}}{\cancel{\text{h}}} \cdot \frac{1.000\text{ m}}{1\ \cancel{\text{km}}} \cdot \frac{1\ \cancel{\text{h}}}{3.600\text{ s}} = 33{,}3\text{ m/s}$$

Treballem amb equacions

En matemàtiques, per resoldre equacions apliquem unes normes que permeten aïllar el valor de la incògnita, la qual normalment s'indica amb la lletra *x*. Quan fem servir una equació en el camp de les ciències experimentals, la incògnita és el símbol d'una magnitud, i seguim les mateixes normes. Per exemple:

Aïllem el temps *t* de l'equació següent:

$$v = \frac{e}{t} \Rightarrow v \cdot t = e \Rightarrow t = \frac{e}{v}$$

Aïllem l'acceleració *a* de l'equació següent:

$$v_f = v_0 + a \cdot t \Rightarrow v_f - v_0 = a \cdot t \Rightarrow a = \frac{v_f - v_0}{t}$$

ACTIVITATS

17 Fes les operacions següents amb la calculadora:

a) (43 + 17) · 2,5 b) $\frac{240}{3{,}7 + 1{,}3}$ c) $4{,}5 \cdot 10^{-4} + 1{,}7 \cdot 10^{-3}$

18 Fes les operacions següents amb la calculadora i indica el resultat en notació científica:

a) 30.000 · 4,5 b) $0{,}000052 \cdot 3 \cdot 10^{-3}$ c) $(44{,}8 - 3{,}45) \cdot 10^{7}$

19 Fes servir factors de conversió per transformar:

a) 3,5 L a cm^3 b) 5,6 g/cm^3 a kg/m^3 c) 15,4 L/m^2 a mL/cm^2

d) 64 fm a m e) 52 Gm a mm f) $2{,}7 \cdot 10^3$ m/min a km/h

20 Substitueix les dades, aïlla la incògnita i calcula'n el valor:

Equació	Dades	Incògnita
$C = V/t$	$C = 20\ m^3/s$; $t = 12$ s	V
$e = e_0 + v \cdot t$	$e = 50$ m; $e_0 = 10$ m; $v = 5$ m/s	t
$v^2 - 2ah = 0$	$a = 10\ m/s^2$; $h = 90$ m	v

Activitats interactives

6. L'organització de les dades

Quan preparem i fem un experiment cal pensar de quina manera prendrem les mesures, anotarem les dades i obtindrem els resultats. Per organitzar les dades i extreure'n uns resultats fem servir les **taules** i les **representacions gràfiques**.

Organitzem les dades: les taules de valors

En els casos més freqüents anotarem els valors de dues magnituds, que expressarem en les unitats del SI.

Per exemple, si mesurem espai (*e*) i temps (*t*), traslladarem les dades a una taula de valors:

Magnituds	Mesures					
***e* (m)**	0	0,5	1	1,5	2	2,5
***t* (s)**	0	1	2	3	4	5

Quan preparem una taula hem de tenir en compte:

- No incorporar a la taula cap parell de valors que ens sembli que s'allunya de la relació entre les magnituds observades en la resta de mesures. En aquest cas, no anotaríem un sisè parell de valors 3 m – 4 s, ja que el que caldria esperar seria el parell 3 m – 6 s.
- Fer un nombre suficient de mesures. Com a criteri general, si disposem de més valors, augmentarà la fiabilitat dels resultats.

Per **representar gràfics** podem utilitzar:

- Paper mil·limetrat: paper que ens permet apreciar les unitats d'escala i les dècimes parts d'aquestes unitats.
- Programes informàtics com ara *Excel* o *Derive*, en què introduint la taula de valors o la fórmula, tenim accés al gràfic corresponent.

Representem les dades: els gràfics

Amb els gràfics donem sentit a les mesures indicades a les taules. Si veiem cada parell de valors com un punt, ens és més fàcil deduir la relació que hi ha entre les dues magnituds representades i establir una llei o una equació.

Fem el gràfic corresponent a la taula de valors espai-temps anterior:

1. Dibuixem un pla cartesià i assignem a cada eix una magnitud, la seva unitat i una escala de valors.

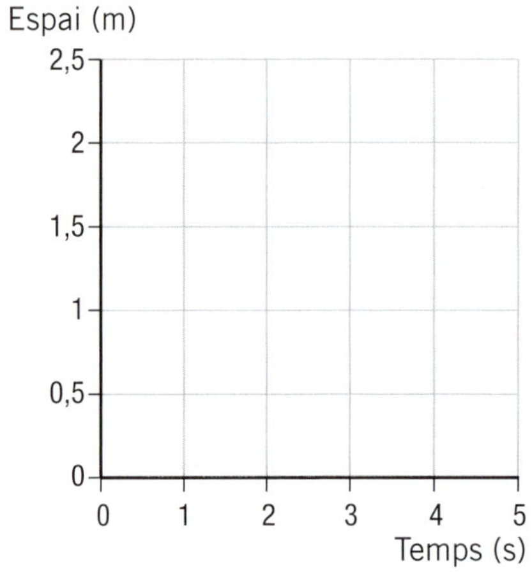

2. Representem els punts corresponents als parells de valors de la taula i els unim. En aquest cas, el gràfic és una línia recta.

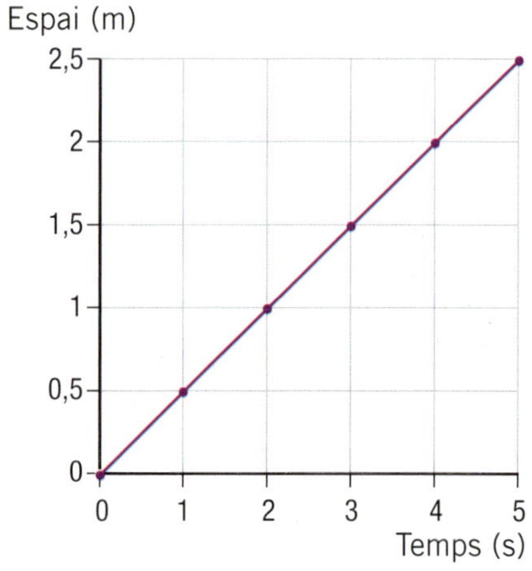

Tipus de gràfics

- **La representació gràfica és una recta**

  A aquest tipus de gràfic hi correspon una funció matemàtica anomenada *funció de proporcionalitat directa*, l'expressió matemàtica de la qual és:

  $$y = k \cdot x$$

  Quan obtenim una recta, això ens indica que les dues magnituds són directament proporcionals. És a dir, al doble de l'una li correspon el doble de l'altra; a la meitat, la meitat; al triple, el triple... Pots consultar-ho al web.

- **La representació gràfica és una hipèrbola**

  La hipèrbola és una corba especial pròpia d'una funció matemàtica anomenada *funció de proporcionalitat inversa*, la qual correspon a l'expressió:

  $$y = \frac{k}{x}$$

  Aquest tipus de gràfic indica que les dues magnituds són inversament proporcionals. És a dir, al doble de l'una li correspon la meitat de l'altra; a la meitat, el doble; al triple, un terç...

Per **representar variables** hem de tenir en compte que:

- La variable aïllada o dependent es representa a l'eix vertical (eix d'ordenades).
- L'altra variable, la variable independent, es representa a l'eix horitzontal, és a dir, l'eix d'abscisses.

Exercicis resolts

6. La taula següent recull les mesures de la massa de diferents volums d'una substància.

Volum (m^3)	1	2	3	4	5
Massa (kg)	1,5	3	4,5	6	7,5

a) Fes la representació gràfica i escriu l'equació corresponent.

b) Quina és la densitat d'aquesta substància?

a)

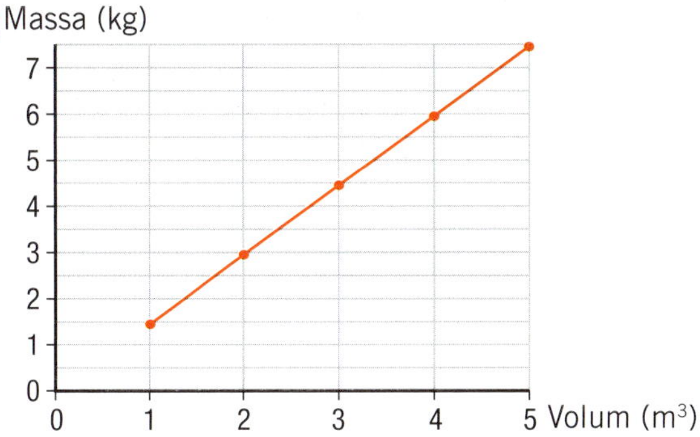

La representació gràfica és una recta que passa per l'origen de coordenades. Per tant, hi ha una relació de proporcionalitat directa entre les dues magnituds. L'equació matemàtica de la recta és: $m = 1{,}5 \cdot V$

b) $d = \frac{m}{V} = \frac{1{,}5\ \text{kg}}{1\ \text{m}^3} = 1{,}5\ \text{kg/m}^3$

7. La taula següent recull els diferents volums que ocupa un gas en sotmetre'l a diferents pressions, sense variar-ne la temperatura.

Volum (L)	0,5	1	2	4	8
Pressió (atm)	8	4	2	1	0,5

Fes la representació gràfica i escriu l'equació corresponent.

La representació gràfica és una corba anomenada hipèrbola. Per tant, hi ha una relació de proporcionalitat inversa entre les dues magnituds.

L'equació matemàtica de la corba és:

$$P = \frac{4}{V}$$

Experimenta

Estudi de l'allargament d'una molla en funció de la massa penjada a l'extrem.

1. Muntem un dispositiu com el que es veu a la figura.

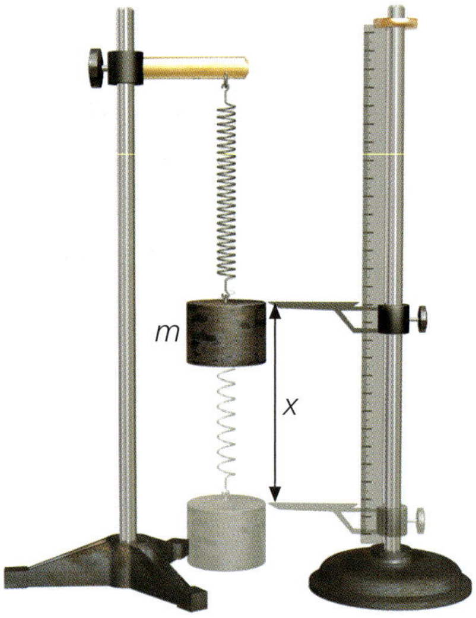

2. Agafem cinc masses de valors diferents. Pengem cadascuna d'aquestes masses a l'extrem de la molla i mesurem l'allargament que experimenta. Disposem les dades en una taula com aquesta.

Allargament (cm)	Massa (g)
2	10
4	20
6	30
8	40
10	50

3. Fem la representació gràfica de la taula de valors.

   Observem que hi ha una relació de proporcionalitat directa entre les dues magnituds.

   Per tant, l'equació que expressa la relació entre la massa, m, suspesa de la molla i l'allargament produït, x, és:

$$m = 5 \cdot x$$

   Podem afirmar, doncs, que aquestes dues magnituds són directament proporcionals.

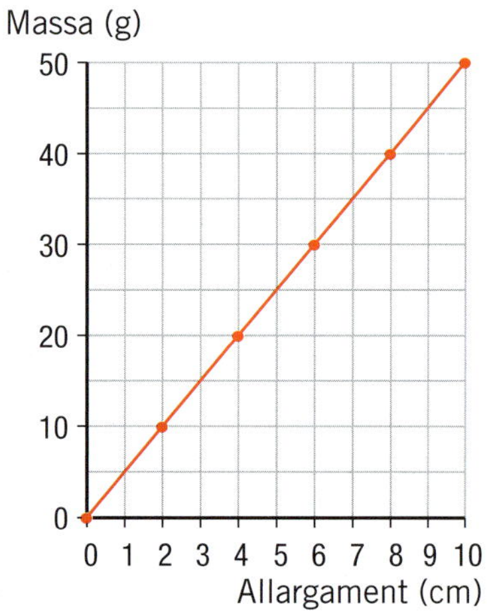

ACTIVITATS

21 La relació entre el cabal d'aigua C (L/s) i el temps t (s) que es necessita per omplir una garrafa de 8 L ve donada per l'equació:

$$C = \frac{8}{t}$$

- **a)** El cabal i el temps són directament o inversament proporcionals?
- **b)** Elabora una taula de valors i fes la representació gràfica.

22 Fes piles de 5, 10, 15 i 20 monedes de 0,20 euros. Mesura l'altura de cada pila de monedes amb un regle.

- **a)** Elabora una taula de valors amb el nombre de monedes i l'altura de la pila.
- **b)** Fes la representació gràfica amb els valors de la taula i escriu l'equació que la representa.
- **c)** Pots dir quin és el gruix de cada moneda de 0,20 euros?

1. Les ciències experimentals

1 Indica quins dels exemples següents són canvis físics i quins són canvis químics.

a) La combustió de la fusta és un procés exotèrmic.

b) El ciclista ha arribat als 50 km/h.

c) L'oli no es pot barrejar amb l'aigua.

d) En escalfar-se la cera de l'espelma passa a l'estat líquid.

e) L'acceleració d'un cotxe és de 3,47 m/s^2.

f) El sabó s'obté a partir de la sosa (NaOH) i productes d'origen vegetal.

2 Indica quines de les afirmacions següents són científiques i quines no.

a) Aquesta moto pot ser que arribi als 100 km/h.

b) La cilindrada d'aquesta moto és de 250 cc.

c) El motor de la moto és de 2 temps.

d) La moto fa poc soroll.

3 Llegeix aquest anunci de Lipimin i respon les preguntes següents:

APRIMA'T EN POCS DIES AMB LIPIMIN

Aquest preparat en forma de xarop serà la solució als teus problemes de greix. Després de molts experiments, hem trobat el producte que necessitaves per reduir el teu pes d'una manera natural i sense esforços!

Xarop extret de plantes medicinals i que amb una sola ingestió cada matí et permetrà continuar la teva vida habitual reduint aquests greixos que et sobren. Oblida't de les dietes i d'esforços físics extraordinaris i fes ja la comanda d'aquest producte que solucionarà els teus maldecaps amb el pes.

a) Et sembla que aquest tipus d'anuncis contenen afirmacions científiques?

b) En què penses que es basen aquests anuncis?

c) Els resultats esperats et semblen creïbles?

d) Indica un altre tipus d'anunci que consideris que es basa en la mateixa lògica.

2. Les etapes del mètode científic

4 Ordena les pautes següents, que indiquen els passos del mètode científic.

a) Presentar i estudiar les dades obtingudes.

b) Fer-se preguntes.

c) Establir lleis i teories.

d) Plantejar hipòtesis.

e) Fer experiments.

5 L'equip de música no llegeix els CD. Planteja els passos que seguiries per solucionar el problema relacionant-los amb les etapes del mètode científic.

3. Magnituds i unitats

6 Indica quin dels elements següents es pot considerar una magnitud.

a) La llum emesa per un fanal.

b) La bellesa d'un paratge natural.

c) El temps que trigues a arribar al col·legi.

d) La velocitat de descàrrega d'arxius d'Internet.

e) L'alegria per rebre un regal.

7 Indica quins dels elements següents són unitats i quins magnituds.

a) La massa

b) L'euro

c) La tona

d) La densitat

e) El minut

8 Analitza la definició de la unitat de longitud del sistema internacional: el metre.

El metre és la distància recorreguda per la llum en el buit durant un interval d'1/299.792.458 segons.

a) Investiga quina és la procedència de la paraula metre.

b) Anomena unitats que coneguis que s'utilitzin en altres llocs per mesurar la longitud i indica'n l'equivalència amb el metre.

9 Relaciona les magnituds amb les seves unitats.

A. Longitud	**1.** candela (cd)
B. Massa	**2.** quilogram (kg)
C. Temps	**3.** segon (s)
D. Intensitat de corrent	**4.** kelvin (K)
E. Temperatura	**5.** ampere (A)
F. Intensitat lumínica	**6.** metre (m)
G. Quantitat de substància	**7.** mol (mol)

10 Indica quines d'aquestes magnituds són fonamentals i quines són derivades.

a) La velocitat dels ciclistes.

b) La quantitat de farina utilitzada en un pastís.

c) La temperatura de l'habitació.

d) L'àrea d'un camp de futbol.

e) El volum d'una ampolla d'aigua.

11 Assenyala quines són les magnituds fonamentals que formen les magnituds derivades següents:

a) El volum
b) La força
c) La velocitat
d) La pressió
e) La densitat
f) L'acceleració

12 Expressa les unitats fonamentals següents en unitats del SI:

a) 34 min
b) 34 milles marines
c) 25 °C
d) 4 tones

13 Expressa les unitats derivades següents en unitats del SI.

a) 34 L
b) 4 atm
c) 43 kWh
d) 3,4 ha

4. Les mesures: sensibilitat, precisió i notació científica

14 La pipeta és un instrument que permet mesurar volums amb força precisió. Indica la precisió d'aquesta pipeta graduada en mil·lilitres.

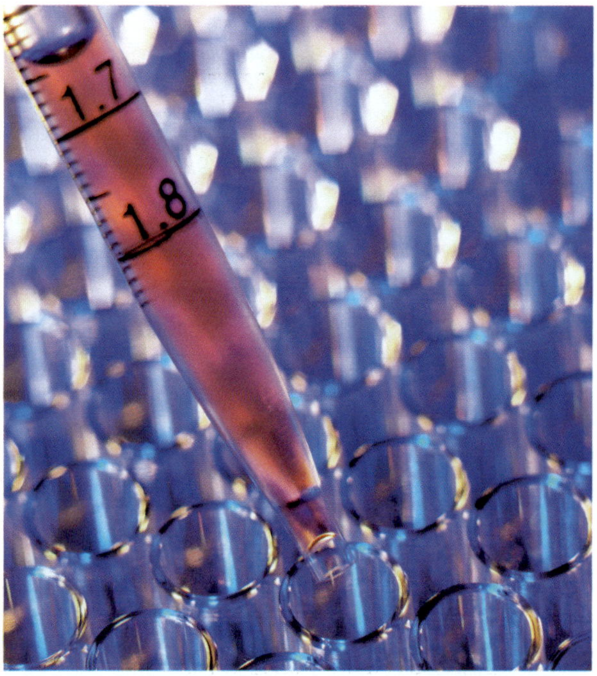

15 Ordena de més a menys sensibilitat els instruments de mesura de temps següents:

a)

b)

c)

16 Expressa en notació científica les mesures que s'indiquen a continuació:

a) 0,00045 s

b) 16.746.234 m

c) 300.000.000 m/s

d) 0,00000542 g

17 Expressa les mesures següents amb el múltiple o submúltiple més adequat en cada cas:

a) $3,4 \cdot 10^{-6}$ s

b) $14,5 \cdot 10^{2}$ m

c) $7 \cdot 10^{9}$ N

d) $7,2 \cdot 10^{-3}$ Pa

18 Expressa les mesures següents en unitats del SI aplicant la notació científica:

a) 3.700 hm

b) 195.900 g

c) 0,000056 ms

d) 0,00045 MJ

19 Expressa les mesures següents en forma decimal:

a) $3,44 \cdot 10^{3}$ m^2

b) $934,56 \cdot 10^{-4}$ kg

c) $302,1 \cdot 10^{-5}$ m/s

d) $29,4 \cdot 10^{2}$ s

5. El tractament matemàtic de les dades

Exercici resolt

8. Expressa en unitats del SI les mesures de les densitats dels materials següents:

   a) Oli: 920 g/L

   b) Fusta: 7,5 hg/dam^3

   c) Alumini: 2.700.000 g/m^3

   d) Aigua: 1 kg/L

   La unitat fonamental de massa en el SI és el kg. Hauràs d'utilitzar les equivalències següents:

   $$1 \text{ kg} = 1.000 \text{ g};\ 1 \text{ kg} = 10 \text{ hg}$$

   La unitat fonamental de volum en el SI és el m^3. Hauràs d'aplicar les equivalències següents:

   $$1 \text{ m}^3 = 1.000 \text{ L};\ 1 \text{ dam}^3 = 1.000 \text{ m}^3$$

   a) Oli: $920 \frac{\cancel{g}}{\cancel{L}} \cdot \frac{1 \text{ kg}}{1.000 \cancel{g}} \cdot \frac{1.000 \cancel{L}}{1 \text{ m}^3} = 920 \frac{\text{kg}}{\text{m}^3}$

   b) Fusta: $7,5 \frac{\cancel{hg}}{\cancel{dam^3}} \cdot \frac{1 \text{ kg}}{10 \cancel{hg}} \cdot \frac{1 \cancel{dam^3}}{1.000 \text{ m}^3} = 750 \frac{\text{kg}}{\text{m}^3}$

   c) Alumini: $2.700.000 \frac{\cancel{g}}{\text{m}^3} \cdot \frac{1 \text{ kg}}{1.000 \cancel{g}} = 2.700 \frac{\text{kg}}{\text{m}^3}$

   d) Aigua: $1 \frac{\text{kg}}{\cancel{L}} \cdot \frac{1.000 \cancel{L}}{1 \text{ m}^3} = 1.000 \frac{\text{kg}}{\text{m}^3}$

20 Expressa les mesures següents en unitats del SI utilitzant factors de conversió:

a) 56,2 ms

b) 102,38 km/min

c) 405,32 g/L

d) 24 hm^2

21 Aïlla i calcula, en cada cas, el valor de les incògnites a partir de les dades aportades:

a) $a = 12 + 23 \cdot t$; $a = 23$

b) $d = \frac{24}{V}$; $d = 70$

c) $P = \frac{45}{S}$; $P = 12$

d) $F = 67 + m \cdot 0,12$; $F = 100$

22 Resol les operacions següents amb la calculadora i expressa el resultat en notació científica.

a) $16,5 \cdot 10^2 - 24$

b) $80 \cdot 0,02 - \frac{20 \cdot 10^2}{64 \cdot 10^4}$

c) $\frac{2^2 \cdot (-3)^3 + 10 \cdot 9^2}{4,3 - 3,8 \cdot 0,1}$

d) $\sqrt{\frac{21 \cdot 78}{3^2 \cdot 5}}$

23 S'han realitzat mesuraments amb diferents instruments. Obtén el total de cadascun:

a) 0,023 km + 34,3 dam + $30,2 \cdot 10^{-3}$ dm

b) 27,2 min + 0,45 h + 300 s

c) 23,1 m^2 + 0,0034 km^2 + 450.000 cm^2

d) 71 hg + 43 kg + $8,3 \cdot 10^7$ g

6. L'organització de les dades

Exercici resolt

9. Les dades de la taula següent relacionen la velocitat d'un cotxe amb el seu consum.

Velocitat (km/h)	30	60	90
Consum (L/100 km)	2,5	5	7,5

   a) Representa gràficament les dades de la taula.

   b) Indica quin tipus de funció és.

   c) Quin és el valor mitjà de la relació entre velocitat i consum?

   d) Quina és l'equació de la funció?

   a)
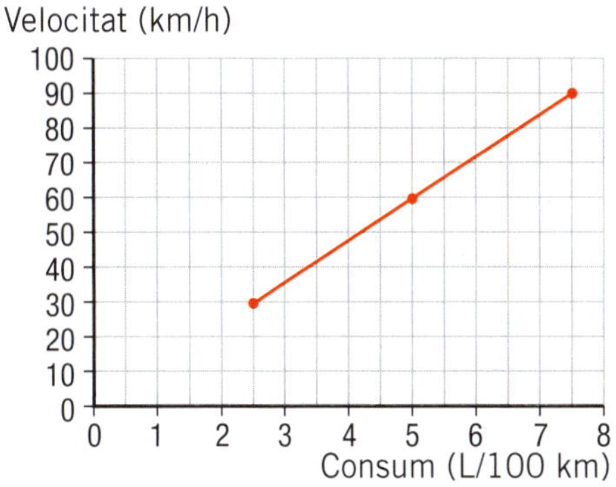

   b) És una funció de proporcionalitat directa.

   c) $\frac{30}{2,5} = \frac{60}{5} = \frac{90}{7,5} = 12$

   d) Velocitat = 12 · consum

24 La taula següent recull les mesures de les acceleracions que assoleixen diverses pilotes en ser colpejades per una màquina en funció de la seva massa.

Acceleració (m/s^2)	15	10	6	3
Massa (kg)	2	3	5	10

a) Representa gràficament les dades de la taula.

b) Indica quin tipus de funció és.

c) Quina és la força exercida per la màquina?

d) Quina és l'equació de la funció?

FORMULACIÓ

1. Formulació química

La **formulació** és el conjunt de normes que permet assignar un nom i una fórmula a cada substància. La **fórmula** ens indica quins àtoms dels elements formen la substància i en quina proporció estan.

Els compostos es formen perquè l'energia dels àtoms neutres disminueix respecte a l'energia del compost que formen: tendeixen a formar ions per adoptar una configuració electrònica de gas noble. També poden, però, compartir electrons. Per tant, quan formen un compost, els àtoms perden, guanyen o comparteixen electrons.

València d'un element

La **valència** d'un element representa el nombre d'àtoms d'hidrogen que es combinen amb un àtom de l'element. Així, l'àtom d'oxigen té valència 2, perquè quan formen un compost amb l'hidrogen, H_2O, hi intervenen dos àtoms d'hidrogen. L'àtom de carboni té valència 4, perquè forma amb l'hidrogen el compost CH_4.

La valència d'un element està determinada pel nombre d'electrons que l'àtom perd, guanya o comparteix i, per tant, per la posició d'aquest element a la taula periòdica. Hi ha molts elements que tenen més d'una valència.

Nombre d'oxidació

El **nombre d'oxidació** d'un element que forma un compost és el nombre (positiu o negatiu) que representa la càrrega que tenen els seus àtoms en aquest compost. Coincideix, en valor absolut, amb la seva valència.

Així, doncs, la valència i el nombre d'oxidació són termes molt relacionats. Tot i així, es tendeix a utilitzar el nombre d'oxidació.

- Els elements dels grups 1 i 2 i alguns altres tenen només un nombre d'oxidació.

	1	2	3	4	5	6	7	8	9	10	11	12	13	14	15	16	17	18
1	H +1,−1																	
2	Li +1	Be +2											B +3,−3	C +2,+4 −4	N +1,+2,+3 +4,+5,−3	O −2	F −1	
3	Na +1	Mg +2											Al +3	Si +4,−4	P +3,+5, −3	S +2,+4,+6 −2	Cl +1,+3,+5, +7, −1	
4	K +1	Ca +2				Cr +2,+3,+6	Mn +2,+3,+4, +6,+7	Fe +2,+3	Co +2,+3	Ni +2,+3	Cu +1,+2	Zn +2	Ga +3	Ge +2,+4	As +3,+5,−3	Se +4,+6, −2	Br +1,+3,+5, +7,−1	
5	Rb +1	Sr +2								Pd +2, +4	Ag +1	Cd +2	In +3	Sn +2,+4	Sb +3,+5,−3	Te +2,+4,+6, −2	I +1,+3,+5, +7,−1	
6	Cs +1	Ba +2								Pt +2,+4	Au +1,+3	Hg +1,+2	Tl +1,+3	Pb +2,+4	Bi +3,+5	Po	At	
7	Fr	Ra +2																

- Tots els nombres d'oxidació dels metalls són positius.
- Els no-metalls, menys el fluor i l'oxigen, tenen nombres d'oxidació positius i negatius.
- Els elements del grup 18, els gasos nobles, no tenen nombre d'oxidació, perquè no formen compostos amb altres elements

1.1 Criteris bàsics de formulació

Per formular hem de tenir en compte que:

- La suma dels nombres d'oxidació dels elements en el compost ha de ser 0. Per saber la càrrega que aporta cada element al compost, multipliquem el nombre d'àtoms d'aquest element pel seu nombre d'oxidació.

  Per exemple:

  $$Li_2O \Rightarrow 2 \cdot (+1) + 1 \cdot (-2) = 0$$
  $$Al_2S_3 \Rightarrow 2 \cdot (+3) + 3 \cdot (-2) = 0$$

- El subíndex 1 no s'escriu, i sempre que es pugui, se simplifiquen els subíndexs.
- Els símbols dels elements amb nombre d'oxidació positiu es col·loquen en primer lloc, i els que tenen nombre d'oxidació negatiu, en segon lloc.
- Podem intercanviar els nombres d'oxidació sense signe de cada element, que es transformen en subíndexs.
- També podem aplicar directament el principi de compensació de les càrregues: la càrrega total del compost ha de ser 0.

1.2 Tipus de nomenclatures

La IUPAC (Unió Internacional de Química Pura i Aplicada) ha establert la normativa per formular d'acord amb la llengua anglesa.

Els noms dels compostos s'expressen de dreta a esquerra, a l'inrevés de l'ordre dels símbols de la fórmula. Per exemple, MgO s'anomena òxid de magnesi, o KCl s'anomena clorur de potassi.

Podem formular els compostos segons tres nomenclatures diferents: la **sistemàtica**, la de **Stock** i la **tradicional**. Habitualment es fan servir les dues primeres, ja que la tradicional no està recomanada per la IUPAC.

- **Nomenclatura sistemàtica**. El nombre d'àtoms o ions presents a la fórmula s'indica amb els prefixos **mono**- (1), **di**- (2), **tri**- (3), **tetra**- (4), **penta**- (5), **hexa**- (6), **hepta**- (7). El prefix **mono**- no es fa servir habitualment.
- **Nomenclatura de Stock**. Es fan servir els números romans entre parèntesis per indicar els nombres d'oxidació positius dels elements que hi ha a l'esquerra de la fórmula. Si l'element només actua amb un nombre d'oxidació, s'anomena tan sols l'element, sense el número romà.

Fórmula	Nomenclatura sistemàtica	Nomenclatura de Stock
Cl_2O_7	Heptaòxid de diclor	Òxid de clor (VII)
FeH_3	Trihidrur de ferro	Hidrur de ferro (III)
Au_2S_3	Trisulfur de dior	Sulfur d'or (III)
$SiBr_4$	Tetrabromur de silici	Bromur de silici (IV)

ACTIVITATS

1. Escriu les fórmules dels compostos següents, a partir dels seus ions:

   a) Hidrur de calci: Ca^{2+} H^{-}
   b) Òxid de platí (IV): Pt^{4+} O^{2-}
   c) Fluorur de sofre (VI): S^{+6} F^{-}
   d) Òxid de potassi: K^{+} O^{2-}

Formulació dels òxids

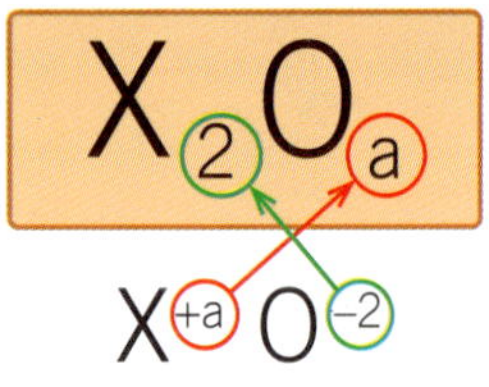

X: metall o no-metall

2. Compostos binaris

Són compostos formats per **dos elements diferents**. Els principals són: els **òxids**, els **hidrurs**, els **hidràcids** i les **sals binàries**.

2.1 Els òxids

Són compostos binaris formats per la combinació de qualsevol element amb l'oxigen. L'**oxigen** actua sempre amb **nombre d'oxidació (–2)** i, per tant, s'escriu a la dreta de la fórmula. Per formular els òxids utilitzem gairebé sempre les nomenclatures sistemàtica i de Stock.

Nomenclatura de Stock	Nomenclatura sistemàtica
S'anomenen amb les paraules *òxid de* seguides del nom de l'element, indicant entre parèntesis el seu nombre d'oxidació (si en té més d'un) en números romans.	S'anomenen amb un prefix seguit de les paraules *òxid de* (indica el nombre d'àtoms d'oxigen) i un altre prefix seguit del nom de l'element (indica el nombre d'àtoms d'aquest element).
Per exemple: Fe_2O_3: Òxid de ferro (III) PbO_2: Òxid de plom (IV) SiO_2: Òxid de silici (IV) Na_2O: Òxid de sodi	Per exemple: Fe_2O_3: Triòxid de diferro PbO_2: Diòxid de plom SiO_2: Diòxid de silici Na_2O: Òxid de disodi

2.2 Els hidrurs

Són compostos binaris formats per la combinació de l'hidrogen amb un metall. En aquests compostos, l'**hidrogen** actua sempre amb **nombre d'oxidació (–1)** i, per tant, s'escriu sempre a la dreta de la fórmula.

Nomenclatura de Stock	Nomenclatura sistemàtica
S'anomenen amb les paraules *hidrur de* seguides del nom del metall, indicant entre parèntesis el seu nombre d'oxidació (si en té més d'un) en números romans.	S'anomenen amb un prefix, que indica el nombre d'àtoms d'hidrogen, seguit de les paraules *hidrur de* seguides del nom del metall.
Per exemple: BaH_2: Hidrur de bari FeH_3: Hidrur de ferro (III) PtH_4: Hidrur de platí (IV) LiH: Hidrur de liti	Per exemple: BaH_2: Dihidrur de bari FeH_3: Trihidrur de ferro PtH_4: Tetrahidrur de platí LiH: Hidrur de liti

Formulació dels hidrurs

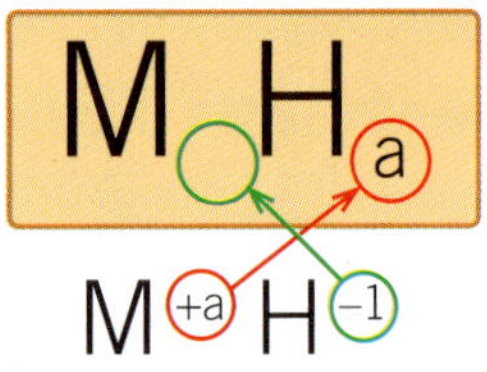

M: metall

ACTIVITATS

2 Completa la taula al teu quadern:

Fórmula	Nomenclatura sistemàtica	Nomenclatura de Stock
MnO_2		
Ag_2O		
	Monòxid de ferro	
N_2O_3		
		Òxid de mercuri (II)
	Triòxid de diclor	
		Hidrur de magnesi
CoH_2		
	Trihidrur de cobalt	

2.3 Els hidràcids

Són compostos binaris formats per la combinació de l'hidrogen amb els no-metalls dels grups 16 i 17 de la taula periòdica, que actuen amb el seu nombre d'oxidació negatiu. En aquests casos, l'**hidrogen** actua sempre amb **nombre d'oxidació (+1)** i, per tant, s'escriu sempre a l'esquerra de la fórmula.

Encara que són gasos a temperatura ambient, les seves dissolucions aquoses tenen caràcter àcid; per això s'anomenen hidràcids.

Formulació dels hidràcids

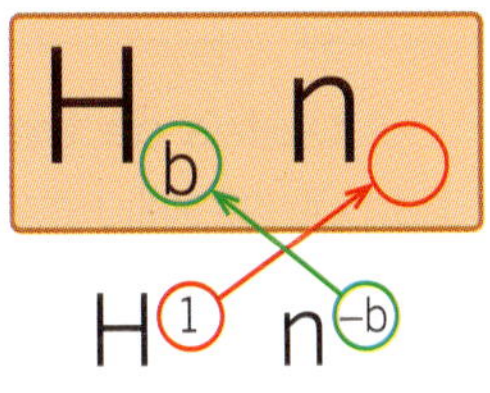

n: no-metall

Nomenclatura de Stock	Nomenclatura sistemàtica
S'anomenen amb el nom del no-metall amb el sufix *–ur* seguit de l'expressió *d'hidrogen*. Els hidràcids dels elements del grup 16 tenen 2 hidrògens a la fórmula i, per tant, s'hi incorpora el prefix *di–*.	Si el gas està dissolt en aigua, s'anomena indicant la paraula *àcid* seguida de l'arrel del no-metall amb el sufix *–hídric*.
Per exemple: HF: Fluorur d'hidrogen H_2S: Sulfur de dihidrogen	Per exemple: HF: Àcid fluorhídric H_2S: Àcid sulfhídric

2.4 Les sals binàries

Les sals binàries estan formades per un metall i un no-metall, que actua amb el seu nombre d'oxidació negatiu. Si substituïm els hidrògens d'un hidràcid per un metall, es forma una sal binària. El metall actua amb grau d'oxidació positiu i se situa a l'esquerra de la fórmula.

Nomenclatura de Stock	Nomenclatura sistemàtica
Després del no-metall amb sufix *–ur*, s'hi indica la preposició *de* i el nom del metall seguit del nombre d'oxidació amb què actua (en el cas que en tingui més d'un).	S'anomenen amb el nom del no-metall amb el sufix *–ur* i, si cal, el prefix corresponent que indica el nombre d'àtoms. En segon lloc, s'anomena el metall, si cal amb el prefix del nombre d'àtoms.
Per exemple: $FeBr_2$: Bromur de ferro (II) Ni_2S_3: Sulfur de níquel (III)	Per exemple: $FeBr_2$: Dibromur de ferro Ni_2S_3: Trisulfur de diníquel

ACTIVITATS

3 Completa la taula al teu quadern:

Fórmula	Nomenclatura sistemàtica	Nomenclatura de Stock
		Clorur d'hidrogen
HBr		
		Seleniur d'hidrogen
HI		
KBr		
		Iodur de potassi
$FeCl_3$		
	Difluorur de bari	
PbO		
	Triclorur d'alumini	
		Sulfur de ferro (II)

Formulació de les sals binàries

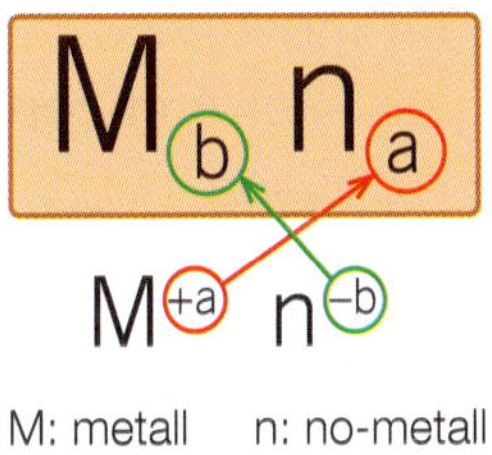

M: metall n: no-metall

TREBALL AL LABORATORI

Normes de seguretat

- Les **taules de treball** dels laboratoris escolars han d'estar lliures i només hi ha d'haver el material que s'estigui fent servir.
- Cal controlar el **funcionament** dels aparells d'acord amb les indicacions del professor.

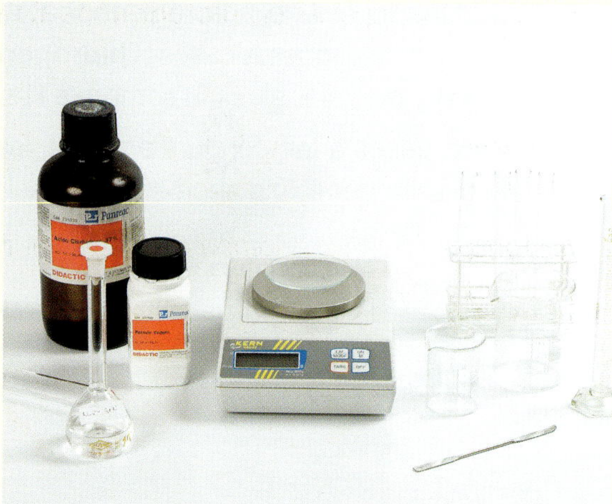

- Quan la situació ho requereixi, i sempre segons el criteri del professor, s'ha de treballar amb la **protecció** adequada.
  - L'ús d'ulleres o guants evita possibles esquitxades d'agents irritants o corrosius, com els àcids o les bases.
  - Si hi ha risc d'emetre gasos a l'ambient, els experiments s'han de fer en campanes d'extracció.

- És important extremar les precaucions quan es facin servir **encenedors de gas**. L'encesa i l'apagada han de ser supervisades pel professor.
  - Així mateix, si l'encenedor ho permet, el professor supervisarà prèviament la qualitat de la flama perquè el subministrament d'oxigen sigui l'adequat i no es produeixin males combustions i el despreniment consegüent de gasos tòxics.

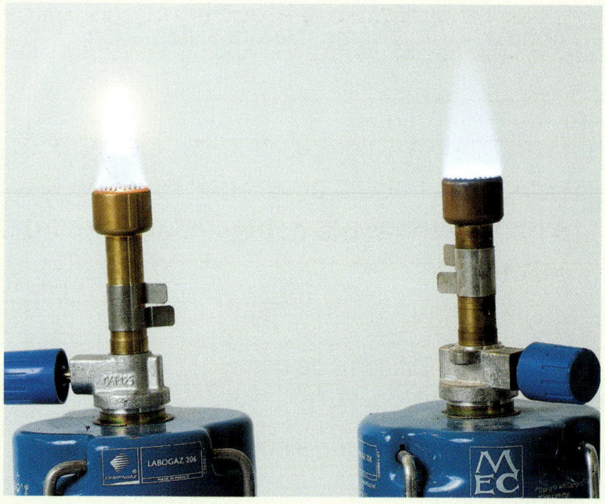

- És important conèixer els **pictogrames de perillositat** dels diversos productes químics.

Explosiu

Comburent

Inflamable

Perillós per aspiració

Perillós per al medi ambient aquàtic

Gas

Corrosiu

Irritació cutània

Toxicitat aguda

- No és correcte tocar els productes químics amb la mà, encara que siguin innocus. S'han d'utilitzar les espàtules i els recipients adequats, i després de manipular-los, cal rentar-se les mans amb molta cura.
- Mai no s'han de tastar els productes químics. Si cal olorar-los, no ho farem directament, sinó dirigint amb la mà una petita part dels vapors cap al nas.

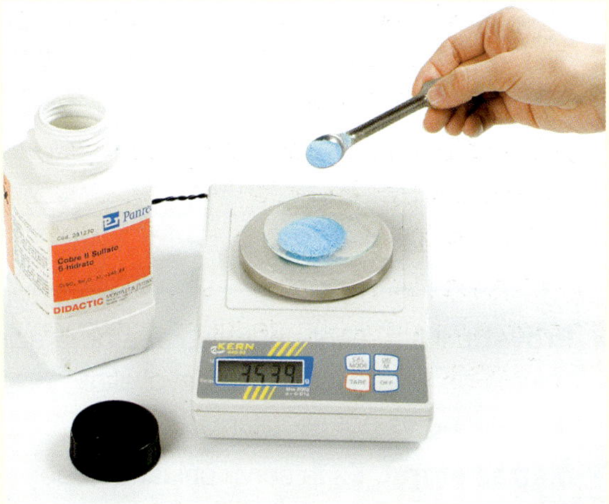

- Qualsevol **muntatge elèctric** requereix la supervisió del professor abans de posar-lo en funcionament.
- Com a norma general i encara que gairebé sempre es treballa amb tensions no perilloses, **no s'han de tocar els cables ni els terminals elèctrics**.

TREBALL AL LABORATORI

Material del laboratori de química

- **Tub d'assaig**. S'utilitza per dipositar-hi petites mostres de líquids o per fer-hi proves. Es pot escalfar si no està graduat.
- **Vas de precipitats**. Serveix per dipositar-hi sòlids o líquids, fer mescles i reaccions químiques. Mesura volums de manera aproximada. Es pot escalfar.

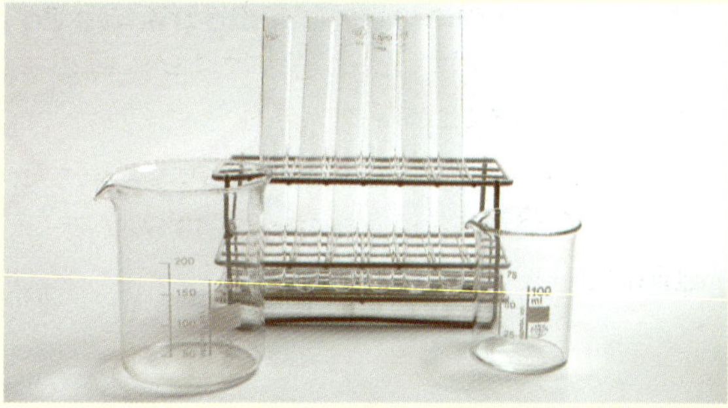

- **Erlenmeyer**. Té la mateixa funció que el vas de precipitats. La boca més estreta permet agitar els líquids que conté sense que es vessin.
- **Matràs**. Serveix per contenir o fer bullir líquids i per fer reaccions a temperatures altes.

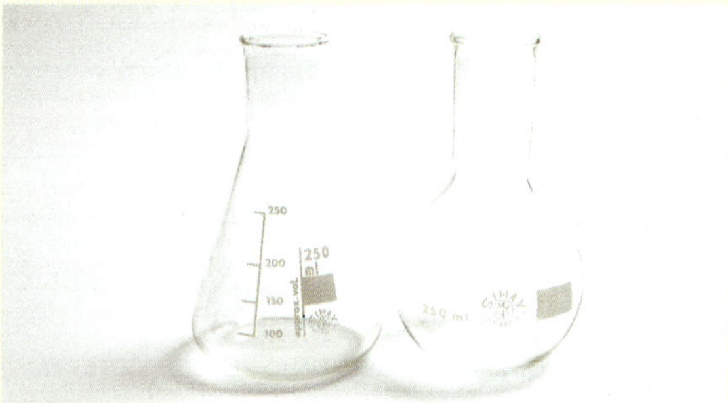

- **Proveta**. Instrument per mesurar amb precisió volums de líquids. Com qualsevol altre vidre graduat, no es pot escalfar.
- **Matràs aforat**. Es fa servir únicament per preparar i emmagatzemar dissolucions. No es pot escalfar, ja que variaria la mesura exacta de la seva capacitat.

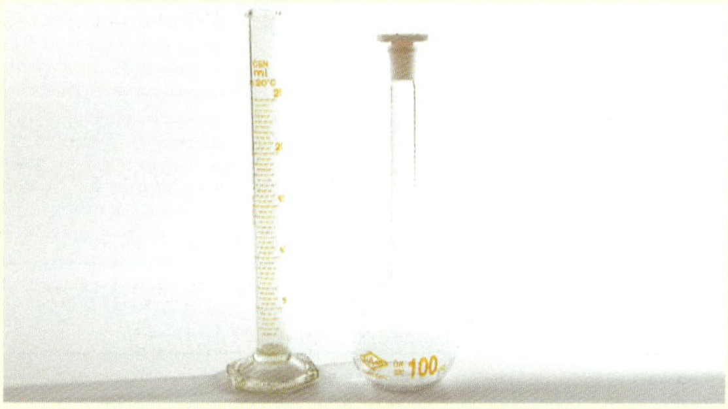

- **Pipeta**. Instrument que permet transvasar quantitats petites de líquids. Quan conté líquids perillosos o desconeguts s'ha de fer servir amb un pipetejador.
- **Bureta**. És útil per mesurar líquids amb precisió. El líquid que surt es controla mitjançant una clau.
- **Comptagotes**. Permet agafar petites quantitats de líquids i deixar-los caure gota a gota.

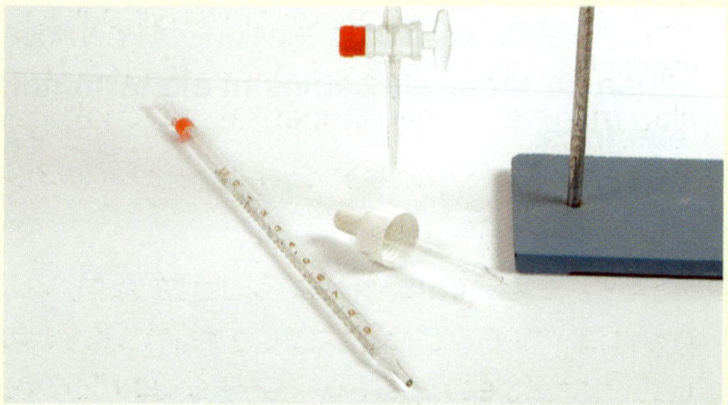

- **Embut de decantació**. Serveix per separar líquids immiscibles. S'empra tant en separacions com en extraccions.
- **Vidre de rellotge**. Recipient còncau utilitzat per pesar sòlids. També s'hi fan petits assaigs químics.

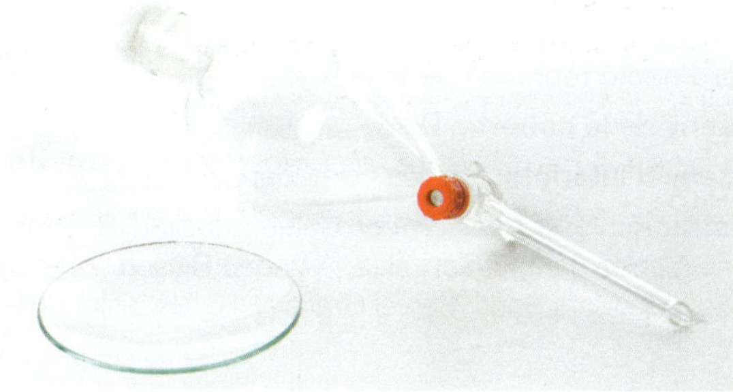

- **Cristal·litzador**. Recipient utilitzat per evaporar lentament dissolucions i obtenir cristalls.
- **Refrigerant**. S'empra per fer destil·lacions. Està format per dos conductes concèntrics: per l'exterior circula aigua freda, i per l'interior, els vapors que volem refrigerar i que cedeixen calor a l'aigua.
- **Agitador**. És una vareta de vidre massís.

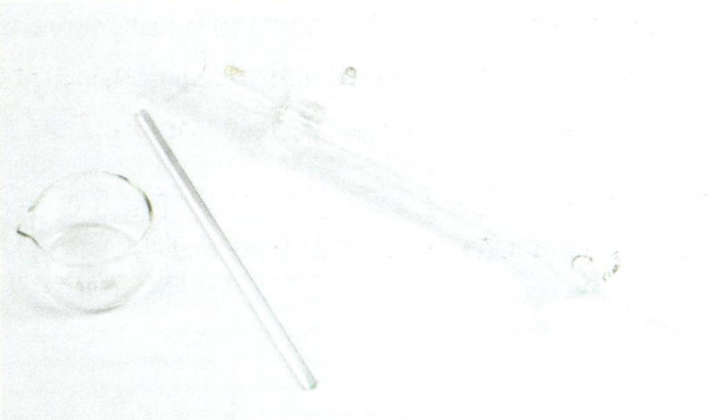

- **Escovilló**. Serveix per netejar instruments delicats i de difícil accés.
- **Espàtula**. Permet manipular i agafar quantitats petites de sòlids sense tocar-los amb la mà.
- **Bec de Bunsen**. Dispositiu per produir una flama de gas, en el qual es pot variar la quantitat d'oxigen que intervé en la combustió.

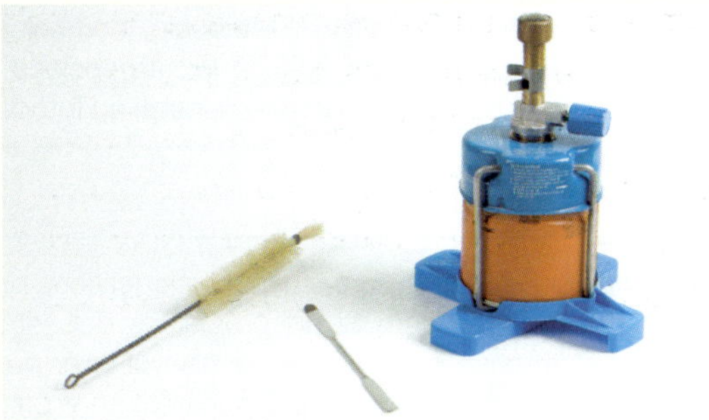

- **Suport**, **nous** i **pinces**. Es fan servir per subjectar recipients que han de ser escalfats i que d'una altra manera no mantindrien la verticalitat.
- **Trípode**. Suport per recolzar-hi recipients que haguem d'escalfar.
- **Reixeta d'amiant**. Planxa formada per un entramat metàl·lic recobert d'amiant, que difon la calor perquè es reparteixi per la base d'un recipient.

Direcció del projecte: Montserrat Nicolau
Coordinació del projecte: Elisabet Grimal
Edició del projecte: Eduard Abella
Autoria: Josep Corominas, Anna de las Heras, Mireia García, Julio D. Pérez, Dolors Polonio, Marta Simón, Gemma Tena
Assessorament pedagògic: Josep Corominas Viñas

Coordinació tècnica i de disseny: Josep Rosell, Xavier Nicolau
Disseny de la coberta: Duró
Disseny d'interiors: Mònica Campdepadrós
Il·lustració: ARXIU SM; Javier Calbet; Jacinto Rodríguez Montoro; Antonio Muñoz Tenllado; Kaffa; Marie Nigot; Ariel Alejandro Gómez; José Santos González; Amadeu Blasco; Félix Moreno Arrastio; Juan Francisco Cobos Hernández; José Manuel Pedrosa Pérez; Lluis Martí Saurí; Servei Grafic NJR; DROP ILUSTRACION; CLUECA DISEÑO GRÁFICO, S. L.

Col·laboracions
Per a l'edició: Ventall
Per a la correcció: Teo Prat, Esther Lluís, Mònica Molera
Per a l'edició gràfica: Clàudia Blanc, Mercè Pérez, Servei Gràfic NJR, SLU, Verónica Matilla
Per a la maquetació: Servei Gràfic NJR, SLU
Per a la fotografia: Sonsoles Prada, Javier Calbet, Fidel Puerta, Juan Baraja, Almudena Esteban, Montse Fontich, Sergio Cuesta, María Pía Hidalgo / ARXIU SM; J. M. Ruíz, Antonio Muñoz Tenllado, Pedro Carrion Juarez, Félix Moreno Arrastio, José Manuel Pedrosa Pérez, Paco Thies, Carlos Jimenez; David Chasey, Ryan McVay, Don Farrall, Arthur S. Aubry, Nick Rowe / PHOTODISC; PHOTOLINK; Kornilovdream, Nikola Bilic, Photowitch, Dallas Powell, Jr. / Dreamstime; CONTACTO; CMCD; CORBIS; PHOVOIR; INGRAM; INGIMAGE; ISTOCKPHOTO; THINKSTOCK; CORDON PRESS; Dotta; Ablestock; 123RF; SHUTTERSTOCK; iStock; GETTY IMAGES; AGE FOTOSTOCK.

Totes les activitats d'aquest llibre s'han de resoldre en un quadern a part.

Primera edició

ISBN: 978-84-661-4148-2
Dipòsit legal: B-10040-2016
Imprès a la UE / *Printed in EU*